FÍSICA PARA MUGGLES

LUIS TEJADA

Índice

Introducción

"Física para Muggles", es un viaje para esclarecer fenómenos a través del intrigante mundo de la física, presentado de manera accesible para todos. Este libro es tu puerta de entrada a un universo de conocimiento que a menudo parece estar oculto detrás de ecuaciones y conceptos crípticos. Si alguna vez te has sentido intimidado por la física o has pensado que esta ciencia estaba fuera de tu alcance, estás en el lugar correcto.

Aquí, nos sumergiremos en un emocionante viaje de descubrimiento, donde desglosaremos los principios fundamentales de la física en un lenguaje sencillo y claro, acompañado de ejemplos y analogías que todos pueden comprender. En otras palabras, te ayudaremos a descifrar el código de la física, sin necesidad de ser un genio o tener un título avanzado en la materia.

A lo largo de las páginas de este libro, exploraremos una amplia gama de temas que abarcan desde los conceptos más básicos, como la cinemática y las leyes del movimiento de Newton, hasta los principios más profundos, como la teoría de la relatividad de Einstein y la mecánica cuántica. Pero no te preocupes, no necesitarás una calculadora científica ni un conocimiento previo en física para disfrutar y comprender cada capítulo.

Nuestro objetivo es desmitificar la física y proporcionarte las herramientas necesarias para descubrir cómo funcionan las fuerzas que nos rodean, la energía que impulsa el mundo, la electricidad que alimenta nuestras vidas y la luz que ilumina nuestro camino. Estamos aquí para hacerte ver que la física no es solo para los genios científicos, sino una disciplina que puede enriquecer tu comprensión del mundo que te rodea, desde el movimiento de un coche hasta el funcionamiento de tu teléfono inteligente.

A lo largo de este viaje, también exploraremos la fascinante historia de la física, y te presentaremos a los científicos que cambiaron la forma en que entendemos el universo, desde Galileo hasta Hawking. Además, verás cómo los conceptos de la física se aplican de manera cotidiana, desde los deportes que amas hasta los electrodomésticos que utilizas a diario.

Y no te preocupes si tienes curiosidad por algunos de los conceptos más avanzados o los misterios sin resolver en la física; también los exploraremos de una manera que te hará apreciar la profundidad y el asombro que esta ciencia tiene para ofrecer.

Así que, sin más preámbulos, te invitamos a comenzar este emocionante viaje de descubrimiento a través de "Física para Muggles". La física es para todos, y este libro te guiará paso a paso en la comprensión de sus conceptos fundamentales de una manera accesible.

1.Introducción a la física: ¿Qué es la física?

La física es la ciencia que se adentra en las leyes fundamentales que gobiernan el universo. A través de la observación, la experimentación y el razonamiento, los físicos buscan comprender cómo funcionan todas las cosas, desde las partículas subatómicas más diminutas hasta las vastas galaxias que pueblan el cosmos. En esencia, la física busca responder a las preguntas fundamentales sobre la naturaleza misma de la realidad.

Su importancia radica en que la física nos proporciona las herramientas conceptuales para desentrañar los misterios del mundo que nos rodea. Ya sea que estemos explorando los secretos de la gravedad, la electricidad, el movimiento o la luz, la física nos brinda las leyes y los principios que gobiernan estos fenómenos. Esto no solo enriquece nuestra comprensión, sino que también nos permite aplicar este conocimiento en nuestra vida cotidiana.

Desde los avances tecnológicos que utilizamos a diario hasta los descubrimientos científicos que han transformado la sociedad, la física ha estado en el centro de un progreso significativo. Desde la revolución industrial hasta la era espacial, y desde la medicina moderna hasta la electrónica, la física ha sido la fuerza impulsora detrás de innumerables avances que han mejorado la calidad de vida de las personas.

En este capítulo, desglosaremos el significado esencial de la física y su papel crucial en la comprensión del mundo. Comprenderás por qué la física no es solo una disciplina académica, sino una brújula que nos guía en nuestro viaje por el conocimiento. A medida que avancemos, verás cómo los principios físicos subyacen en los fenómenos cotidianos y cómo pueden enriquecer tu perspectiva sobre el mundo.

Es la disciplina que se aventura audazmente en la exploración de las leyes fundamentales que gobiernan el vasto y misterioso universo que nos rodea. En el corazón de esta ciencia se encuentra el anhelo de comprender el funcionamiento esencial de todo, desde las diminutas partículas subatómicas hasta los inmensos sistemas estelares que adornan el firmamento.

Es mucho más que una acumulación de ecuaciones y experimentos. Es un lenguaje universal que nos permite descifrar los secretos de la naturaleza, desde los movimientos aparentemente simples de un objeto que cae hasta las complejas interacciones que dan vida al cosmos. A través de la observación, la experimentación y el razonamiento, la física se convierte en la brújula que nos guía en el viaje de descubrimiento de las respuestas a las preguntas fundamentales sobre la realidad que nos rodea.

La importancia de la física radica en su capacidad para proporcionarnos las herramientas conceptuales necesarias para comprender y explicar los fenómenos que observamos en nuestro entorno. Cada descubrimiento y avance en esta ciencia contribuye no solo a enriquecer nuestra comprensión del mundo, sino también a impulsar el progreso tecnológico y científico de la humanidad. Cada paso que damos en el camino de la comprensión de la física no solo enriquece nuestro conocimiento del mundo, sino que también actúa como un motor que impulsa el progreso tecnológico y científico de la humanidad.

Imagina la física como un faro en medio de la oscuridad del desconocimiento. Sus leyes y principios arrojan luz sobre cómo funcionan las cosas, desde el sencillo acto de arrojar una pelota al aire hasta los misteriosos eventos que ocurren en los confines del espacio y el tiempo. A través de la observación, la experimentación y el razonamiento, la física nos brinda las herramientas para desvelar la lógica subyacente de estos fenómenos.

Cada descubrimiento en el campo de la física representa un paso más cerca de comprender las fuerzas que dan forma a nuestro mundo y al universo en su conjunto. Por ejemplo, la teoría de la relatividad de Einstein revolucionó nuestra comprensión del espacio, el tiempo y la gravedad, y ha llevado al desarrollo de tecnologías como el GPS que utilizamos en la vida diaria.

La física no solo enriquece nuestra comprensión del mundo, sino que también impulsa la innovación tecnológica. Desde la electricidad que alimenta nuestros hogares hasta la tecnología detrás de los dispositivos electrónicos que usamos, la física está en el núcleo de estos avances. Además, los descubrimientos en física a menudo se traducen en aplicaciones prácticas, como la energía nuclear en la medicina o la mecánica cuántica en la computación.

En resumen, la física no es solo una disciplina académica, sino una fuerza motriz que alimenta el progreso tecnológico y científico. Cada uno de los avances en esta ciencia nos lleva un paso más cerca de comprender el funcionamiento del universo y nos permite abordar desafíos y preguntas fundamentales que han intrigado a la humanidad a lo largo de la historia.

Desde las revoluciones industriales impulsadas por la comprensión de la energía y la máquina de vapor, hasta los viajes espaciales que dependen de las leyes de la gravitación universal de Newton y las teorías de la relatividad de Einstein, la física ha sido la fuerza motriz detrás de muchos de los logros más asombrosos de la humanidad.

Es una herramienta que te permitirá mirar más allá de la superficie y apreciar la belleza y la lógica que subyacen en la naturaleza misma de la realidad.

Las "reglas del juego" del universo son los principios y leyes fundamentales que gobiernan cómo funciona todo en el cosmos. Algunas de las leyes más importantes y ampliamente aceptadas en física incluyen:

Ley de la Gravitación Universal de Newton: Esta ley establece que dos objetos se atraen mutuamente con una fuerza que es directamente proporcional al producto de sus masas e inversamente proporcional al cuadrado de la distancia que los separa. Es lo que mantiene a los planetas en órbita alrededor del Sol y atrae los objetos hacia la Tierra.

la Ley de la Gravitación Universal de Newton es una de las leyes fundamentales en la física que describe cómo los objetos con masa se atraen entre sí debido a la fuerza de la gravedad. Esta ley, formulada por Sir Isaac Newton en el siglo XVII, se expresa de la siguiente manera:

"Fuerza gravitatoria (F) = (constante gravitatoria G) * (masa del primer objeto) * (masa del segundo objeto) / (distancia entre los centros de los objetos)^2"

En esta ecuación:

Fuerza gravitatoria (F) es la fuerza con la que dos objetos se atraen gravitacionalmente.

Constante gravitatoria (G) es una constante universal que tiene el mismo valor en todo el universo.

Masa del primer objeto y masa del segundo objeto son las masas de los dos objetos que están interactuando.

Distancia entre los centros de los objetos es la distancia que separa los centros de masa de los dos objetos.

La Ley de la Gravitación Universal explica por qué los planetas se mantienen en órbita alrededor del Sol, por qué la Luna orbita alrededor de la Tierra y por qué los objetos caen hacia la Tierra cuando los soltamos. Es una ley fundamental que desempeña un papel crucial en nuestra comprensión de la física y en la descripción de cómo la gravedad afecta a todos los objetos con masa en el universo.

Las Leyes del Movimiento de Newton: Estas tres leyes describen cómo los objetos se mueven. La Primera Ley de Newton establece que un objeto en reposo tiende a permanecer en reposo, y un objeto en movimiento tiende a permanecer en movimiento a menos que una fuerza externa actúe sobre él. La Segunda Ley de Newton relaciona la fuerza, la masa y la aceleración, y la Tercera Ley de Newton dice que por cada acción hay una reacción igual y opuesta.

las Leyes del Movimiento de Newton, formuladas por Sir Isaac Newton en el siglo XVII, son fundamentales para entender cómo los objetos se mueven y cómo las fuerzas interactúan con ellos. Aquí están las tres leyes de Newton:

Primera Ley de Newton (Ley de la Inercia): Esta ley establece que un objeto en reposo tiende a permanecer en reposo, y un objeto en movimiento tiende a permanecer en movimiento a una velocidad constante en línea recta, a menos que una fuerza externa actúe sobre él. En otras palabras, los objetos tienden a mantener su estado de movimiento o de reposo, lo que se conoce como inercia.

Segunda Ley de Newton (Ley de la Fuerza y la Aceleración): Esta ley establece que la fuerza aplicada a un objeto es igual a la masa del objeto multiplicada por su aceleración. Esto se expresa matemáticamente como $F = ma$, donde F es la fuerza, m es la masa del objeto y a es la aceleración. En otras palabras, la fuerza aplicada a un objeto determina cómo cambiará su velocidad (aceleración), y esto depende de su masa.

Tercera Ley de Newton (Ley de Acción y Reacción): Esta ley establece que por cada acción hay una reacción igual y opuesta. En otras palabras, si un objeto ejerce una fuerza sobre otro objeto, el segundo objeto ejercerá una fuerza igual en magnitud pero en la dirección opuesta sobre el primero. Esta ley explica por qué los cohetes pueden propulsarse en el espacio: al expulsar gas hacia atrás (acción), el cohete se mueve hacia adelante (reacción).

Estas leyes son esenciales para comprender cómo los objetos se mueven y cómo las fuerzas interactúan en el mundo real. Son la base de la mecánica clásica y se aplican a una amplia variedad de situaciones, desde el movimiento de los planetas en el sistema solar hasta la dinámica de los objetos en la Tierra. Las Leyes del Movimiento de Newton son fundamentales en la física y siguen siendo relevantes para la descripción y predicción de eventos en nuestro entorno cotidiano.

Teoría de la Relatividad de Einstein: Esta teoría, en realidad dos teorías diferentes (la especial y la general), revolucionó nuestra comprensión del espacio y el tiempo. La Relatividad Especial describe cómo se comportan los objetos que se mueven a velocidades cercanas a la velocidad de la luz, mientras que la Relatividad General se ocupa de la gravedad y cómo la masa y la energía curvan el espacio y el tiempo.

La Teoría de la Relatividad de Einstein es uno de los logros más significativos en la historia de la física y cambió fundamentalmente nuestra comprensión del universo. Esta teoría consta de dos partes:

Relatividad Especial: Esta parte de la teoría, desarrollada por Albert Einstein en 1905, se centra en cómo se comportan los objetos que se mueven a velocidades cercanas a la velocidad de la luz. Introduce conceptos como la dilatación del tiempo y la contracción de la longitud, lo que significa que el tiempo y el espacio no son absolutos, sino relativos a la velocidad del observador. También postula la famosa ecuación $E=mc^2$, que relaciona la energía (E) con la masa (m) y la velocidad de la luz (c). La Relatividad Especial tiene aplicaciones en la física de partículas y en la tecnología de GPS.

Relatividad General: Esta parte, formulada por Einstein en 1915, se ocupa de la gravedad y cómo la masa y la energía curvan el espacio y el tiempo. Propone que los objetos masivos, como planetas y estrellas, causan una curvatura en el espacio-tiempo a su alrededor, lo que crea la fuerza de gravedad. Esta teoría ha sido fundamental para explicar el movimiento de los planetas alrededor del Sol y ha sido confirmada por observaciones como la curvatura de la luz alrededor de objetos masivos (lente gravitacional).

La Teoría de la Relatividad de Einstein revolucionó la física al desafiar y ampliar las ideas previas sobre el espacio, el tiempo y la gravedad. Mostró que el universo es mucho más dinámico y flexible de lo que se creía en la física newtoniana clásica. Esta teoría ha tenido un impacto significativo en campos como la cosmología, la astrofísica y la física de partículas, y ha llevado a importantes descubrimientos y desarrollos científicos y tecnológicos en el siglo XX.

Leyes de la Termodinámica: Estas leyes rigen cómo la energía se mueve y se transforma. Incluyen la Primera Ley (la conservación de la energía), la Segunda Ley (la dirección en la que la energía fluye) y la Tercera Ley (la imposibilidad de llegar a una temperatura absoluta de cero).

Las Leyes de la Termodinámica son un conjunto fundamental de principios que rigen el comportamiento de la energía y la transferencia de calor en sistemas físicos.

Primera Ley de la Termodinámica (Ley de la Conservación de la Energía): Esta ley establece que la energía en un sistema aislado se conserva, lo que significa que la energía no puede ser creada ni destruida, solo transformada de una forma a otra. En otras palabras, la cantidad total de energía en un sistema permanece constante. Esta ley es la base del principio de conservación de la energía y se aplica a una amplia variedad de sistemas, desde máquinas térmicas hasta reacciones químicas.

Segunda Ley de la Termodinámica: Esta ley aborda la dirección en la que la energía fluye en un sistema y establece que el calor siempre fluye de manera natural de una región de alta temperatura a una región de baja temperatura. También introduce conceptos como la eficiencia y la entropía. La Segunda Ley tiene importantes implicaciones para la eficiencia de las máquinas térmicas, como los motores de combustión interna y las turbinas de vapor.

Tercera Ley de la Termodinámica: Esta ley se refiere a la imposibilidad de alcanzar una temperatura absoluta de cero grados Kelvin (-273.15°C o -459.67°F). Establece que a medida que un sistema se enfría, la entropía (un concepto relacionado con el desorden) tiende a cero, pero nunca llega realmente a cero. Esto significa que no es posible alcanzar una temperatura más baja que el cero absoluto en un número finito de pasos. El cero absoluto es el punto en el que las partículas de un sistema tienen la menor cantidad de energía térmica posible.

Estas leyes son esenciales para entender cómo funcionan los motores, las máquinas, los sistemas de refrigeración, las reacciones químicas y una amplia gama de procesos naturales y tecnológicos. Además, proporcionan una base sólida para comprender la termodinámica, que es una rama crucial de la física y la ingeniería y tiene aplicaciones en la producción de energía, la refrigeración, la calefacción y muchas otras áreas.

Mecánica Cuántica: A nivel subatómico, las reglas son muy diferentes de las que experimentamos en nuestra vida cotidiana. La mecánica cuántica describe el comportamiento de partículas subatómicas y es fundamental para comprender el mundo microscópico.

La Mecánica Cuántica es una teoría fundamental en la física que describe el comportamiento de partículas a nivel subatómico, como electrones, protones y fotones. A diferencia de las leyes de la física clásica, que son aplicables a escalas más grandes, la mecánica cuántica se desarrolló para abordar las particularidades del mundo microscópico.

Dualidad Onda-Partícula: Uno de los conceptos fundamentales de la mecánica cuántica es la idea de dualidad onda-partícula. Según esta idea, las partículas subatómicas, como electrones, pueden exhibir tanto comportamiento de partícula como de onda. Esto significa que, en ciertas situaciones, estas partículas se comportan como partículas con posición definida, mientras que en otras, se manifiestan como ondas con propiedades de interferencia y difracción.

Principio de Incertidumbre de Heisenberg: Esta es una de las ideas más conocidas de la mecánica cuántica. El principio de incertidumbre de Heisenberg establece que no podemos conocer simultáneamente con precisión la posición y la velocidad de una partícula subatómica. Cuanto más precisión tengamos en una de estas medidas, menos precisión tendremos en la otra. Esta limitación fundamental refleja la dualidad onda-partícula y es una característica esencial de la mecánica cuántica.

Cuantización de la Energía: En la mecánica cuántica, la energía de un sistema está cuantizada, lo que significa que solo puede tomar valores específicos y discretos en lugar de cualquier valor continuo. Este concepto es especialmente importante en la descripción de los niveles de energía de los electrones en átomos y moléculas.

Superposición: En mecánica cuántica, las partículas pueden estar en estados de superposición, lo que significa que pueden existir en múltiples estados al mismo tiempo. Esta propiedad es fundamental para entender fenómenos como la interferencia y la entrelazación.

Entrelazación: La mecánica cuántica permite la existencia de partículas entrelazadas, lo que significa que el estado de una partícula está intrínsecamente relacionado con el estado de otra, sin importar la distancia que las separe. Esto se ha denominado "acción fantasmal a distancia" y es un concepto crucial en la teoría cuántica.

La mecánica cuántica es esencial para la descripción precisa de partículas subatómicas y es fundamental para campos como la física de partículas, la química cuántica y la tecnología de la información cuántica. A pesar de su naturaleza altamente abstracta y a menudo contra intuitiva, la mecánica cuántica ha demostrado ser extremadamente precisa en la predicción y explicación de fenómenos a nivel microscópico.

Ley de la Conservación de la Carga Eléctrica: Esta ley establece que la carga eléctrica no se crea ni se destruye, solo se transfiere o redistribuye en sistemas aislados.

La Ley de la Conservación de la Carga Eléctrica es un principio fundamental en la electrostática, la rama de la física que se ocupa de las cargas eléctricas y su interacción. Esta ley establece que la carga eléctrica no se crea ni se destruye en un sistema aislado, sino que solo se puede transferir o redistribuir entre las partículas cargadas. En otras palabras, la cantidad total de carga eléctrica en un sistema aislado permanece constante.

Esta ley es análoga al principio de conservación de la energía en la mecánica, que establece que la energía no se crea ni se destruye, solo se transforma. En el caso de la carga eléctrica, si un objeto gana carga positiva, otro objeto debe perder una cantidad igual de carga negativa, y viceversa.

La Ley de la Conservación de la Carga Eléctrica es esencial para entender y predecir el comportamiento de los sistemas eléctricos y es una base fundamental en la teoría electromagnética de la física. Esta ley también tiene aplicaciones prácticas en la electrónica, la electricidad estática, la generación de energía eléctrica y muchos otros aspectos de la tecnología eléctrica y electrónica.

Ley de Coulomb: Describe cómo las fuerzas eléctricas entre dos cargas eléctricas dependen de la magnitud de las cargas y la distancia entre ellas.

La Ley de Coulomb es una ley fundamental en la electrostática que describe cómo las fuerzas eléctricas actúan entre dos cargas eléctricas. Fue formulada por el físico francés Charles-Augustin de Coulomb en el siglo XVIII. La ley establece lo siguiente:

La magnitud de la fuerza eléctrica (F) entre dos cargas eléctricas es directamente proporcional al producto de las magnitudes de las cargas (q1 y q2).

La fuerza es inversamente proporcional al cuadrado de la distancia (r) que separa las dos cargas.

Matemáticamente, la Ley de Coulomb se expresa de la siguiente manera:

$$F = r2k \cdot |q1 \cdot q2|$$

Donde:

F es la magnitud de la fuerza eléctrica entre las dos cargas.

k es la constante de Coulomb, una constante que depende del medio en el que se encuentran las cargas (generalmente, se toma en el vacío y su valor es conocido).

q1 y q son las magnitudes de las dos cargas.

r es la distancia entre las dos cargas.

La Ley de Coulomb es fundamental para entender cómo las partículas cargadas interactúan entre sí. Establece que cargas del mismo signo (positivo o negativo) se repelen, mientras que cargas de signo opuesto se atraen. Además, demuestra que la fuerza de interacción disminuye a medida que aumenta la distancia entre las cargas, siguiendo una relación inversa cuadrática.

Esta ley es esencial en la electrónica, la electrostática, y es la base para comprender fenómenos eléctricos como la atracción y repulsión entre electrones y protones en los átomos, así como la interacción entre objetos cargados eléctricamente en la vida cotidiana.

Ley de Ampère: Relaciona la circulación de un campo magnético alrededor de un circuito cerrado con la corriente eléctrica que lo atraviesa.

La Ley de Ampère es uno de los principios fundamentales de la electromagnetismo y establece una relación entre la circulación de un campo magnético alrededor de un circuito cerrado y la corriente eléctrica que fluye a través de ese circuito. Fue desarrollada por el físico francés André-Marie Ampère a principios del siglo XIX y se expresa de la siguiente manera:

La circulación B·dl de un campo magnético B alrededor de un camino cerrado (una trayectoria circular o una figura cerrada) es igual a la constante $\mu 0$ multiplicada por la corriente eléctrica I que atraviesa el área limitada por ese camino cerrado.

Matemáticamente, la Ley de Ampère se expresa como:

$B \cdot dl = \mu 0 \cdot I$

Donde:

B es la intensidad del campo magnético.

dl es un elemento infinitesimal de longitud en la trayectoria cerrada alrededor de la cual se calcula la circulación.

$\mu 0$ es la permeabilidad del vacío, una constante que describe cómo se propaga un campo magnético en el vacío.

I es la corriente eléctrica que fluye a través del circuito cerrado.

La Ley de Ampère es fundamental para comprender cómo se generan los campos magnéticos alrededor de conductores eléctricos y cómo se relacionan con las corrientes eléctricas que fluyen a través de ellos. Esta ley es una parte clave de las ecuaciones de Maxwell, que describen las interacciones entre campos eléctricos y magnéticos en el electromagnetismo y tienen una importancia fundamental en la teoría electromagnética y la tecnología relacionada.

Ley de Faraday de la Inducción Electromagnética: Esta ley establece que un cambio en el flujo magnético a través de una superficie induce una corriente eléctrica en un circuito.

La Ley de Faraday de la Inducción Electromagnética es uno de los principios fundamentales de la electromagnetismo y describe la relación entre un cambio en el flujo magnético a través de una superficie y la inducción de una corriente eléctrica en un circuito. Fue formulada por el físico británico Michael Faraday en el siglo XIX y es esencial en la comprensión de la generación de electricidad y el funcionamiento de generadores y transformadores eléctricos.

La Ley de Faraday se puede resumir de la siguiente manera:

Un cambio en el flujo magnético a través de una superficie cerrada induce una corriente eléctrica en un circuito que rodea esa superficie.

Matemáticamente, la Ley de Faraday se expresa como:

$$EMF=EMF=-\frac{d\Phi}{dt}$$

Donde:

EMF (Fuerza Electromotriz) es la diferencia de potencial eléctrico (tensión) inducida en el circuito.

$d\Phi/dt$ representa la tasa de cambio del flujo magnético Φ a través de una superficie cerrada con respecto al tiempo t. La tasa de cambio del flujo magnético es lo que induce la corriente eléctrica en el circuito.

La Ley de Faraday es fundamental para explicar cómo funcionan los generadores eléctricos, que convierten la energía mecánica en energía eléctrica, y también es esencial en la operación de transformadores, que ajustan los voltajes en los sistemas de distribución eléctrica. Además, esta ley tiene aplicaciones en una variedad de dispositivos y tecnologías, desde la generación de energía eléctrica en centrales eléctricas hasta la operación de motores eléctricos y otros dispositivos eléctricos.

Ley de Ohm: Describe la relación entre la corriente eléctrica, la diferencia de potencial y la resistencia en un circuito eléctrico.

La Ley de Ohm es uno de los principios fundamentales en la teoría de circuitos eléctricos y describe la relación entre la corriente eléctrica I, la diferencia de potencial o voltaje V, y la resistencia R en un circuito eléctrico. Fue formulada por el físico alemán Georg Simon Ohm en el siglo XIX y se expresa de la siguiente manera:

$$V=I\cdot R$$

Donde:

V es la diferencia de potencial (voltaje) en voltios (V).

I es la corriente eléctrica en amperios (A).

R es la resistencia en ohmios (Ω).

Esta ley establece que la diferencia de potencial V entre dos puntos en un circuito eléctrico es igual al producto de la corriente I que fluye entre esos dos puntos y la resistencia R que se opone al flujo de la corriente. En otras palabras, la corriente en un circuito es directamente proporcional al voltaje aplicado y inversamente proporcional a la resistencia. Cuanto mayor sea el voltaje o menor la resistencia, mayor será la corriente.

La Ley de Ohm es esencial para entender y diseñar circuitos eléctricos, y es un principio fundamental en la electrónica y la ingeniería eléctrica. Permite calcular la corriente que fluirá a través de un componente o conductor dado cuando se conoce el voltaje aplicado y la resistencia. También es la base para el diseño y la operación de dispositivos y componentes eléctricos, como resistencias, lámparas, motores y circuitos integrados.

Ley de la Conservación de la Energía: Establece que la energía en un sistema aislado se conserva, lo que significa que no se puede crear ni destruir energía, solo se transforma de una forma a otra.

La Ley de Conservación de la Energía, también conocida como el principio de conservación de la energía, es uno de los conceptos fundamentales en la física y la termodinámica. Esta ley establece que la energía total en un sistema aislado se mantiene constante con el tiempo. En otras palabras, la energía no se crea ni se destruye en un sistema cerrado, solo se transforma de una forma a otra.

Este principio se basa en la observación de que, en todos los procesos físicos y naturales, la cantidad total de energía se conserva. La energía puede cambiar de una forma a otra, como de energía cinética a energía potencial, energía térmica o energía química, pero la suma total de energía en el sistema permanece constante.

La Ley de Conservación de la Energía es un concepto fundamental en la física y es la base de muchas leyes y teorías en diferentes ramas de la ciencia. Entre estas teorías se encuentran la mecánica, la termodinámica, la electromagnetismo y la teoría de la relatividad de Einstein. Esta ley también se utiliza en la resolución de problemas relacionados con la energía en diversas aplicaciones, desde la mecánica clásica hasta la termodinámica, y es esencial para comprender cómo funcionan los sistemas físicos y naturales en nuestro mundo.

Ley de Boyle-Mariotte: Relaciona la presión y el volumen de un gas a temperatura constante.

La Ley de Boyle-Mariotte, también conocida como la Ley de Boyle, es una ley fundamental en la termodinámica que relaciona la presión y el volumen de un gas a temperatura constante. Esta ley se basa en las observaciones realizadas por Robert Boyle y Edme Mariotte en el siglo XVII, y establece lo siguiente:

La Ley de Boyle-Mariotte, también conocida como la Ley de Boyle, es una ley fundamental en la termodinámica que relaciona la presión y el volumen de un gas a temperatura constante. Esta ley se basa en las observaciones realizadas por Robert Boyle y Edme Mariotte en el siglo XVII, y establece lo siguiente:

A temperatura constante, el producto de la presión (P) y el volumen (V) de un gas es una constante.

Matemáticamente, la Ley de Boyle-Mariotte se expresa de la siguiente manera:

$P1 \cdot V1 = P2 \cdot V2$

Donde:

P1 y P2 son las presiones inicial y final del gas, respectivamente.

V1y V2 son los volúmenes inicial y final del gas, respectivamente.

Esta ley implica que si se reduce el volumen de un gas a temperatura constante, la presión aumentará, y si se aumenta el volumen, la presión disminuirá, de manera que el producto $P \cdot V$ se mantiene constante. Es importante destacar que esta ley es válida solo a temperaturas constantes y en sistemas cerrados.

La Ley de Boyle-Mariotte es una de las leyes de los gases ideales y es esencial en la descripción del comportamiento de los gases en condiciones normales. Esta ley tiene aplicaciones en la industria, la química y la física, especialmente en la termodinámica y en la descripción de procesos de compresión y expansión de gases en motores y sistemas de refrigeración.

Ley de Charles y Gay-Lussac: Describe cómo el volumen y la temperatura de un gas están relacionados a presión constante.

La Ley de Charles y Gay-Lussac, también conocida como la Ley de Charles o la Ley de Gay-Lussac, describe cómo el volumen y la temperatura de un gas están relacionados a presión constante. Esta ley se basa en las observaciones realizadas por dos científicos, Jacques Charles y Joseph Louis Gay-Lussac, en el siglo XVIII y establece lo siguiente:

A presión constante, el volumen de un gas es directamente proporcional a su temperatura en la escala absoluta (Kelvin).

Matemáticamente, la Ley de Charles y Gay-Lussac se expresa de la siguiente manera:

$T1V1 = T2V2$

Donde:

V1y 2V2 son los volúmenes inicial y final del gas, respectivamente.

1T1y T2 son las temperaturas inicial y final del gas, respectivamente. Las temperaturas deben estar en la escala absoluta, como Kelvin (K).

Esta ley implica que, a presión constante, si la temperatura de un gas aumenta, su volumen también aumentará, y si la temperatura disminuye, su volumen disminuirá, de manera que la razón V/T se mantiene constante. La Ley de Charles y Gay-Lussac es válida para gases ideales, es decir, gases que siguen un comportamiento ideal a temperaturas y presiones moderadas.

Esta ley es esencial en la descripción del comportamiento de los gases y tiene aplicaciones en diversas áreas de la ciencia y la ingeniería, como en la termodinámica, la física, la química y la ingeniería. También es fundamental en la elaboración de leyes más generales, como la Ley General de los Gases Ideales, que combina las leyes de Boyle-Mariotte, Charles y Gay-Lussac, y Avogadro para describir el comportamiento de los gases en conjunto.

Ley de los Gases Ideales: Combina las leyes de Boyle-Mariotte, Charles y Gay-Lussac en una sola ecuación que describe el comportamiento de los gases ideales.

La Ley de los Gases Ideales, también conocida como la Ecuación de Estado de los Gases Ideales, combina las tres leyes de Boyle-Mariotte, Charles y Gay-Lussac en una sola ecuación que describe el comportamiento de los gases ideales. Esta ley proporciona una relación matemática entre la presión (P), el volumen (V) y la temperatura (T) de un gas ideal y se expresa de la siguiente manera:

$$PV = nRT$$

Donde:

P es la presión del gas en pascales (Pa).

V es el volumen del gas en metros cúbicos (m^3).

n es la cantidad de sustancia de gas en moles (mol).

R es la constante de los gases ideales, con un valor de aproximadamente 8.314 J/(mol·K) en el Sistema Internacional de Unidades (SI).

T es la temperatura del gas en kelvins (K).

La Ley de los Gases Ideales establece que, para una cantidad de gas ideal dada, la presión y el volumen son inversamente proporcionales a la temperatura en kelvins, y la cantidad de sustancia de gas y la constante de los gases ideales actúan como factores de proporción. Esta ecuación es válida para gases ideales a condiciones normales de presión y temperatura.

La Ley de los Gases Ideales es una simplificación que describe con precisión el comportamiento de los gases ideales a temperaturas y presiones moderadas. Sin embargo, los gases reales pueden desviarse del comportamiento ideal a temperaturas extremadamente bajas o presiones muy altas. A pesar de estas desviaciones en condiciones extremas, la Ley de los Gases Ideales sigue siendo una herramienta fundamental en la química y la física para calcular y predecir el comportamiento de los gases en una amplia gama de condiciones.

Ley de Snell de la Reflexión y la Refracción: Explica cómo la luz se refleja y refracta al pasar de un medio a otro.

La Ley de Snell, también conocida como la Ley de Snell-Descartes, describe cómo la luz se refleja y refracta al pasar de un medio a otro. Esta ley fue formulada por el matemático y físico neerlandés Willebrord Snellius (también conocido como Snell) y el filósofo y matemático francés René Descartes en el siglo XVII.

La ley se divide en dos partes:

Ley de Reflexión: Esta parte de la ley describe cómo la luz se refleja cuando incide en la superficie entre dos medios con un ángulo de incidencia i igual al ángulo de reflexión r. En otras palabras, el ángulo de incidencia es igual al ángulo formado entre el rayo de luz incidente y la normal (una línea perpendicular a la superficie de separación). Esto se puede expresar como:

$i = r$

Ley de Refracción: La ley de refracción se refiere al cambio en la dirección de la luz cuando pasa de un medio a otro de diferente densidad. Esta ley establece que el cociente de los senos de los ángulos de incidencia i y de refracción r es igual al cociente de las velocidades de la luz en los dos medios. Matemáticamente, esto se expresa como:

$\frac{\sin i}{\sin r} = \frac{v_1}{v_2}$

Donde:

i es el ángulo de incidencia.

r es el ángulo de refracción.

v_1 es la velocidad de la luz en el primer medio.

v_2 es la velocidad de la luz en el segundo medio.

Esta ley es fundamental en la óptica y se utiliza para predecir cómo la luz se comporta al cambiar de un medio a otro, como al pasar de aire a vidrio o agua. La velocidad de la luz en un medio generalmente es menor que en el vacío, lo que da lugar a la refracción cuando la luz incide en un ángulo diferente al perpendicular a la superficie de separación.

La Ley de Snell tiene aplicaciones en la óptica, la formación de imágenes, la física de la atmósfera y en la descripción de fenómenos como la desviación de la luz en lentes y prismas. También es fundamental para la comprensión de la óptica de las lentes y la formación de imágenes en dispositivos ópticos como cámaras y telescopios.

Ley de la Conservación del Momento Angular: Establece que el momento angular total de un sistema aislado permanece constante, a menos que actúen fuerzas externas.

La Ley de Conservación del Momento Angular, a menudo llamada simplemente "Ley de Conservación del Momento Angular", es un principio fundamental en la física que establece que el momento angular total de un sistema aislado permanece constante a menos que actúen fuerzas externas sobre el sistema. El momento angular es una propiedad que se relaciona con el movimiento rotativo de un objeto o sistema, y su conservación es análoga a la conservación del momento lineal en el movimiento traslacional.

La Ley de Conservación del Momento Angular se puede expresar de la siguiente manera:

El momento angular total Lde un sistema aislado es constante en el tiempo, a menos que actúen momentos externos τ sobre el sistema.

Matemáticamente, se puede expresar como:

$\Sigma\tau = dtdL$

Donde:

$\Sigma\tau$ es la suma de los momentos externos o torque que actúan sobre el sistema.

dtdL es la tasa de cambio del momento angular con respecto al tiempo.

Esta ley implica que si no hay fuerzas externas (o momentos externos) actuando sobre un sistema aislado, su momento angular total se conserva, lo que significa que la cantidad total de momento angular permanece constante a lo largo del tiempo.

La Ley de Conservación del Momento Angular es esencial en la física, especialmente en la mecánica y en situaciones que involucran movimiento rotativo. Se utiliza en la descripción y predicción del movimiento de objetos que giran, como planetas, satélites, y cuerpos en movimiento en sistemas rígidos. Esta ley también se aplica en áreas de la física como la mecánica cuántica y la física de partículas para describir el comportamiento de sistemas a nivel subatómico.

Ley de la Conservación del Momento Lineal: Esta ley establece que la cantidad total de momento lineal en un sistema aislado se conserva, lo que significa que la suma de los momentos de todas las partículas no cambia a menos que actúen fuerzas externas.

La Ley de Conservación del Momento Lineal, también conocida como la Ley de Conservación del Momento, es un principio fundamental en la física que establece que la cantidad total de momento lineal en un sistema aislado se conserva, lo que significa que la suma de los momentos lineales de todas las partículas en el sistema no cambia a menos que actúen fuerzas externas. El momento lineal es una propiedad que se relaciona con el movimiento traslacional de un objeto o sistema.

La Ley de Conservación del Momento Lineal se puede expresar de la siguiente manera:

La suma total de momentos lineales p de todas las partículas en un sistema aislado permanece constante a menos que actúen fuerzas externas F sobre el sistema.

Matemáticamente, se puede expresar como:

$\Sigma F = dtdp$

Donde:

ΣF es la suma de las fuerzas externas que actúan sobre el sistema.

Dtdp es la tasa de cambio del momento lineal con respecto al tiempo.

Esta ley implica que si no hay fuerzas externas actuando sobre un sistema aislado, la cantidad total de momento lineal en el sistema se conserva, lo que significa que la cantidad total de movimiento no cambia a lo largo del tiempo.

La Ley de Conservación del Momento Lineal es fundamental en la física y se aplica a una amplia variedad de situaciones, desde el movimiento de partículas individuales hasta sistemas más complejos, como colisiones de objetos y la dinámica de sistemas de partículas. Esta ley es esencial en la mecánica y tiene aplicaciones en áreas como la física de partículas, la dinámica de cuerpos en movimiento y la descripción del movimiento de objetos en el espacio.

Estas son algunas de las leyes físicas fundamentales que gobiernan diversos aspectos del universo. Cada una de ellas es esencial para comprender y predecir cómo funcionan los sistemas físicos y naturales en nuestro mundo.

2. La historia de la física: Grandes descubrimientos y científicos.

La historia de la física es una narración fascinante de descubrimientos, avances científicos y la labor de destacados científicos a lo largo de los siglos. A continuación, se presentan algunos de los momentos y científicos más destacados en la historia de la física:

Antigua Grecia: Los filósofos griegos, como Tales de Mileto, Anaximandro y Pitágoras, realizaron observaciones y razonamientos que sentaron las bases de la física y la geometría. Pitágoras, por ejemplo, formuló el teorema que lleva su nombre.

En la Antigua Grecia, varios filósofos hicieron contribuciones fundamentales que sentaron las bases de la física y la geometría. Aquí hay una breve descripción de algunas de las contribuciones de estos filósofos:

Tales de Mileto (c. 624-546 a.C.): Tales es considerado uno de los primeros filósofos y científicos en la historia. Se le atribuye la afirmación de que el agua es el principio o sustancia básica de todas las cosas. Si bien su idea no es aceptada en la física moderna, sentó las bases para el pensamiento filosófico y científico sobre la naturaleza de la materia.

Anaximandro (c. 610-546 a.C.): Anaximandro fue discípulo de Tales y propuso que el principio fundamental de todas las cosas era el "ápeiron", un concepto abstracto que se traduce a menudo como "lo ilimitado" o "lo indefinido". Esta idea contribuyó a la noción de que la realidad se rige por leyes naturales y puede entenderse a través de la observación y la razón.

Pitágoras (c. 570-495 a.C.): Pitágoras es famoso por su teorema, que establece que en un triángulo rectángulo, el cuadrado de la hipotenusa es igual a la suma de los cuadrados de los catetos. Aunque su teorema es una contribución fundamental a la geometría, también se le atribuyen enseñanzas sobre la armonía y las relaciones numéricas en la música y la astronomía, lo que indica su influencia en la comprensión de las leyes matemáticas y naturales.

Estos filósofos griegos sentaron las bases para la investigación sistemática y la observación racional en la física y la geometría. Sus contribuciones fueron esenciales para el desarrollo posterior de la ciencia y la filosofía en la antigua Grecia, y su influencia se ha transmitido a través de los siglos hasta la física y la matemática modernas.

Siglo III a.C.: Arquímedes, uno de los científicos más influyentes de la antigüedad, hizo importantes contribuciones a la mecánica y la hidrostática. Formuló el principio de Arquímedes y trabajó en el cálculo de áreas y volúmenes.

Arquímedes de Siracusa, un matemático, físico e ingeniero griego que vivió en el siglo III a.C., es uno de los científicos más influyentes de la antigüedad. Sus contribuciones a la física, la matemática y la ingeniería son inmensas. A continuación, se destacan algunas de las contribuciones más importantes de Arquímedes:

Principio de Arquímedes: Arquímedes es famoso por su principio, que establece que un objeto sumergido en un fluido (líquido o gas) experimenta una fuerza de flotación igual al peso del fluido desplazado por el objeto. Este principio es fundamental en la hidrostática y se utiliza para explicar por qué los objetos flotan o se hunden en un líquido.

Cálculo de Áreas y Volúmenes: Arquímedes desarrolló métodos pioneros para calcular áreas y volúmenes de figuras geométricas, incluyendo el cálculo del área de una región limitada por una curva (precursor del cálculo integral). También fue el primero en calcular una estimación precisa del valor de pi π utilizando polígonos regulares inscritos y circunscritos en una circunferencia.

Palanca y Mecánica: Arquímedes realizó investigaciones en mecánica y palancas. Su famosa afirmación "Dadme un punto de apoyo y moveré el mundo" refleja su comprensión de la ventaja mecánica que proporciona una palanca. También estudió la teoría de máquinas simples.

Espejos ardientes: Arquímedes es conocido por su uso de espejos cóncavos para incendiar los barcos romanos durante el asedio de Siracusa. Esta historia, aunque en parte legendaria, demuestra su comprensión de la óptica y la reflexión de la luz.

Las contribuciones de Arquímedes en matemáticas y física han tenido un impacto duradero en la ciencia y la tecnología. Su trabajo ha influido en muchas áreas de la física, la matemática y la ingeniería, y su legado perdura como uno de los hitos más importantes en la historia de la ciencia antigua.

Siglo XVII: Galileo Galilei, con su telescopio, realizó observaciones astronómicas cruciales, apoyando la teoría heliocéntrica de Copérnico y postulando la ley de caída de los cuerpos. También descubrió las lunas de Júpiter. Mientras tanto, Johannes Kepler formuló sus famosas leyes del movimiento planetario.

El siglo XVII fue una época de importantes avances en la astronomía y la física, y dos científicos destacados de esa época fueron Galileo Galilei y Johannes Kepler. Sus contribuciones revolucionaron nuestra comprensión del sistema solar y el movimiento de los objetos en el espacio.

Galileo Galilei (1564-1642):

Observaciones astronómicas: Galileo, con su telescopio mejorado, realizó observaciones cruciales de los cuerpos celestes. Sus observaciones de la Luna revelaron montañas, cráteres y la irregularidad de su superficie. También observó las fases de Venus, lo que proporcionó evidencia a favor del modelo heliocéntrico de Copérnico.

Lunas de Júpiter: Galileo fue el primero en observar las cuatro lunas más grandes de Júpiter, ahora conocidas como las lunas galileanas (Io, Europa, Ganimedes y Calisto). Esto desafió la visión geocéntrica del universo y demostró que no todos los objetos celestes orbitaban la Tierra.

Ley de la caída de los cuerpos: Galileo postuló que los objetos, independientemente de su masa, caen a la misma velocidad en un campo gravitatorio uniforme. Realizó experimentos para demostrar su teoría, que sentó las bases para la física del movimiento y fue una precursora de las leyes de Newton.

Johannes Kepler (1571-1630):

Johannes Kepler formuló sus famosas leyes del movimiento planetario, que revolucionaron la astronomía y la física:

Primera Ley de Kepler: Ley de las órbitas elípticas. Kepler postuló que los planetas se mueven en órbitas elípticas con el Sol en uno de los focos. Esto desafiaba la idea de órbitas circulares perfectas.

Segunda Ley de Kepler: Ley de las áreas iguales. Kepler afirmó que una línea que conecta un planeta al Sol barre áreas iguales en intervalos de tiempo iguales. Esto significa que los planetas se mueven más rápido cuando están más cerca del Sol en sus órbitas elípticas.

Tercera Ley de Kepler: Ley de los periodos. Kepler estableció una relación matemática entre el período orbital (el tiempo que un planeta tarda en dar una vuelta alrededor del Sol) y la distancia promedio al Sol. Esta ley establece que el cuadrado del período es directamente proporcional al cubo de la distancia media al Sol.

Las contribuciones de Galileo Galilei y Johannes Kepler en el siglo XVII marcaron un cambio fundamental en la forma en que entendemos el movimiento de los cuerpos en el espacio y la estructura del sistema solar. Sus observaciones y leyes sentaron las bases para la física y la astronomía modernas.

Siglo XVII: Isaac Newton es quizás el físico más influyente de la historia. Formuló las leyes del movimiento, estableció la ley de la gravitación universal y desarrolló el cálculo, sentando las bases de la física moderna.

Isaac Newton, quien vivió en el siglo XVII (1643-1727), es indiscutiblemente uno de los científicos más influyentes en la historia de la física y las matemáticas. Sus contribuciones revolucionaron la comprensión del mundo natural y sentaron las bases de la física moderna. A continuación, se destacan algunas de sus contribuciones más destacadas:

Leyes del Movimiento de Newton: Newton formuló sus tres leyes del movimiento, que son fundamentales en la física clásica:

Primera Ley de Newton (Ley de la Inercia): Establece que un objeto en reposo tiende a permanecer en reposo, y un objeto en movimiento tiende a permanecer en movimiento a una velocidad constante en línea recta a menos que una fuerza externa actúe sobre él.

Segunda Ley de Newton: Establece que la fuerza aplicada a un objeto es igual a la masa del objeto multiplicada por su aceleración. Esta ley se expresa como F=ma, donde F es la fuerza, m es la masa y a es la aceleración.

Tercera Ley de Newton (Ley de Acción y Reacción): Afirma que por cada acción hay una reacción igual y opuesta. Esto significa que si un objeto ejerce una fuerza sobre otro, el segundo objeto ejerce una fuerza igual en magnitud pero en la dirección opuesta sobre el primero.

Ley de la Gravitación Universal: Newton formuló la ley de la gravitación universal, que establece que dos objetos se atraen mutuamente con una fuerza que es directamente proporcional al producto de sus masas e inversamente proporcional al cuadrado de la distancia que los separa. Esta ley explicó tanto el movimiento de los planetas alrededor del Sol como la caída de los objetos en la Tierra.

Cálculo: Newton desarrolló el cálculo, una rama de las matemáticas que se utiliza para describir el cambio y la acumulación de cantidades continuas, como velocidad, aceleración e integral. Su trabajo en cálculo fue fundamental para resolver problemas relacionados con el movimiento y las tasas de cambio.

Desarrollo del método científico: Newton contribuyó significativamente al desarrollo del método científico, enfatizando la observación, la formulación de leyes matemáticas, la experimentación y la verificación de las teorías mediante evidencia empírica.

Óptica: Newton realizó investigaciones en óptica y demostró que la luz blanca está compuesta por una mezcla de colores. También diseñó el primer telescopio reflector.

Las contribuciones de Newton revolucionaron la física y la matemática, y su trabajo sentó las bases para la física clásica y la mecánica newtoniana. Sus leyes del movimiento y la ley de la gravitación universal son pilares fundamentales de la física y siguen siendo aplicables en una amplia gama de situaciones. Newton es ampliamente reconocido como uno de los científicos más influyentes de la historia.

Siglo XVIII: Benjamin Franklin realizó investigaciones pioneras en electricidad y acuñó términos como "carga positiva" y "carga negativa". También propuso la teoría del fluido eléctrico.

En el siglo XVIII, Benjamin Franklin, uno de los Padres Fundadores de los Estados Unidos, realizó contribuciones pioneras en el campo de la electricidad. Sus experimentos e ideas ayudaron a sentar las bases de la comprensión de la electricidad en ese período. A continuación, se destacan algunas de sus contribuciones más significativas:

Carga Eléctrica: Benjamin Franklin es conocido por acuñar los términos "carga positiva" y "carga negativa" para describir dos tipos de electricidad. A través de sus experimentos con la electricidad estática, Franklin propuso que los objetos pueden tener una carga eléctrica positiva o negativa. Además, desarrolló la noción de que cargas opuestas se atraen, mientras que cargas del mismo tipo se repelen.

Cometa de Franklin: En uno de sus experimentos más famosos, Franklin utilizó una cometa en una tormenta eléctrica para demostrar que los rayos son una forma de electricidad. La cometa estaba equipada con una llave y una cuerda húmeda, y Franklin logró acumular una carga eléctrica en la llave. Este experimento arriesgado proporcionó evidencia de la naturaleza eléctrica de los rayos.

Teoría del Fluido Eléctrico: Franklin propuso una teoría del "fluido eléctrico" para explicar los fenómenos eléctricos de su tiempo. Según esta teoría, los objetos contenían un exceso o una deficiencia de un fluido eléctrico que determinaba su carga eléctrica. Aunque esta teoría no es válida en la física moderna, fue un paso importante en la comprensión temprana de la electricidad.

Pararrayos: Franklin diseñó el pararrayos, un dispositivo destinado a proteger edificios y estructuras de los daños causados por los rayos. Su diseño ayudó a prevenir incendios y daños eléctricos en edificios, y sentó las bases para los pararrayos modernos.

Las contribuciones de Benjamin Franklin a la electricidad y la comprensión de los fenómenos eléctricos fueron fundamentales en su época y tuvieron un impacto duradero en la ciencia y la tecnología eléctrica. Su trabajo allanó el camino para el desarrollo futuro de la teoría eléctrica y la aplicación de la electricidad en la vida cotidiana.

Siglo XIX: James Clerk Maxwell formuló las ecuaciones de Maxwell, que unificaron la electricidad y el magnetismo en una sola teoría electromagnética. Michael Faraday hizo importantes descubrimientos en electromagnetismo, incluida la ley de la inducción electromagnética.

Ley de la Inducción Electromagnética: Michael Faraday es conocido por su descubrimiento de la ley de la inducción electromagnética, que establece que un cambio en el flujo magnético a través de un circuito induce una corriente eléctrica en ese circuito. Esta ley es fundamental en la generación de energía eléctrica en generadores y transformadores.

Ley de Faraday de la Electrólisis: Faraday también formuló las leyes de la electrólisis, que describen cómo se descomponen los compuestos químicos en iones mediante la aplicación de una corriente eléctrica. Esto sentó las bases para la comprensión de la electroquímica y las reacciones redox.

James Clerk Maxwell (1831-1907):

James Clerk Maxwell realizó avances fundamentales en la unificación de las teorías eléctricas y magnéticas en una sola teoría electromagnética. Sus contribuciones más destacadas incluyen:

Ecuaciones de Maxwell: Maxwell formuló un conjunto de ecuaciones que describen cómo los campos eléctricos y magnéticos interactúan y se propagan en el espacio. Estas ecuaciones, conocidas como las ecuaciones de Maxwell, unificaron las teorías eléctricas y magnéticas de Faraday y otras, y establecieron las bases de la teoría electromagnética.

Predicción de las ondas electromagnéticas: Basándose en sus ecuaciones, Maxwell predijo la existencia de ondas electromagnéticas, que se propagan a la velocidad de la luz. Esta predicción fue fundamental para la comprensión de la luz como una forma de radiación electromagnética y sentó las bases para el desarrollo de la teoría de las ondas electromagnéticas y la radiocomunicación.

Unificación de las leyes del electromagnetismo: Maxwell unificó la electricidad, el magnetismo y la óptica en una sola teoría. Sus ecuaciones permitieron una comprensión más profunda de cómo la luz y otras formas de radiación electromagnética se propagan y se comportan.

Las contribuciones de Faraday y Maxwell en el siglo XIX revolucionaron la física y la tecnología. Sus descubrimientos y teorías sientan las bases para la tecnología eléctrica y las comunicaciones modernas, y su trabajo es fundamental en la física y la ingeniería electromagnética.

Siglo XIX: Albert Einstein revolucionó la física con sus teorías de la relatividad: la Teoría Especial de la Relatividad en 1905 y la Teoría General de la Relatividad en 1915. También contribuyó con la teoría cuántica al explicar el efecto fotoeléctrico.

Albert Einstein, una de las figuras más influyentes en la historia de la física, dejó un impacto duradero en el siglo XX con sus teorías revolucionarias. A continuación, se destacan sus contribuciones más significativas:

Teoría Especial de la Relatividad (1905): La Teoría Especial de la Relatividad, presentada por Einstein en 1905, introdujo ideas revolucionarias en la física:

Principio de la relatividad: Einstein postuló que las leyes de la física son las mismas para todos los observadores inerciales, sin importar su velocidad relativa. Esto llevó a la idea de que no existe un "estado de reposo absoluto" en el universo.

Teoría de la relatividad del tiempo: Einstein propuso que el tiempo es relativo y puede dilatarse o contraerse dependiendo de la velocidad del observador. Esto condujo a la famosa ecuación $E=mc2$, que describe la equivalencia entre la masa y la energía.

Contracción de Longitud: La teoría también predijo la contracción de la longitud de los objetos en movimiento a velocidades cercanas a la velocidad de la luz.

Teoría General de la Relatividad (1915): La Teoría General de la Relatividad, presentada en 1915, amplió la teoría especial e introdujo conceptos de la gravedad:

Gravedad como curvatura del espacio-tiempo: Einstein propuso que la gravedad no es una fuerza en sí misma, sino una manifestación de la curvatura del espacio-tiempo debido a la presencia de masa y energía. Esta idea condujo a la formulación de las ecuaciones de campo de Einstein.

Predicción de la curvatura de la luz: La teoría general de la relatividad predijo que la gravedad de un objeto masivo, como una estrella, podría curvar la luz que pasa cerca de ella. Esto se confirmó con observaciones de un eclipse solar en 1919.

Efecto Fotoeléctrico (1905): Einstein también contribuyó a la teoría cuántica al explicar el efecto fotoeléctrico. Propuso que la luz está compuesta por partículas discretas llamadas "fotones" y que estos fotones pueden transferir su energía a los electrones en un material, liberándolos y generando una corriente eléctrica. Esta explicación fue fundamental en el desarrollo de la teoría cuántica y le valió a Einstein el Premio Nobel de Física en 1921.

Las teorías de Einstein revolucionaron la física y cambiaron nuestra comprensión del espacio, el tiempo, la gravedad y la naturaleza de la luz. Sus contribuciones han tenido un impacto profundo en la ciencia y la tecnología del siglo XX y continúan siendo fundamentales en la física moderna.

Siglo XX: La física cuántica experimentó un auge con científicos como Niels Bohr, Werner Heisenberg, Max Planck y Erwin Schrödinger, que desarrollaron teorías cuánticas y el principio de incertidumbre.

El siglo XX fue testigo de un florecimiento extraordinario en la física cuántica, una rama de la física que explora el comportamiento de partículas subatómicas y las leyes que rigen el mundo microscópico. Durante este período, destacados científicos como Niels Bohr, Werner Heisenberg, Max Planck y Erwin Schrödinger contribuyeron de manera significativa a la formulación y el desarrollo de teorías cuánticas.

Niels Bohr (1885-1962):

Modelo de Bohr: Niels Bohr desarrolló un modelo del átomo que incorporaba conceptos cuánticos. Su modelo cuántico del átomo postulaba que los electrones se encuentran en órbitas cuantizadas alrededor del núcleo y que solo pueden ocupar ciertos niveles de energía discretos. Este modelo explicaba de manera exitosa la estructura de líneas espectrales de átomos, que previamente habían sido un enigma.

Werner Heisenberg (1901-1976): 2. Principio de Incertidumbre: Heisenberg formuló el principio de incertidumbre, que establece que es imposible conocer con precisión simultáneamente la posición y la velocidad de una partícula subatómica. Esto introdujo una limitación fundamental en la precisión de las mediciones cuánticas y cambió la forma en que entendemos la mecánica cuántica.

Max Planck (1858-1947): 3. Teoría de la Radiación del Cuerpo Negro: Max Planck es conocido por su desarrollo de la teoría cuántica de la radiación del cuerpo negro. Al introducir la idea de que la energía se cuantiza en pequeños paquetes llamados "cuantos", Planck sentó las bases de la teoría cuántica. Este trabajo allanó el camino para la comprensión de la mecánica cuántica.

Erwin Schrödinger (1887-1961): 4. Ecuación de Schrödinger: Schrödinger formuló la ecuación de Schrödinger, una ecuación fundamental en la mecánica cuántica que describe la evolución de una función de onda que representa el estado de una partícula cuántica. Esta ecuación es esencial para predecir el comportamiento de partículas subatómicas.

En conjunto, estas contribuciones sentaron las bases para la teoría cuántica, que revolucionó nuestra comprensión de la física en escalas subatómicas. La física cuántica ha llevado a desarrollos tecnológicos fundamentales, como la electrónica cuántica y la computación cuántica, y ha abierto nuevas perspectivas en áreas como la nanotecnología y la criptografía. Los principios cuánticos continúan siendo una parte esencial de la física moderna.

Siglo XX: En 1964, Arno Penzias y Robert Wilson descubrieron la radiación cósmica de fondo, proporcionando evidencia del Big Bang y apoyando la teoría del origen del universo.

El descubrimiento de la radiación cósmica de fondo por parte de Arno Penzias y Robert Wilson en 1964 fue un evento histórico en la cosmología y proporcionó una evidencia significativa en apoyo a la teoría del Big Bang, que describe el origen del universo. Aquí hay una descripción más detallada de este descubrimiento:

Radiación Cósmica de Fondo:

La radiación cósmica de fondo es una forma de radiación electromagnética que llena el universo y se observa en todas direcciones del cielo. Esta radiación tiene una distribución espectral que se asemeja a la de un cuerpo negro, lo que significa que emite radiación térmica con una temperatura uniforme de aproximadamente 2.7 grados Kelvin (cerca del cero absoluto).

El Descubrimiento:

Arno Penzias y Robert Wilson, ingenieros de la empresa Bell Telephone Laboratories, estaban trabajando en la eliminación de interferencias de microondas en un receptor de comunicaciones de microondas.

A pesar de sus esfuerzos, continuaron detectando un ruido de fondo persistente que no podían eliminar.

Después de descartar posibles fuentes terrestres, como excrementos de palomas en el receptor, se dieron cuenta de que estaban detectando una radiación de fondo que parecía ser la misma en todas direcciones.

Se dieron cuenta de que habían descubierto la radiación cósmica de fondo, que había sido predicha teóricamente como un remanente del Big Bang por científicos como George Gamow, Ralph Alpher y Robert Herman.

Importancia del Descubrimiento:

La detección de la radiación cósmica de fondo proporcionó evidencia convincente de que el universo había experimentado una expansión inicial a partir de un estado extremadamente caliente y denso, lo que apoyaba la teoría del Big Bang.

Este descubrimiento contribuyó significativamente a la formulación de la teoría del Big Bang como el modelo predominante para el origen del universo.

Penzias y Wilson fueron galardonados con el Premio Nobel de Física en 1978 por su contribución a la cosmología.

El descubrimiento de la radiación cósmica de fondo fue un hito importante en la historia de la cosmología y ha impulsado investigaciones posteriores sobre la estructura y la evolución del universo. Ha confirmado la validez de la teoría del Big Bang y ha llevado a importantes avances en la comprensión de la historia y el destino del universo.

Siglo XX: Científicos como Richard Feynman, Murray Gell-Mann y Sheldon Glashow contribuyeron al desarrollo de la teoría electrodébil y al Modelo Estándar de la física de partículas.

Durante el siglo XX, varios científicos desempeñaron un papel fundamental en el desarrollo de la teoría electrodébil y en la formulación del Modelo Estándar de la física de partículas. Estas teorías son fundamentales para nuestra comprensión de las partículas subatómicas y las interacciones fundamentales. A continuación, se destacan las contribuciones de algunos de estos científicos:

Richard Feynman (1918-1988):

Feynman fue un físico teórico conocido por sus contribuciones en muchas áreas de la física, incluyendo la electrodinámica cuántica (QED).

Desarrolló diagramas de Feynman, una notación gráfica utilizada para representar las interacciones entre partículas subatómicas en términos de amplitudes de probabilidad.

Su trabajo en QED ayudó a unificar la teoría electromagnética con la mecánica cuántica y fue fundamental en el desarrollo del Modelo Estándar.

Murray Gell-Mann (1929-2019):

Gell-Mann fue un físico teórico que formuló la teoría de la cromodinámica cuántica (QCD) y fue uno de los pioneros en la clasificación de las partículas subatómicas.

Introdujo la noción de "quarks", partículas subatómicas fundamentales que componen los hadrones, como los protones y neutrones.

Su trabajo sentó las bases para la comprensión de las fuerzas fuertes que actúan entre los quarks.

Sheldon Glashow (1932-):

Glashow es un físico teórico que junto a Abdus Salam y Steven Weinberg formuló la teoría electrodébil, que unificó la interacción electromagnética y la interacción débil en una sola teoría.

Esta teoría predijo la existencia de partículas conocidas como bosones W y Z, que median las interacciones débiles entre partículas.

La teoría electrodébil se convirtió en una parte central del Modelo Estándar de la física de partículas.

Estos científicos, junto con otros, contribuyeron significativamente al desarrollo del Modelo Estándar, que es la teoría que describe la física de partículas subatómicas y las interacciones fundamentales. El Modelo Estándar ha demostrado ser muy exitoso en la descripción y predicción de las partículas y las fuerzas subatómicas, y ha sido confirmado por experimentos en aceleradores de partículas en todo el mundo. Sus contribuciones han tenido un impacto duradero en la física de partículas y la comprensión de la naturaleza fundamental del universo.

Siglo XXI: La física continúa avanzando con investigaciones en campos como la teoría de cuerdas, la física de partículas y la cosmología, junto con los esfuerzos por comprender la energía oscura y la materia oscura.

En el siglo XXI, la física ha continuado avanzando a un ritmo vertiginoso, con investigaciones en una variedad de campos que han ampliado nuestra comprensión del universo. Algunas de las áreas y temas destacados de investigación en el siglo XXI incluyen:

1. Teoría de Cuerdas:

La teoría de cuerdas es un enfoque teórico que busca unificar todas las fuerzas fundamentales de la física en una sola teoría coherente.

Se han desarrollado diversas formulaciones de la teoría de cuerdas, incluyendo la teoría M y la teoría de supercuerdas.

Aunque la teoría de cuerdas es altamente especulativa y aún no se ha confirmado experimentalmente, sigue siendo un área activa de investigación en la física teórica.

La teoría de cuerdas es una propuesta teórica en la física que busca proporcionar una descripción unificada de todas las fuerzas fundamentales y partículas en el universo.

1. Unificación de las Fuerzas Fundamentales:

La teoría de cuerdas se desarrolló con el objetivo de unificar las cuatro fuerzas fundamentales de la física, que son la gravedad, la fuerza electromagnética, la fuerza nuclear fuerte y la fuerza nuclear débil, en un solo marco teórico coherente. Esto se conoce como la búsqueda de una "teoría del todo".

2. La Idea de las Cuerdas:

En lugar de considerar partículas puntuales como electrones o quarks, la teoría de cuerdas postula que las partículas son en realidad pequeñas cuerdas unidimensionales. Estas cuerdas vibran a diferentes frecuencias, y estas vibraciones determinan las propiedades y el comportamiento de las partículas.

3. Diversas Formulaciones:

A lo largo del desarrollo de la teoría de cuerdas, se han propuesto varias formulaciones, incluyendo la teoría de supercuerdas y la teoría M. Cada una de estas formulaciones se centra en diferentes aspectos de la teoría, pero todas comparten la idea central de cuerdas vibrantes.

4. Problemas y Desafíos:

Aunque la teoría de cuerdas es una propuesta intrigante, presenta varios desafíos. Uno de los mayores desafíos es que la teoría no ha sido confirmada experimentalmente y no ha proporcionado predicciones específicas que se puedan verificar mediante experimentos actuales.

La teoría de cuerdas también predice dimensiones adicionales más allá de las tres espaciales y una dimensión temporal que experimentamos en la vida cotidiana. Estas dimensiones adicionales son difíciles de observar o confirmar.

5. Investigación Activa:

A pesar de los desafíos y la falta de confirmación experimental, la teoría de cuerdas sigue siendo un área activa de investigación en la física teórica.

Los físicos trabajan en refinamientos de la teoría, exploran sus implicaciones y buscan posibles conexiones con la física observacional y experimental.

La teoría de cuerdas es una propuesta teórica ambiciosa que busca unificar todas las fuerzas y partículas fundamentales en una sola teoría coherente. Aunque es altamente especulativa y aún no ha sido confirmada experimentalmente, continúa siendo un tema de gran interés en la física teórica y podría tener implicaciones profundas para nuestra comprensión del universo si se desarrolla y se verifica en el futuro.

2. Física de Partículas:

Los experimentos en aceleradores de partículas, como el Gran Colisionador de Hadrones (LHC) en el CERN, han llevado a importantes descubrimientos en el campo de la física de partículas.

El descubrimiento del bosón de Higgs en 2012 fue un hito significativo, ya que confirmó la existencia de esta partícula predicha por el Modelo Estándar.

La física de partículas es una rama de la física que se dedica al estudio de las partículas subatómicas y las fuerzas fundamentales que gobiernan su comportamiento. Aquí se detalla más sobre este campo y su importancia:

1. Aceleradores de Partículas:

Los experimentos en aceleradores de partículas son esenciales para investigar las partículas subatómicas. Estos aceleradores, como el Gran Colisionador de Hadrones (LHC) en el CERN, son instalaciones científicas diseñadas para acelerar partículas subatómicas a velocidades cercanas a la velocidad de la luz y colisionarlas a energías extremadamente altas.

2. El Modelo Estándar:

El Modelo Estándar es la teoría que describe las partículas elementales y las fuerzas fundamentales que actúan entre ellas. Incluye partículas como quarks, leptones, bosones W y Z, y el fotón.

Una de las partículas fundamentales más importantes predichas por el Modelo Estándar era el bosón de Higgs, una partícula que confiere masa a otras partículas.

La búsqueda y posterior descubrimiento del bosón de Higgs en 2012 en el LHC fue un hito significativo, ya que confirmó la existencia de esta partícula y proporcionó evidencia crucial para el Modelo Estándar.

3. Importancia de la Física de Partículas:

La física de partículas es fundamental para nuestra comprensión de las partículas elementales y las fuerzas fundamentales que gobiernan el universo.

Contribuye a responder preguntas fundamentales sobre la estructura del universo, como la naturaleza de la materia oscura y la energía oscura, y cómo se formaron las partículas y las galaxias en el universo temprano.

También tiene aplicaciones tecnológicas, como la medicina (tomografía por emisión de positrones, aceleradores de radioterapia) y la energía (fusión nuclear).

4. Investigación Activa:

La investigación en la física de partículas continúa siendo activa, con experimentos en curso en diferentes instalaciones alrededor del mundo.

Los científicos buscan comprender la física más allá del Modelo Estándar, incluyendo la búsqueda de partículas supersimétricas y otras partículas que podrían dar indicios sobre la naturaleza de la materia oscura.

La física de partículas es una rama esencial de la física que se dedica al estudio de las partículas subatómicas y las fuerzas fundamentales que actúan sobre ellas. El descubrimiento del bosón de Higgs en el LHC fue un logro significativo que confirmó una parte clave del Modelo Estándar y continuó impulsando la investigación en esta área para resolver preguntas fundamentales sobre el universo y sus partículas constituyentes.

3. Cosmología:

La cosmología ha experimentado un auge en el siglo XXI con investigaciones sobre la expansión del universo, la formación y la evolución de las galaxias, y la naturaleza de la energía oscura y la materia oscura.

Las observaciones detalladas del fondo cósmico de microondas y la distribución de galaxias han proporcionado información crucial sobre la historia y la estructura del universo.

La cosmología es la rama de la física que se dedica al estudio del origen, la evolución y la estructura del universo en su conjunto. En el siglo XXI, la cosmología ha experimentado un crecimiento significativo y ha proporcionado importantes conocimientos sobre el universo.

1. Expansión del Universo:

Uno de los descubrimientos más significativos en cosmología en el siglo XX fue la confirmación de la expansión del universo. Observaciones detalladas de la luz de galaxias distantes revelaron que se están alejando de nosotros, lo que sugiere que el universo se está expandiendo.

La expansión del universo se describe en términos de la Ley de Hubble, que relaciona la velocidad de recesión de las galaxias con su distancia.

2. Fondo Cósmico de Microondas:

El fondo cósmico de microondas (CMB) es una radiación residual del Big Bang, que llena el universo y se detecta en todas direcciones del cielo. El CMB proporciona una instantánea de la radiación del universo temprano.

Estudios detallados del CMB han proporcionado información sobre la edad del universo, su contenido de materia y energía, y la formación de las estructuras a gran escala.

3. Energía Oscura y Materia Oscura:

La energía oscura es una misteriosa forma de energía que parece estar acelerando la expansión del universo. Su naturaleza exacta sigue siendo desconocida y es un tema importante de investigación en cosmología.

La materia oscura, que no emite luz ni radiación detectable, ejerce una influencia gravitacional significativa en las galaxias y la estructura cósmica. Su naturaleza también es objeto de estudio.

4. Evolución de las Galaxias:

La cosmología moderna también se centra en comprender cómo se formaron y evolucionaron las galaxias a lo largo del tiempo cósmico.

Se han realizado estudios detallados de la distribución de galaxias en el universo observable y se han desarrollado simulaciones por computadora para modelar la formación de estructuras cósmicas.

5. Búsqueda de Respuestas Fundamentales:

La cosmología busca respuestas a preguntas fundamentales, como la naturaleza del universo antes del Big Bang, la existencia de otros universos (multiverso), y la posibilidad de vida extraterrestre.

Las observaciones de telescopios espaciales y terrestres avanzados, como el Telescopio Espacial Hubble y el Telescopio del Atacama Large Millimeter Array (ALMA), continúan proporcionando datos cruciales para la cosmología.

La cosmología en el siglo XXI ha avanzado significativamente, proporcionando información valiosa sobre la historia y la estructura del universo. Las observaciones detalladas, las simulaciones computacionales y la investigación en áreas como la energía oscura y la materia oscura siguen siendo fundamentales para nuestra comprensión en constante evolución del cosmos.

4. Energía Oscura y Materia Oscura:

La energía oscura y la materia oscura siguen siendo dos de los enigmas más profundos de la física y la cosmología.

Los científicos están llevando a cabo investigaciones para comprender la naturaleza de la energía oscura, que parece estar acelerando la expansión del universo.

También se están realizando esfuerzos para detectar la materia oscura directa o indirectamente a través de experimentos subterráneos y observaciones astronómicas.

La energía oscura y la materia oscura son dos componentes misteriosos y fundamentales en el estudio de la física y la cosmología.

1. Energía Oscura:

La energía oscura es una forma de energía que parece llenar todo el espacio y ejerce una presión repulsiva en lugar de una atracción gravitacional. Esta energía es responsable de la aceleración en la expansión del universo.

La naturaleza exacta de la energía oscura sigue siendo desconocida. Las investigaciones se centran en entender si es una "constante cosmológica" asociada con el vacío del espacio o si es el resultado de una forma de energía aún no descubierta en el universo.

2. Materia Oscura:

La materia oscura es una forma de materia que no emite ni interactúa con la luz visible ni con otras formas de radiación electromagnética. Sin embargo, ejerce una influencia gravitacional significativa en la formación y evolución de las galaxias y la estructura cósmica.

Aunque no se ha detectado directamente, se cree que la materia oscura constituye una gran parte de la masa total del universo.

3. Investigaciones en Curso:

Los científicos están llevando a cabo investigaciones para comprender la naturaleza de la energía oscura y su influencia en la expansión del universo.

Experimentos subterráneos, como los detectores de materia oscura, buscan detectar partículas de materia oscura directamente. Estos experimentos se realizan a gran profundidad bajo tierra para minimizar la interferencia de otras partículas.

Observaciones astronómicas, como el estudio de la distribución de galaxias y la expansión del universo, proporcionan datos importantes para comprender la energía oscura y la materia oscura.

4. Importancia de la Energía Oscura y la Materia Oscura:

La energía oscura y la materia oscura son fundamentales para nuestra comprensión de la estructura y la evolución del universo. Su estudio es esencial para responder preguntas fundamentales sobre la naturaleza del cosmos.

Comprender la energía oscura también es crucial para proyectar el futuro del universo, ya que su influencia en la expansión podría tener implicaciones a largo plazo en la cosmología.

La energía oscura y la materia oscura son dos de los misterios más profundos de la física y la cosmología. Aunque continúan siendo enigmas, las investigaciones en curso y los experimentos buscan arrojar luz sobre su naturaleza y su impacto en el universo, lo que podría llevar a avances significativos en nuestra comprensión del cosmos.

5. Computación Cuántica:

La computación cuántica es un campo emergente que utiliza principios de la mecánica cuántica para realizar cálculos a velocidades y con capacidades que superan a las computadoras clásicas.

Los avances en la computación cuántica prometen revolucionar la informática y resolver problemas complejos de manera más eficiente.

La computación cuántica es un campo de la informática que se basa en los principios de la mecánica cuántica, una rama de la física que estudia el comportamiento de las partículas subatómicas. Aquí se detallan los aspectos clave de la computación cuántica:

1. Principios de la Computación Cuántica:

En lugar de utilizar bits clásicos (0 y 1), las computadoras cuánticas utilizan cúbits cuánticos o qubits. Los qubits pueden estar en múltiples estados a la vez gracias a un fenómeno llamado superposición.

Los qubits también pueden estar entrelazados, lo que permite que la información se comparta instantáneamente entre ellos, independientemente de la distancia que los separe, en un fenómeno llamado entrelazamiento cuántico.

2. Ventajas de la Computación Cuántica:

La computación cuántica tiene el potencial de realizar cálculos a velocidades y con capacidades que superan con creces las computadoras clásicas para ciertas tareas específicas.

Puede resolver problemas complejos de manera más eficiente en campos como la criptografía, la simulación de sistemas cuánticos, la optimización y la química cuántica.

3. Desafíos y Limitaciones:

La tecnología de la computación cuántica aún se encuentra en desarrollo y enfrenta desafíos técnicos significativos, como la necesidad de mantener la coherencia cuántica de los qubits durante más tiempo.

Las computadoras cuánticas actuales son propensas a errores cuánticos, lo que requiere el desarrollo de técnicas de corrección de errores cuánticos.

4. Aplicaciones Potenciales:

La computación cuántica podría revolucionar la seguridad cibernética mediante la resolución rápida de problemas que actualmente protegen la información a través de la criptografía.

También se espera que tenga un gran impacto en la simulación de sistemas cuánticos, lo que puede ser crucial para la investigación en química, física y biología.

La optimización de procesos y la resolución de problemas complejos en logística, finanzas y diseño de materiales son otras áreas potenciales de aplicación.

5. Investigación Activa:

La investigación en computación cuántica es un campo en constante crecimiento, con numerosos esfuerzos en todo el mundo para desarrollar hardware cuántico y algoritmos cuánticos.

Las empresas de tecnología, instituciones académicas y gobiernos están invirtiendo en la investigación y el desarrollo de la computación cuántica.

En resumen, la computación cuántica es un campo emergente que se basa en los principios de la mecánica cuántica y tiene el potencial de revolucionar la informática al permitir el procesamiento de información a velocidades y con capacidades sin precedentes. Aunque enfrenta desafíos técnicos, su potencial para resolver problemas complejos y abordar desafíos en una variedad de campos lo convierte en un área de investigación y desarrollo emocionante y prometedora.

Estos son solo algunos ejemplos de las áreas de investigación en la física en el siglo XXI. La búsqueda de respuestas a preguntas fundamentales sobre la naturaleza del universo y la materia continúa siendo un objetivo importante para los físicos en esta era. Los avances tecnológicos y las colaboraciones internacionales han permitido la realización de experimentos y observaciones de una escala sin precedentes, lo que ha llevado a descubrimientos significativos y a un mayor entendimiento de los misterios del cosmos.

3.Las leyes del movimiento de Newton: ¡Por qué los objetos se mueven!

Las leyes del movimiento de Newton son un conjunto fundamental de principios que describen por qué y cómo los objetos se mueven. Estas leyes, formuladas por Sir Isaac Newton en el siglo XVII, son piedras angulares de la física y proporcionan una base sólida para entender el comportamiento de los objetos en movimiento. Aquí están las tres leyes del movimiento de Newton y su explicación:

Primera Ley de Newton - Ley de la Inercia:

Esta ley establece que un objeto en reposo tiende a permanecer en reposo, y un objeto en movimiento tiende a permanecer en movimiento a menos que una fuerza externa actúe sobre él.

En otras palabras, un objeto no cambia su estado de movimiento por sí solo. Requiere una fuerza para cambiar su velocidad o dirección. Esta propiedad se llama "inercia". Esta ley es fundamental para entender por qué los objetos se mueven y cómo su velocidad y dirección cambian en respuesta a las fuerzas que actúan sobre ellos. La inercia es la tendencia de los objetos a mantener su estado de movimiento, ya sea en reposo o en movimiento constante, a menos que una fuerza externa cambie ese estado. En otras palabras, los objetos tienden a resistir cualquier cambio en su movimiento, y esa resistencia es lo que se conoce como inercia.

Esta ley tiene aplicaciones en la vida cotidiana y es una de las bases de la física clásica. Por ejemplo, cuando frenas un automóvil, la inercia hace que el vehículo quiera continuar moviéndose a su velocidad original, y necesitas aplicar fuerza de frenado para cambiar su velocidad. La ley de la inercia también se aplica a la forma en que te sientes "empujado hacia atrás" cuando un automóvil se detiene bruscamente. En este caso, tu cuerpo tiende a seguir moviéndose a la velocidad anterior y, al frenar, sientes una fuerza hacia adelante que te "empuja" en la dirección opuesta a la del frenado.

Segunda Ley de Newton - Ley de Fuerza y Aceleración:

Esta ley establece que la fuerza aplicada a un objeto es igual a la masa del objeto multiplicada por su aceleración. Matemáticamente, se expresa como $F = m * a$, donde F representa la fuerza, m es la masa del objeto y a es su aceleración.

Esto significa que la fuerza necesaria para cambiar el movimiento de un objeto es directamente proporcional a su masa y a la tasa de cambio de su velocidad (aceleración). Esta ley establece la relación entre la fuerza aplicada a un objeto, la masa de ese objeto y la aceleración que experimenta. Matemáticamente, se expresa como $F = m * a$, donde:

F representa la fuerza aplicada al objeto.

m es la masa del objeto.

a es la aceleración que el objeto experimenta como resultado de la fuerza.

Esta ley significa que la fuerza requerida para cambiar el movimiento de un objeto es directamente proporcional a su masa y a la tasa de cambio de su velocidad (aceleración). En otras palabras, cuanto más grande sea la masa de un objeto, más fuerza se necesita para acelerarlo o desacelerarlo, y cuanto mayor sea la aceleración requerida, más grande debe ser la fuerza aplicada.

La Segunda Ley de Newton es fundamental para entender cómo las fuerzas afectan el movimiento de los objetos y es ampliamente utilizada en la física y la ingeniería para calcular y predecir el comportamiento de sistemas en los que intervienen fuerzas y masas, como la dinámica de vehículos, la caída de objetos y la mecánica de las máquinas.

Tercera Ley de Newton - Ley de Acción y Reacción:

Esta ley establece que por cada acción, hay una reacción igual y opuesta. En otras palabras, cuando un objeto ejerce una fuerza sobre otro objeto, el segundo objeto ejerce una fuerza igual en magnitud pero en dirección opuesta sobre el primero.

Este principio se ejemplifica en situaciones cotidianas, como el impulso de un cohete expulsando gases hacia abajo y, como resultado, el cohete se eleva hacia arriba. n (fuerza) que se ejerce sobre un objeto, hay una reacción igual y opuesta. En otras palabras, cuando un objeto A ejerce una fuerza sobre un objeto B, el objeto B ejerce una fuerza de igual magnitud pero en dirección opuesta sobre el objeto A.

Esta ley se ejemplifica en numerosas situaciones cotidianas. El ejemplo clásico es el lanzamiento de un cohete: cuando los motores del cohete expulsan gases hacia abajo con una fuerza, la reacción igual y opuesta hace que el cohete se eleve hacia arriba. Es decir, la fuerza de expulsión de los gases hacia abajo genera una fuerza de reacción que impulsa el cohete hacia arriba.

La Ley de Acción y Reacción es esencial para comprender cómo funcionan las interacciones de fuerzas en el mundo físico y tiene aplicaciones en una variedad de campos, desde la física espacial hasta la mecánica de vehículos y la dinámica de fluidos. Es una de las leyes fundamentales que sirve de base para la comprensión de muchos fenómenos físicos y mecánicos.

Las leyes del movimiento de Newton explican por qué los objetos se mueven y cómo se comportan en respuesta a las fuerzas que actúan sobre ellos. Estas leyes son esenciales para la física y proporcionan la base para comprender una amplia variedad de fenómenos relacionados con el movimiento y la interacción de objetos en el universo.

Las leyes del movimiento de Newton son fundamentales para la física y proporcionan la base para comprender una amplia gama de fenómenos relacionados con el movimiento y la interacción de objetos en el universo. Estas leyes son la piedra angular de la mecánica clásica y se aplican a una gran cantidad de situaciones en la vida cotidiana y en la ciencia. Al comprender y aplicar estas leyes, los científicos y los ingenieros pueden predecir y explicar el comportamiento de objetos en movimiento, desde la trayectoria de un proyectil hasta el funcionamiento de vehículos y máquinas.

Además, las leyes del movimiento de Newton son una parte fundamental de la física teórica y también se aplican en la física moderna, en áreas como la física relativista y la física cuántica, aunque en contextos más avanzados. En resumen, estas leyes son un pilar de la física y una herramienta esencial para comprender el mundo que nos rodea y el universo en su conjunto.

Estas leyes son un pilar fundamental de la física y proporcionan una herramienta esencial para comprender y explicar cómo los objetos se mueven y cómo interactúan en el universo. Son aplicables en una amplia variedad de situaciones y proporcionan una base sólida para la descripción del movimiento, desde el comportamiento de los planetas en el espacio hasta los objetos en movimiento en la Tierra. En esencia, estas leyes son fundamentales para nuestra comprensión del mundo que nos rodea y del universo en su conjunto.

Claro, puedo explicarlo con más detalle:

Las leyes del movimiento de Newton son reglas fundamentales que describen cómo los objetos se mueven y cómo responden a las fuerzas que actúan sobre ellos. Estas leyes son extremadamente versátiles y aplicables en una amplia variedad de situaciones en nuestra vida cotidiana, así como en el estudio de fenómenos más grandes en el universo.

Aplicación en la Tierra: En nuestro entorno diario, estas leyes explican por qué un automóvil se detiene cuando aplicas los frenos, cómo funciona un columpio en un parque, por qué un balón se mueve cuando lo pateas y muchas otras situaciones. Son la base de la mecánica que utilizamos en la ingeniería, la construcción y el diseño de vehículos.

s de nuestra vida cotidiana y en la ingeniería. Aquí tienes algunos ejemplos específicos de su aplicación en la Tierra:

Frenado de automóviles: Cuando aplicas los frenos de un automóvil, estás aprovechando la Segunda Ley de Newton. La fuerza de frenado que aplicas (acción) provoca una desaceleración en el automóvil (reacción) según la masa del vehículo. Esto es lo que hace que el automóvil se detenga o reduzca su velocidad.

Columpios en parques: La mecánica de un columpio se basa en la Primera Ley de Newton. Una vez que un columpio está en movimiento, tiende a mantener ese movimiento debido a la inercia. Cuando empujas un columpio, aplicas una fuerza que cambia su velocidad y dirección, lo que cumple con la Segunda Ley de Newton.

Deportes: Ya sea que estés lanzando una pelota, golpeando una pelota de golf o corriendo en una pista, las leyes del movimiento de Newton están en juego. En el béisbol, por ejemplo, un lanzador aplica una fuerza para arrojar la pelota, y la Segunda Ley de Newton determina la velocidad y dirección de la pelota.

Diseño de vehículos: Ingenieros utilizan las leyes de Newton para diseñar automóviles, aviones, barcos y otros vehículos. Comprenden cómo las fuerzas afectan el movimiento y la estabilidad de estos vehículos, lo que es crucial para la seguridad y el rendimiento.

Las leyes del movimiento de Newton son la base de la mecánica clásica, y su aplicación en la vida cotidiana y en la ingeniería es fundamental para comprender y controlar el movimiento de objetos en la Tierra. Estas leyes proporcionan la capacidad de diseñar sistemas y máquinas que funcionan de manera segura y eficiente, lo que hace que sean conceptos esenciales en la tecnología moderna y la ingeniería.

Fenómenos celestiales: Las leyes de Newton son fundamentales para entender cómo los planetas y otros objetos celestiales se mueven en el espacio. Son esenciales para la astronomía y la predicción de eventos astronómicos, como los eclipses y el movimiento de los planetas.

Correcto, las leyes del movimiento de Newton desempeñan un papel crucial en la astronomía y en la comprensión de los fenómenos celestiales. Aquí te explico cómo estas leyes son esenciales en este contexto:

Movimiento planetario: Las leyes de Newton son fundamentales para entender el movimiento de los planetas, las lunas y otros objetos celestiales en el sistema solar. La Gravitación Universal de Newton describe cómo la fuerza de atracción entre dos objetos (como un planeta y el Sol) depende de sus masas y la distancia entre ellos. Esto permite calcular las órbitas de los planetas y predecir su movimiento con gran precisión.

Eclipses: Las leyes de Newton se utilizan para predecir y entender los eclipses. Por ejemplo, un eclipse solar ocurre cuando la Luna pasa entre la Tierra y el Sol. Las leyes de Newton permiten calcular la posición relativa de la Tierra, la Luna y el Sol en el espacio y predecir cuándo y dónde ocurrirán los eclipses.

Misiones espaciales: Cuando las agencias espaciales planifican misiones espaciales, utilizan las leyes de Newton para calcular las trayectorias de las naves espaciales y su interacción con los cuerpos celestiales, como planetas y asteroides. Esto es esencial para asegurar que las misiones lleguen a su destino de manera segura y eficiente.

Mecánica estelar: En el estudio de estrellas, galaxias y sistemas estelares múltiples, las leyes de Newton son esenciales para comprender cómo las estrellas y los objetos celestiales interactúan gravitacionalmente, lo que a su vez afecta la dinámica y la evolución de estos sistemas.

En resumen, las leyes del movimiento de Newton son herramientas cruciales para predecir y entender el comportamiento de objetos celestiales en el espacio. Desde la predicción de órbitas planetarias hasta la planificación de misiones espaciales y la comprensión de los eventos astronómicos, estas leyes son fundamentales para la astronomía y la exploración espacial.

Ingeniería espacial: Las leyes del movimiento de Newton también son cruciales para diseñar naves espaciales, satélites y sistemas de propulsión utilizados en misiones espaciales. Estas leyes permiten a los ingenieros calcular con precisión las trayectorias y las maniobras necesarias en el espacio.

Correcto, las leyes del movimiento de Newton son de vital importancia en la ingeniería espacial y la exploración del espacio. Aquí te explico cómo se aplican en este contexto:

Cálculo de trayectorias: Cuando se planifican misiones espaciales, ya sea para enviar una sonda a un planeta distante o para poner un satélite en órbita, las leyes del movimiento de Newton son esenciales. Permiten a los ingenieros calcular con precisión las trayectorias de las naves espaciales, teniendo en cuenta las fuerzas gravitatorias de los cuerpos celestiales y las maniobras necesarias para llegar a su destino.

Maniobras de cambio de órbita: En el espacio, las naves espaciales a menudo necesitan realizar maniobras de cambio de órbita para ajustar su trayectoria. Las leyes de Newton son la base para calcular la cantidad de propulsión necesaria y la dirección en la que debe aplicarse para lograr cambios específicos en la órbita.

Aterrizajes y amartizajes: Para aterrizar una sonda en la Luna o Marte, o para traer una nave espacial de regreso a la Tierra, los ingenieros utilizan las leyes de Newton para calcular las fases de descenso y la cantidad de retropropulsión necesaria para un aterrizaje seguro.

Estabilidad de satélites: Los satélites en órbita alrededor de la Tierra dependen de la estabilidad orbital, que se rige por las leyes de Newton. Los ingenieros deben entender y aplicar estas leyes para mantener la órbita de un satélite y garantizar que cumpla con sus objetivos.

En resumen, las leyes del movimiento de Newton son herramientas esenciales en la ingeniería espacial y la exploración del espacio. Permiten calcular y predecir con precisión el movimiento y las maniobras de naves espaciales y satélites, lo que es fundamental para el éxito de las misiones espaciales y la seguridad de los astronautas y equipos en el espacio. Estas leyes son la base de la mecánica orbital y la dinámica de vuelo en el espacio.

Física fundamental: Además, estas leyes proporcionan la base para la física teórica en general. La mecánica clásica, que incluye las leyes de Newton, es una parte fundamental de la física que a menudo se enseña como punto de partida en la educación científica.

las leyes del movimiento de Newton forman la base de la mecánica clásica y son fundamentales para la física en general. Aquí se explican sus contribuciones a la física fundamental:

Mecánica clásica: Las leyes de Newton, especialmente la Segunda Ley, son parte integral de la mecánica clásica. Esta rama de la física se ocupa del movimiento de los objetos a velocidades mucho más bajas que la velocidad de la luz. La mecánica clásica es fundamental para describir y comprender el movimiento de objetos en la Tierra y en el espacio, así como en la mayoría de las situaciones cotidianas.

Educación científica: Las leyes de Newton son un punto de partida común en la educación científica. Se enseñan en escuelas y universidades como conceptos fundamentales para comprender cómo funcionan las fuerzas y cómo los objetos responden a ellas. Estas leyes sientan las bases para la comprensión de conceptos más avanzados en física y sirven como punto de entrada para el estudio de la física en profundidad.

Modelo simplificado: Aunque la mecánica clásica tiene limitaciones en el ámbito de la física moderna, las leyes de Newton siguen siendo un modelo muy útil para describir y predecir el movimiento en situaciones prácticas. En la mayoría de las aplicaciones cotidianas y de ingeniería, la mecánica clásica proporciona resultados precisos.

Comparación con teorías avanzadas: Las leyes de Newton también sirven como punto de referencia para comparar y contrastar con teorías más avanzadas de la física, como la relatividad y la mecánica cuántica. Estas teorías avanzadas se aplican en situaciones extremas (alta velocidad o dimensiones subatómicas) donde la mecánica clásica se vuelve insuficiente. las leyes de Newton actúan como un punto de referencia fundamental en la física y son esenciales para comprender cómo los objetos se mueven en situaciones cotidianas y a velocidades que son mucho más lentas que la velocidad de la luz. Sin embargo, en situaciones extremas, como velocidades cercanas a la velocidad de la luz o en el ámbito de las dimensiones subatómicas, las leyes de Newton se vuelven insuficientes y otras teorías más avanzadas de la física entran en juego.

Teoría de la Relatividad de Einstein: La Relatividad Especial y la Relatividad General de Einstein reemplazan las leyes de Newton en situaciones de alta velocidad y en presencia de campos gravitatorios intensos. La Relatividad Especial describe cómo funcionan las leyes del movimiento cuando los objetos se mueven a velocidades cercanas a la velocidad de la luz, mientras que la Relatividad General aborda la gravedad y cómo la masa y la energía curvan el espacio y el tiempo. Estas teorías son fundamentales para describir el comportamiento de objetos en el espacio profundo y en condiciones extremas.

Mecánica Cuántica: A nivel subatómico, la mecánica cuántica reemplaza la mecánica clásica de Newton. Esta teoría describe el comportamiento de partículas subatómicas y es esencial para comprender cómo funcionan los átomos, las partículas elementales y las interacciones a escalas microscópicas. La mecánica cuántica introduce conceptos como la dualidad onda-partícula y el principio de incertidumbre, que son completamente diferentes de las leyes del movimiento newtonianas.

Las leyes de Newton son una parte crucial de la física clásica que se aplica efectivamente en la mayoría de las situaciones cotidianas y de ingeniería. Sin embargo, para entender el comportamiento de objetos a velocidades extremadamente altas o a escalas subatómicas, es necesario recurrir a teorías más avanzadas como la Relatividad de Einstein y la mecánica cuántica. Estas teorías avanzadas han ampliado significativamente nuestra comprensión del universo en contextos extremos.

Las leyes del movimiento de Newton son esenciales para la física fundamental y proporcionan una base sólida para comprender y describir una amplia variedad de fenómenos. Aunque han sido superadas en ciertos contextos por teorías más avanzadas, siguen siendo fundamentales en la educación científica y en muchas aplicaciones prácticas. Son un paso importante en el camino hacia la comprensión más profunda de la física.

En esencia, estas leyes son como un "lenguaje universal" que nos ayuda a comprender cómo funciona el mundo físico, tanto en la Tierra como en el espacio. Son la base de gran parte de la física y la ingeniería, y sin ellas, nuestra comprensión del mundo y el universo sería mucho menos completa. Por eso se consideran fundamentales para nuestra comprensión del mundo que nos rodea y del universo en su conjunto.

4.Conceptos básicos de cinemática: Velocidad, aceleración y distancia

Los conceptos básicos de cinemática: velocidad, aceleración y distancia.

Velocidad:

La velocidad es una medida de la rapidez y la dirección de un objeto en movimiento.

La velocidad es una medida que describe tanto la rapidez como la dirección de un objeto en movimiento. Es una magnitud vectorial, lo que significa que tiene tanto un valor numérico (la rapidez) como una dirección en la cual se mueve el objeto. La velocidad nos permite entender no solo cuán rápido se mueve un objeto, sino también en qué dirección se desplaza.

Por ejemplo, si un automóvil se desplaza a una velocidad de 60 kilómetros por hora hacia el norte, la velocidad de 60 km/h indica su rapidez, mientras que la dirección hacia el norte indica la dirección en la que se mueve. Si el automóvil cambia su dirección a este u oeste, la velocidad sigue siendo la misma (60 km/h), pero la dirección varía.

Es importante destacar que la velocidad es una cantidad vectorial, y como tal, se representa con una magnitud y una dirección. En contraste, la rapidez es una cantidad escalar que solo se refiere al valor numérico de la velocidad, sin considerar la dirección. La velocidad, al ser vectorial, proporciona información más completa sobre el movimiento de un objeto.

Se expresa en unidades de distancia por unidad de tiempo, como metros por segundo (m/s) o kilómetros por hora (km/h).

la velocidad se expresa en unidades de distancia por unidad de tiempo. Las unidades más comunes para medir la velocidad son metros por segundo (m/s) en el sistema internacional y kilómetros por hora (km/h) en el sistema métrico.

Metros por segundo (m/s):

El metro por segundo es la unidad estándar del Sistema Internacional (SI) para medir la velocidad.

Representa la distancia en metros que un objeto recorre en un segundo de tiempo.

Es una unidad adecuada para mediciones científicas y técnicas precisas, especialmente en física y ciencias relacionadas.

Kilómetros por hora (km/h):

El kilómetro por hora es una unidad de velocidad común en la vida cotidiana.

Representa la distancia en kilómetros que un objeto recorre en una hora de tiempo.

Se utiliza en situaciones cotidianas como la velocidad de los automóviles, la velocidad de los corredores y en muchas señales de tráfico.

Es importante notar que para convertir entre estas dos unidades, puedes utilizar la siguiente relación: 1 m/s = 3.6 km/h. Esto significa que si tienes una velocidad en metros por segundo y deseas convertirla a kilómetros por hora, puedes multiplicar la velocidad en m/s por 3.6, o si tienes una velocidad en km/h y deseas convertirla a m/s, puedes dividirla por 3.6.

La velocidad puede ser constante, lo que significa que un objeto se mueve a una velocidad fija, o variable, cambiando su velocidad a lo largo del tiempo.

la velocidad de un objeto puede ser constante o variable, dependiendo de cómo cambie su rapidez y/o dirección a lo largo del tiempo.

Velocidad constante:

Un objeto se mueve a velocidad constante cuando su rapidez (la magnitud de la velocidad) no cambia con el tiempo.

Esto significa que el objeto se desplaza a la misma velocidad en línea recta y en la misma dirección, sin importar cuánto tiempo transcurra.

Un ejemplo común de velocidad constante es un automóvil en una carretera recta y nivelada, manteniendo una velocidad constante de 100 km/h.

Velocidad variable:

Un objeto tiene velocidad variable cuando su rapidez o dirección (o ambas) cambian con el tiempo.

Puede acelerar (aumentar la rapidez), desacelerar (disminuir la rapidez) o cambiar de dirección mientras se mueve.

Por ejemplo, un automóvil que sale de reposo y va acelerando gradualmente experimenta una velocidad variable, ya que su rapidez cambia con el tiempo.

Es importante destacar que, incluso en el caso de velocidad constante, la dirección del movimiento puede cambiar, lo que resultaría en una velocidad constante con dirección variable. Sin embargo, en la mayoría de los casos, cuando hablamos de velocidad constante, nos referimos a una magnitud de velocidad constante en una dirección específica. La velocidad variable es común en situaciones donde los objetos experimentan cambios en su movimiento debido a fuerzas externas o condiciones cambiantes.

La velocidad se calcula dividiendo la distancia recorrida entre el tiempo empleado: Velocidad = Distancia / Tiempo.

la velocidad se calcula dividiendo la distancia recorrida entre el tiempo empleado en recorrer esa distancia. La fórmula para calcular la velocidad es:

Velocidad = Distancia / Tiempo

Donde:

Velocidad es la velocidad del objeto en movimiento, medida en unidades de distancia por unidad de tiempo, como metros por segundo (m/s) o kilómetros por hora (km/h).

Distancia es la longitud del camino recorrido por el objeto. Puede medirse en metros, kilómetros u otras unidades de longitud.

Tiempo es el tiempo empleado por el objeto para recorrer la distancia. Puede medirse en segundos, minutos, horas u otras unidades de tiempo.

Esta fórmula es fundamental para calcular la velocidad en una amplia variedad de situaciones. Puedes utilizarla para determinar la velocidad de un vehículo, la velocidad de un corredor, la velocidad de un objeto en caída libre, o en cualquier otra situación en la que necesites saber cuán rápido se mueve un objeto en relación con la distancia recorrida y el tiempo que ha transcurrido.

Aceleración:

La aceleración se refiere a la tasa de cambio de la velocidad de un objeto con respecto al tiempo.

La aceleración se refiere a la tasa de cambio de la velocidad de un objeto con respecto al tiempo. En otras palabras, la aceleración mide cuánto cambia la velocidad de un objeto en un intervalo de tiempo determinado.

Aceleración: La aceleración es una magnitud vectorial que se expresa en unidades de cambio de velocidad por unidad de tiempo, como metros por segundo cuadrado (m/s^2). Indica cuánto cambia la velocidad de un objeto en un segundo.

Tasa de cambio: Cuando un objeto acelera, su velocidad aumenta con el tiempo. La tasa de cambio de la velocidad es lo que llamamos "aceleración". Si la velocidad disminuye con el tiempo, estamos hablando de "desaceleración" o "aceleración negativa".

Efecto sobre el movimiento: La aceleración puede hacer que un objeto aumente su rapidez, disminuya su rapidez o cambie su dirección. Por ejemplo, cuando presionas el acelerador de un automóvil, experimentas una aceleración positiva que lo hace ir más rápido. Cuando aplicas los frenos, experimentas una aceleración negativa que lo hace disminuir su velocidad.

La aceleración es un concepto fundamental en la cinemática y desempeña un papel crucial en la descripción del movimiento de los objetos. Las leyes del movimiento de Newton, que mencionamos anteriormente, relacionan la fuerza aplicada a un objeto con su aceleración, lo que permite comprender cómo las fuerzas afectan el movimiento.

Puede ser positiva (aumento de velocidad), negativa (disminución de velocidad) o nula (velocidad constante).

la aceleración puede tomar tres valores diferentes:

Aceleración positiva: Esto ocurre cuando un objeto está experimentando un aumento en su velocidad con el tiempo. En otras palabras, la rapidez del objeto está aumentando, y la aceleración se considera positiva. Un ejemplo de aceleración positiva es cuando un automóvil presiona el pedal del acelerador y su velocidad aumenta.

Aceleración negativa: También se conoce como desaceleración o aceleración negativa. Sucede cuando un objeto está disminuyendo su velocidad con el tiempo. En este caso, la rapidez del objeto está disminuyendo, y la aceleración se considera negativa. Un ejemplo de aceleración negativa es cuando un automóvil aplica los frenos y su velocidad disminuye.

Aceleración nula: Cuando un objeto se mueve a una velocidad constante, su aceleración es nula. Esto significa que no hay cambios en su velocidad a lo largo del tiempo. La magnitud de la velocidad se mantiene constante, y la aceleración es igual a cero.

La aceleración positiva y negativa son fundamentales para comprender cómo los objetos cambian su movimiento en respuesta a las fuerzas que actúan sobre ellos. La aceleración nula es característica de situaciones en las que no se aplican fuerzas o cuando las fuerzas se equilibran de manera que no cambian la velocidad del objeto.

La aceleración se expresa en unidades de cambio de velocidad por unidad de tiempo, como metros por segundo cuadrado (m/s^2). la aceleración se expresa en unidades de cambio de velocidad por unidad de tiempo, y la unidad estándar en el Sistema Internacional (SI) es el metro por segundo cuadrado (m/s^2). Esto significa que la aceleración de un objeto se mide en metros por segundo cuadrado, y representa cuántos metros por segundo cambia la velocidad del objeto en un segundo.

Por ejemplo, si un objeto tiene una aceleración de 2 m/s^2, esto significa que su velocidad aumenta en 2 metros por segundo cada segundo que pasa. En otras palabras, después de 1 segundo, su velocidad será 2 m/s más rápida de lo que era inicialmente.

La unidad de medida m/s^2 es especialmente útil cuando se describen cambios en la velocidad de un objeto debido a la acción de una fuerza, como en el caso de la aceleración debida a la gravedad, que es de aproximadamente 9.8 m/s^2 en la superficie de la Tierra.

La aceleración se calcula dividiendo el cambio en velocidad entre el tiempo que lleva ese cambio: Aceleración = Cambio de Velocidad / Tiempo.

La aceleración se calcula dividiendo el cambio en velocidad entre el tiempo que lleva ese cambio. La fórmula para calcular la aceleración es:

Aceleración = Cambio de Velocidad / Tiempo

Donde:

Aceleración es la aceleración del objeto, medida en unidades de cambio de velocidad por unidad de tiempo, como metros por segundo cuadrado (m/s²).

Cambio de Velocidad es la diferencia entre la velocidad final y la velocidad inicial del objeto. Si la velocidad aumenta, el cambio de velocidad será positivo; si disminuye, será negativo.

Tiempo es el tiempo que lleva ese cambio de velocidad, medido en segundos.

Esta fórmula es fundamental para calcular la aceleración en una variedad de situaciones. Puedes utilizarla para determinar cuánto cambia la velocidad de un objeto en respuesta a una fuerza o para calcular la aceleración debida a la gravedad en una caída libre, por ejemplo.

Distancia:

La distancia es la longitud del camino recorrido por un objeto en movimiento desde un punto de referencia. La distancia se refiere a la longitud del camino recorrido por un objeto en movimiento desde un punto de referencia. La distancia se mide en unidades de longitud, como metros (m) o kilómetros (km), en el Sistema Internacional (SI), o en otras unidades equivalentes en sistemas de medida diferentes.

Algunos puntos clave sobre la distancia son:

Punto de referencia: La distancia se calcula desde un punto de referencia específico. Este punto puede ser el lugar donde el objeto comenzó su movimiento o cualquier otro punto de interés. El punto de referencia se utiliza como punto de partida para medir la distancia.

Longitud del camino: La distancia no se mide en línea recta, a menos que el objeto haya seguido una trayectoria recta. En la mayoría de los casos, el camino puede ser curvo o sinuoso, por lo que la distancia mide la longitud total del camino recorrido por el objeto.

Unidades de medida: La distancia se expresa en unidades de longitud. Las unidades de medida comunes incluyen metros (m) y kilómetros (km), pero en diferentes contextos, se pueden usar otras unidades, como millas, centímetros, pies, etc.

La distancia es un concepto fundamental en la cinemática y se utiliza en muchas aplicaciones, como la navegación, la física, la ingeniería y en la vida cotidiana para describir y medir el desplazamiento de objetos en movimiento.

Se mide en unidades de longitud, como metros (m) o kilómetros (km).La distancia se mide en unidades de longitud, como metros (m) o kilómetros (km), en el Sistema Internacional de Unidades (SI). Estas son las unidades estándar de medida de longitud utilizadas en la mayoría de los países en todo el mundo.

Metro (m): El metro es la unidad básica de longitud en el Sistema Internacional de Unidades (SI). Un metro es igual a la distancia que recorre la luz en el vacío durante 1/299,792,458 segundos. Es una unidad de medida muy común y se utiliza ampliamente en todo tipo de aplicaciones.

Kilómetro (km): El kilómetro es una unidad de medida de longitud que equivale a 1,000 metros. Es útil para medir distancias más largas, como la longitud de carreteras, la distancia entre ciudades o la circunferencia de la Tierra.

Además de estas unidades, existen otras unidades de medida de longitud en sistemas de medida diferentes, como las millas en el sistema de medidas imperiales o las pulgadas y pies en algunos sistemas de medidas más antiguos. La elección de la unidad de medida depende del contexto y de las convenciones locales.

La distancia total recorrida por un objeto se obtiene sumando todas las longitudes de los segmentos que ha recorrido en su trayectoria.La distancia total recorrida por un objeto se obtiene sumando todas las longitudes de los segmentos que ha recorrido en su trayectoria. Para hacerlo de manera precisa, especialmente si el objeto sigue una trayectoria curva o sinuosa, se pueden dividir estos segmentos en distancias más pequeñas y luego sumarlas. Este enfoque se llama integración y se utiliza en cálculos de distancia en situaciones más complejas.

Para ilustrar esto, consideremos un ejemplo simple: un automóvil que viaja en una carretera con curvas. Para calcular la distancia total que recorre el automóvil en su viaje, podríamos dividir la carretera en pequeños segmentos rectos y calcular la longitud de cada segmento. Luego, sumaríamos todas estas longitudes para obtener la distancia total.

En situaciones más complicadas, como el movimiento de un objeto en una trayectoria tridimensional o en una curva más compleja, los cálculos pueden requerir técnicas matemáticas más avanzadas, pero el principio básico de sumar las longitudes de los segmentos recorridos sigue siendo válido.

Estos conceptos son fundamentales en la cinemática, que es la rama de la física que se encarga de estudiar el movimiento de los objetos sin considerar las causas que lo producen. La comprensión de la velocidad, la aceleración y la distancia es esencial para describir y analizar el movimiento en términos cuantitativos y cualitativos.

5.Fuerzas y cómo afectan a los objetos.

Las fuerzas son interacciones que pueden causar cambios en el estado de movimiento o en la forma de un objeto.

Fuerza como vector: Las fuerzas son cantidades vectoriales, lo que significa que tienen magnitud (intensidad) y dirección. Esto implica que una fuerza puede empujar o tirar de un objeto en una dirección específica.

Las fuerzas son vectores porque tienen tanto magnitud (intensidad) como dirección. Esta característica vectorial significa que una fuerza no solo tiene una cantidad que determina su fuerza o intensidad, sino que también tiene una dirección específica en la que actúa.

Magnitud: La magnitud de una fuerza se refiere a cuán fuerte es la fuerza, y se mide en unidades de fuerza, como newtons (N). Cuanto mayor sea la magnitud de la fuerza, más fuerte será su efecto sobre un objeto.

La magnitud de una fuerza se refiere a cuán fuerte es la fuerza y se expresa en unidades de fuerza, como los newtons (N) en el Sistema Internacional de Unidades (SI). Cuanto mayor sea la magnitud de la fuerza, más intensamente actuará sobre un objeto y causará un mayor cambio en su movimiento o deformación.

El newton (N) es la unidad estándar de fuerza en el SI y se define como la fuerza necesaria para acelerar una masa de 1 kilogramo a una tasa de 1 metro por segundo cuadrado (1 m/s^2). Esto significa que un newton es una cantidad de fuerza suficiente para acelerar un objeto de 1 kilogramo a una velocidad de 1 metro por segundo en 1 segundo.

Por ejemplo, cuando aplicas una fuerza de 10 newtons a un objeto, estás ejerciendo una fuerza diez veces mayor que cuando aplicas una fuerza de 1 newton sobre el mismo objeto. En resumen, la magnitud de una fuerza es un factor crítico en la descripción de su efecto sobre los objetos y se mide en unidades de newtons.

Dirección: La dirección de una fuerza se refiere a la línea a lo largo de la cual actúa la fuerza. Puede ser horizontal, vertical, diagonal u en cualquier otra dirección específica en el espacio. La dirección se describe a menudo utilizando ángulos o coordenadas.

Sentido: Además de la dirección, una fuerza vectorial también tiene un sentido, lo que significa si empuja o tira en esa dirección. Por ejemplo, si aplicas una fuerza hacia arriba en un objeto, esa es una fuerza con una dirección vertical y un sentido de "tirar hacia arriba".

Representación gráfica: Las fuerzas se pueden representar gráficamente como flechas en un diagrama, donde la longitud de la flecha indica la magnitud y la dirección de la flecha muestra la dirección y el sentido de la fuerza.

Combinación de fuerzas: Cuando varias fuerzas actúan sobre un objeto, se pueden combinar sumando vectorialmente sus componentes en cada dirección.

Esto permite calcular la resultante de todas las fuerzas que actúan sobre el objeto.

La comprensión de las fuerzas como vectores es esencial para describir y analizar situaciones en las que múltiples fuerzas están involucradas, como en la mecánica, la dinámica de objetos en movimiento o la estática de objetos en equilibrio.

Fuerzas en la vida cotidiana: En la vida cotidiana, experimentamos fuerzas constantemente. Algunos ejemplos comunes de fuerzas incluyen la gravedad (una fuerza que tira de los objetos hacia el suelo), la fricción (una fuerza que se opone al movimiento cuando dos superficies están en contacto) y la tensión (una fuerza que actúa en una cuerda o cable estirado).

En la vida cotidiana experimentamos una variedad de fuerzas que juegan un papel importante en cómo interactuamos con nuestro entorno y cómo funcionan las cosas.

Gravedad: La gravedad es una fuerza atractiva que tira de todos los objetos hacia el centro de la Tierra. Es la razón por la que los objetos caen cuando los dejamos caer y por la que nos mantenemos en el suelo. También es la fuerza detrás del movimiento de los planetas en sus órbitas alrededor del Sol.

Fricción: La fricción es la fuerza de resistencia que se opone al movimiento relativo entre dos superficies en contacto. La fricción es responsable de detener un automóvil cuando aplicas los frenos, de permitir que camines sin resbalar y de hacer que los neumáticos de un automóvil se agarren a la carretera.

Tensión: La tensión es la fuerza que actúa en una cuerda, cable o similar cuando está estirado. Por ejemplo, cuando tiras de una cuerda, experimentas la fuerza de tensión. También es la fuerza que mantiene en su lugar a un puente colgante o un cable de alta tensión.

Empuje: El empuje es una fuerza que actúa en la dirección opuesta a la que aplicas una fuerza. Por ejemplo, cuando empujas una mesa a lo largo del suelo, experimentas la resistencia del suelo en la dirección opuesta al empuje.

Flotación: La flotación es la fuerza que permite que los objetos floten en líquidos, como un barco en el agua. Es el resultado del principio de Arquímedes, que establece que un objeto sumergido en un fluido experimenta una fuerza hacia arriba igual al peso del fluido desplazado.

Torsión: La torsión es una fuerza rotativa que se aplica a un objeto al torcerlo. Por ejemplo, cuando giras una tapa de botella para abrirla, aplicas una fuerza de torsión.

Estas son solo algunas de las muchas fuerzas que encuentras en tu vida cotidiana. Comprender cómo funcionan estas fuerzas es esencial para una variedad de aplicaciones, desde la construcción de edificios y puentes hasta la fabricación de dispositivos mecánicos y la práctica de deportes.

Leyes del movimiento de Newton: Las leyes del movimiento de Newton, que mencionamos anteriormente, describen cómo las fuerzas afectan a los objetos. La Primera Ley de Newton establece que un objeto en reposo tiende a permanecer en reposo, y un objeto en movimiento tiende a permanecer en movimiento a menos que una fuerza externa actúe sobre él. La Segunda Ley relaciona la fuerza, la masa y la aceleración, y la Tercera Ley establece que por cada acción hay una reacción igual y opuesta.

Las tres leyes del movimiento de Newton, que son fundamentales en la física y proporcionan una base sólida para entender cómo las fuerzas afectan a los objetos en movimiento.

Primera Ley de Newton - Ley de la Inercia: Esta ley establece que un objeto en reposo tiende a permanecer en reposo, y un objeto en movimiento tiende a permanecer en movimiento a una velocidad constante en línea recta a menos que una fuerza externa actúe sobre él. En otras palabras, los objetos tienden a mantener su estado de movimiento (ya sea en reposo o en movimiento) a menos que una fuerza externa cambie ese estado. La propiedad de resistencia al cambio de movimiento se llama "inercia."

Segunda Ley de Newton - Ley de $F = ma$: Esta ley relaciona la fuerza aplicada a un objeto con su masa y su aceleración. La relación se expresa matemáticamente como $F = m * a$, donde F es la fuerza, m es la masa del objeto y a es su aceleración. Esta ley establece que la fuerza necesaria para cambiar el movimiento de un objeto es directamente proporcional a su masa y a la tasa de cambio de su velocidad (aceleración).

Tercera Ley de Newton - Ley de Acción y Reacción: Esta ley establece que por cada acción hay una reacción igual y opuesta. En otras palabras, cuando un objeto ejerce una fuerza sobre otro objeto, el segundo objeto ejerce una fuerza igual en magnitud pero en dirección opuesta sobre el primero. Este principio se ejemplifica en situaciones cotidianas, como el impulso de un cohete expulsando gases hacia abajo y, como resultado, el cohete se eleva hacia arriba.

Estas leyes son esenciales para la física y proporcionan una base sólida para la descripción del movimiento, desde el comportamiento de los planetas en el espacio hasta los objetos en movimiento en la Tierra. Son aplicables en una amplia variedad de situaciones y proporcionan una base sólida para la comprensión del mundo que nos rodea y del universo en su conjunto.

Resultante de fuerzas: Cuando múltiples fuerzas actúan sobre un objeto, se puede calcular la resultante de esas fuerzas, que es una sola fuerza equivalente que tiene la misma influencia que todas las fuerzas originales combinadas. Esto se logra sumando vectorialmente las fuerzas individuales.

Al lidiar con múltiples fuerzas que actúan sobre un objeto, es importante comprender cómo se combinan para determinar la fuerza neta o resultante.

Suma Vectorial: Para calcular la resultante de fuerzas, se deben considerar tanto la magnitud como la dirección de cada fuerza individual. Cada fuerza se representa como un vector, que tiene una magnitud (longitud) y una dirección específica.

Método de Componentes: A menudo, es útil descomponer las fuerzas en componentes en direcciones perpendiculares, como horizontal y vertical. Luego, puedes sumar las componentes en cada dirección por separado para encontrar la resultante en ambas direcciones.

Leyes de la Trigonometría: Las leyes de la trigonometría, como el teorema de Pitágoras y las funciones trigonométricas (seno, coseno y tangente), son útiles para calcular la magnitud y la dirección de la resultante cuando se trabajan con componentes.

Equilibrio: Si la resultante de todas las fuerzas que actúan sobre un objeto es igual a cero, el objeto estará en equilibrio y no experimentará aceleración. Esto se aplica a situaciones donde las fuerzas se cancelan entre sí.

Calcular la resultante de fuerzas es esencial en la resolución de problemas de mecánica y está presente en numerosos campos, desde la física y la ingeniería hasta la navegación y la aviación. La capacidad de combinar y comprender cómo actúan las fuerzas es fundamental para analizar y predecir el movimiento de objetos bajo diversas condiciones.

Efectos de las fuerzas: Las fuerzas pueden causar cambios en el movimiento de un objeto. Pueden acelerar un objeto, frenarlo o cambiar su dirección. Las fuerzas también pueden deformar objetos al aplicar tensiones o compresiones. Por ejemplo, al aplicar una fuerza a una pelota, puedes hacer que se mueva o cambiar su forma.

Una fuerza neta no equilibrada aplicada a un objeto puede causar aceleración. Esto significa que el objeto cambiará su velocidad, ya sea aumentando su velocidad si la fuerza está en la misma dirección que el movimiento o disminuyendo su velocidad si la fuerza está en dirección opuesta.

Frenado: Las fuerzas de frenado son un ejemplo común. Cuando aplicas los frenos en un automóvil, estás ejerciendo una fuerza que se opone al movimiento, lo que reduce la velocidad del automóvil hasta detenerlo.

Cambio de Dirección: Las fuerzas pueden cambiar la dirección del movimiento de un objeto. Por ejemplo, cuando giras un volante en un automóvil, aplicas una fuerza que cambia la dirección en la que se mueve el automóvil.

Deformación: Las fuerzas también pueden deformar objetos. Esto sucede cuando se aplican fuerzas de compresión (aplastamiento) o tensión (estiramiento). Por ejemplo, al tirar de un resorte o al comprimir una pelota de goma, puedes observar la deformación de esos objetos.

Elasticidad: Algunos objetos pueden volver a su forma original después de aplicar una fuerza que los deforma. Esto se debe a las propiedades elásticas del material. Por ejemplo, un resorte se estira cuando aplicas una fuerza, pero vuelve a su forma original cuando se elimina la fuerza.

Comprender cómo las fuerzas afectan el movimiento y la deformación de los objetos es esencial en la física y la ingeniería, ya que permite diseñar sistemas, máquinas y estructuras de manera efectiva y predecir cómo responderán a las fuerzas aplicadas.

Unidades de fuerza: En el Sistema Internacional de Unidades (SI), la unidad de fuerza es el newton (N), que se define como la fuerza necesaria para acelerar una masa de 1 kilogramo a una aceleración de 1 metro por segundo cuadrado. Otras unidades de fuerza incluyen el dyn (unidad del sistema CGS) y la libra-fuerza (lbf) en el sistema de unidades imperiales.

Las unidades de fuerza son esenciales para medir y cuantificar la magnitud de una fuerza.

Newton (N): El newton es la unidad de fuerza en el Sistema Internacional de Unidades (SI). Se define como la fuerza necesaria para acelerar una masa de 1 kilogramo a una aceleración de 1 metro por segundo cuadrado. Matemáticamente, un newton es igual a 1 kilogramo metro por segundo cuadrado ($1 \text{ N} = 1 \text{ kg m/s}^2$).

Dyn: El dyn es una unidad de fuerza en el sistema CGS (centímetro-gramo-segundo). Un dyn es la fuerza necesaria para acelerar una masa de 1 gramo a una aceleración de 1 centímetro por segundo cuadrado. Matemáticamente, 1 dyn es igual a 1 gramo centímetro por segundo cuadrado ($1 \text{ dyn} = 1 \text{ g cm/s}^2$).

Libra-fuerza (lbf): La libra-fuerza es una unidad de fuerza en el sistema de unidades imperiales. Se define como la fuerza necesaria para acelerar una masa de 1 libra a una aceleración de 32.174 pies por segundo cuadrado. Matemáticamente, 1 lbf es igual a aproximadamente 4.44822 newtons ($1 \text{ lbf} \approx 4.44822 \text{ N}$).

El newton es la unidad de fuerza más comúnmente utilizada en la física y la ingeniería en todo el mundo, especialmente en el contexto del Sistema Internacional de Unidades. Sin embargo, otras unidades como el dyn y la libra-fuerza se utilizan en sistemas de unidades específicos o en contextos particulares.

6. Leyes de Newton en la vida cotidiana: Aplicaciones prácticas.

Las leyes de Newton tienen numerosas aplicaciones en la vida cotidiana.

Seguridad en el automóvil: Las leyes de Newton son esenciales para el diseño de sistemas de seguridad en automóviles, como cinturones de seguridad y airbags. La Primera Ley explica por qué necesitas un cinturón de seguridad para evitar salir despedido en caso de un frenazo repentino. La Segunda Ley se aplica al diseño de airbags para reducir la fuerza del impacto en caso de colisión.

Primera Ley de Newton (Ley de la Inercia): Esta ley establece que un objeto en reposo tiende a permanecer en reposo, y un objeto en movimiento tiende a permanecer en movimiento a menos que una fuerza externa actúe sobre él. En el contexto de la seguridad en automóviles, cuando un automóvil está en movimiento y debe detenerse repentinamente, como en una colisión o un frenazo brusco, los ocupantes del vehículo tienden a continuar moviéndose a la misma velocidad a menos que una fuerza externa los detenga. Si no se usan cinturones de seguridad, los ocupantes pueden salir despedidos del vehículo o chocar contra las partes internas, lo que puede resultar en lesiones graves o fatales. Los cinturones de seguridad aplican una fuerza que detiene a los ocupantes, manteniéndolos dentro del vehículo y reduciendo el riesgo de lesiones.

Segunda Ley de Newton (Fuerza y Aceleración): Esta ley establece que la fuerza aplicada a un objeto es igual a la masa del objeto multiplicada por su aceleración. En el diseño de airbags, se aplica la Segunda Ley para reducir la fuerza del impacto en caso de colisión. Los airbags están diseñados para inflarse rápidamente cuando se produce un choque, lo que aumenta el tiempo de desaceleración del ocupante del vehículo. Esto disminuye la aceleración experimentada por el ocupante, reduciendo así la fuerza del impacto en su cuerpo y ayudando a prevenir lesiones graves en la cabeza, el cuello y el pecho.

En conjunto, estas leyes de Newton se utilizan para desarrollar sistemas de seguridad en automóviles que protegen a los ocupantes en situaciones de colisión o frenazos bruscos, minimizando el riesgo de lesiones graves.

Deportes: Las leyes de Newton son clave en deportes como el fútbol, el baloncesto o el atletismo. La Tercera Ley se aplica cuando un jugador patea una pelota: la fuerza que ejerce sobre la pelota es igual y opuesta a la fuerza que la pelota ejerce sobre él, enviando la pelota en la dirección opuesta.

las leyes de Newton son esenciales en la comprensión de cómo funcionan los deportes. Un ejemplo común es el juego de fútbol, donde se aplican las leyes de Newton de la siguiente manera:

Primera Ley de Newton (Ley de la Inercia): En el fútbol, los jugadores en movimiento tienden a permanecer en movimiento a menos que una fuerza externa actúe sobre ellos. Esto se ve en la forma en que los jugadores continúan moviéndose por el campo hasta que una fuerza, como un oponente o un cambio de dirección, los detiene.

Segunda Ley de Newton (Fuerza y Aceleración): Cuando un jugador patea una pelota, aplica una fuerza a la pelota. La Segunda Ley establece que la fuerza aplicada es directamente proporcional a la masa de la pelota y a la aceleración que se le imprime. La pelota acelera y se mueve en la dirección de la fuerza aplicada.

Tercera Ley de Newton (Acción y Reacción): Cuando un jugador patea una pelota, la fuerza que ejerce sobre la pelota (acción) genera una fuerza igual y opuesta en el pie del jugador (reacción). Esta fuerza en sentido contrario a la patada es lo que permite que la pelota se mueva en la dirección opuesta, hacia la portería o un compañero de equipo.

En el baloncesto, el atletismo y otros deportes, las leyes de Newton también son fundamentales. Por ejemplo, cuando un jugador de baloncesto salta para encestar la pelota, está aplicando una fuerza hacia abajo (acción), lo que genera una fuerza igual y opuesta hacia arriba en su cuerpo (reacción), permitiéndole elevarse en el aire.

En resumen, las leyes de Newton son clave para entender cómo los movimientos y las interacciones de los objetos en el deporte, desde la forma en que una pelota se lanza o se patea hasta cómo un atleta realiza un salto o una carrera. Estos principios son esenciales en la biomecánica deportiva.

Ingeniería civil: En la construcción de edificios y puentes, se deben considerar las fuerzas que actúan sobre las estructuras. Las leyes de Newton son fundamentales para garantizar que estas estructuras sean seguras y resistan cargas como viento, nieve o tráfico.

Las leyes de Newton son cruciales en la ingeniería civil y la construcción de edificios y puentes, ya que proporcionan las bases para entender cómo las fuerzas actúan sobre las estructuras.

Primera Ley de Newton (Ley de la Inercia): Esta ley se aplica en la estática de las estructuras, es decir, cuando las estructuras están en equilibrio. Si una estructura está en reposo, tiende a permanecer en reposo a menos que una fuerza externa actúe sobre ella. Esto es fundamental para diseñar edificios y puentes que sean estables y resistentes a las fuerzas estáticas, como la gravedad.

Segunda Ley de Newton (Fuerza y Aceleración): Esta ley es esencial para comprender cómo las fuerzas afectan a las estructuras en movimiento o cuando se aplican cargas. Al diseñar un puente, por ejemplo, los ingenieros deben considerar la fuerza que ejercen los vehículos que cruzan y cómo esa fuerza se relaciona con la masa y aceleración de los vehículos. Esto es crucial para garantizar que el puente no se deforme ni colapse bajo la carga.

Tercera Ley de Newton (Acción y Reacción): Esta ley se aplica en situaciones donde una estructura puede experimentar fuerzas debidas a acciones y reacciones. Por ejemplo, cuando el viento sopla sobre un edificio alto, el edificio experimenta una fuerza del viento que genera una reacción. Los ingenieros deben diseñar edificios y puentes que puedan resistir estas fuerzas de manera segura.

En la ingeniería civil, se utilizan principios basados en las leyes de Newton para calcular cómo las estructuras responderán a diversas cargas y fuerzas, como el viento, la nieve, las vibraciones sísmicas y el tráfico. Esto garantiza que las estructuras sean seguras y duraderas, lo que es esencial para la seguridad pública y la infraestructura de una sociedad.

Aeronáutica: Las leyes de Newton son cruciales en la aviación. Los principios de la Tercera Ley se aplican en el diseño de aviones: la fuerza generada por los motores (acción) se opone a la resistencia del aire (reacción). Además, la Segunda Ley se usa para calcular la aceleración de una aeronave.

Tercera Ley de Newton (Acción y Reacción): Esta ley es crucial en la propulsión de aeronaves. Cuando un avión enciende sus motores, los motores expulsan gases hacia atrás (acción), lo que genera una fuerza de reacción hacia adelante que impulsa al avión hacia adelante. Esta acción y reacción son lo que permite que un avión acelere y mantenga su velocidad en vuelo.

Segunda Ley de Newton (Fuerza y Aceleración): La Segunda Ley se aplica al diseño y el rendimiento de aeronaves. Los ingenieros aeroespaciales calculan las fuerzas aerodinámicas, como la sustentación y la resistencia, que actúan sobre una aeronave. Esto les permite determinar la aceleración y el movimiento de la aeronave en respuesta a las fuerzas aplicadas, como la gravedad y la fuerza del motor.

Primera Ley de Newton (Ley de la Inercia): La Ley de la Inercia se aplica al movimiento constante de una aeronave en vuelo. Una vez que un avión está en movimiento y no hay fuerzas no equilibradas actuando sobre él, continuará moviéndose a una velocidad constante en línea recta, siguiendo la inercia.

En la aviación, estas leyes son esenciales para el diseño, la operación y la seguridad de las aeronaves. Los ingenieros aeroespaciales consideran cómo estas leyes se aplican en diferentes fases de vuelo, como el despegue, el crucero y el aterrizaje, para garantizar un vuelo seguro y eficiente. Además, las leyes de Newton son fundamentales para comprender y predecir el comportamiento de las aeronaves en diversas condiciones atmosféricas y de carga.

Astronomía: Las leyes de Newton son esenciales en el estudio de los movimientos planetarios y la predicción de eventos astronómicos como eclipses. La Ley de la Gravitación Universal describe cómo los planetas se mantienen en órbita alrededor del Sol.

Las leyes de Newton desempeñan un papel fundamental en la astronomía y en la comprensión de los movimientos celestiales.

Ley de la Gravitación Universal: Esta ley establece que dos objetos se atraen mutuamente con una fuerza que es directamente proporcional al producto de sus masas e inversamente proporcional al cuadrado de la distancia que los separa. En astronomía, esta ley es esencial para entender cómo los planetas, las estrellas y otros objetos celestiales se mantienen en órbita. Por ejemplo, la gravedad del Sol mantiene a los planetas en órbita alrededor de él, y la gravedad de la Tierra mantiene a la Luna en órbita alrededor de nuestro planeta. Esta ley también se aplica al estudio de las órbitas de las estrellas binarias y la dinámica de galaxias.

Leyes del Movimiento de Newton: Las tres leyes del movimiento de Newton se aplican a los cuerpos celestes en movimiento. La Primera Ley explica por qué los planetas continúan moviéndose en línea recta a una velocidad constante a menos que una fuerza externa, como la gravedad de una estrella, actúe sobre ellos. La Segunda Ley se utiliza para calcular las aceleraciones y velocidades de los objetos en el espacio, como las sondas espaciales. La Tercera Ley se aplica a situaciones como la propulsión de cohetes y las interacciones entre cuerpos celestes.

Predicción de Eventos Astronómicos: Las leyes de Newton son esenciales para la predicción de eventos astronómicos, como eclipses, tránsitos y conjunciones planetarias. Los astrónomos utilizan cálculos basados en estas leyes para determinar la posición futura de los cuerpos celestes y predecir cuándo y dónde ocurrirán estos eventos.

En resumen, las leyes de Newton son una herramienta fundamental en la astronomía para comprender y predecir los movimientos de los objetos celestiales y su influencia mutua. Estas leyes han sido fundamentales en la revolución científica y han permitido avances significativos en la exploración del espacio y la comprensión de nuestro sistema solar y el universo en su conjunto.

Mecánica automotriz: En la reparación y mantenimiento de vehículos, los principios de las leyes de Newton se aplican para entender el comportamiento de los sistemas de suspensión, frenos y dirección.

Suspensión: La Primera Ley de Newton es clave en la comprensión de la suspensión de un vehículo. Cuando un automóvil está en movimiento y se encuentra con un bache o una irregularidad en la carretera, la inercia tiende a mantenerlo en movimiento en línea recta. La suspensión del vehículo, al permitir que las ruedas se muevan hacia arriba y abajo, ayuda a suavizar el impacto y mantener las ruedas en contacto con la carretera, lo que mejora la seguridad y el confort del conductor.

Frenos: La Segunda Ley de Newton es fundamental para comprender cómo funcionan los frenos. La fuerza aplicada en el pedal del freno se traduce en una fuerza de frenado que actúa sobre las ruedas. Esta fuerza de frenado se relaciona con la masa del vehículo y su aceleración negativa (desaceleración), lo que permite detener el vehículo de manera segura.

Dirección: La Tercera Ley de Newton también se aplica en la dirección de un vehículo. Cuando giras el volante, aplicas una fuerza a través de la dirección, lo que genera una reacción igual y opuesta en las ruedas, permitiendo que el vehículo cambie de dirección.

Neumáticos y tracción: La fricción entre los neumáticos y la carretera es un área crítica en la mecánica automotriz. La Primera y la Segunda Ley de Newton son fundamentales para entender cómo las fuerzas de fricción permiten que los neumáticos se adhieran a la carretera y proporcionen tracción para acelerar, frenar y girar.

Las leyes de Newton son esenciales en la mecánica automotriz, ya que ayudan a los ingenieros y técnicos a diseñar sistemas que funcionen de manera segura y eficiente, y a los mecánicos a diagnosticar y solucionar problemas en los vehículos. Estas leyes proporcionan un marco sólido para comprender el comportamiento de los vehículos en movimiento y son fundamentales en la ingeniería y la tecnología automotriz.

Electrónica: En dispositivos electrónicos como teléfonos móviles y computadoras, las leyes de Newton se aplican en el diseño de componentes como los sistemas de vibración y los acelerómetros, que permiten funciones como la detección de movimiento y el giro de pantalla.

Las leyes de Newton también tienen aplicaciones en la electrónica y en el diseño de dispositivos electrónicos.

Sistemas de Vibración: En muchos dispositivos electrónicos, como teléfonos móviles, relojes inteligentes y videojuegos, se utilizan sistemas de vibración para proporcionar retroalimentación táctil al usuario. Estos sistemas de vibración funcionan aplicando fuerzas oscilatorias a un componente dentro del dispositivo. Las leyes de Newton, en particular la Segunda Ley, se aplican para diseñar y controlar la fuerza y la frecuencia de la vibración.

Acelerómetros: Los acelerómetros son sensores utilizados para medir la aceleración lineal de un dispositivo. Estos sensores son esenciales en aplicaciones como la detección de movimiento, la orientación del dispositivo (por ejemplo, el giro de pantalla automático) y la detección de caídas en dispositivos como teléfonos móviles y tabletas. Las leyes de Newton, en particular la Segunda Ley, son la base para el funcionamiento de los acelerómetros, ya que relacionan la aceleración con la fuerza ejercida sobre una masa conocida.

Giroscopios: Aunque los giroscopios no están directamente relacionados con las leyes de Newton, también son sensores utilizados en dispositivos electrónicos para medir la orientación y la rotación. Los giroscopios utilizan principios físicos similares a las leyes de Newton para detectar cambios en la orientación de un dispositivo.

En resumen, las leyes de Newton son relevantes en la electrónica a través del diseño de componentes y sensores que permiten una variedad de funciones en dispositivos electrónicos modernos. Estos componentes utilizan principios físicos y matemáticos basados en las leyes de Newton para lograr su funcionalidad y proporcionar características como la detección de movimiento, la retroalimentación táctil y la orientación del dispositivo.

Salud y medicina: Las leyes de Newton se utilizan en la biomecánica para comprender cómo el cuerpo humano se mueve y cómo se pueden prevenir lesiones en actividades físicas y en el diseño de dispositivos médicos como sillas de ruedas.

Las leyes de Newton tienen aplicaciones importantes en la salud y la medicina, especialmente en el campo de la biomecánica y el diseño de dispositivos médicos.

Biomecánica: En la biomecánica, las leyes de Newton se utilizan para comprender cómo el cuerpo humano se mueve y cómo responde a las fuerzas externas. Esto es esencial para prevenir lesiones en actividades físicas, optimizar el rendimiento deportivo y rehabilitar lesiones. Por ejemplo, en la fisioterapia, se aplican principios basados en las leyes de Newton para diseñar ejercicios y terapias que ayuden a los pacientes a recuperarse de lesiones musculoesqueléticas.

Diseño de Sillas de Ruedas: Las leyes de Newton se aplican en el diseño de sillas de ruedas para garantizar que sean seguras y funcionales. Esto incluye consideraciones sobre cómo las fuerzas se distribuyen en la silla de ruedas y cómo afectan el movimiento y la comodidad del usuario. El diseño ergonómico de las sillas de ruedas se basa en la comprensión de cómo las fuerzas afectan el cuerpo humano y cómo se pueden minimizar las fuerzas que podrían causar daño o molestias.

Prostética y Ortopedia: En la fabricación de prótesis y dispositivos ortopédicos, se aplican las leyes de Newton para garantizar que estos dispositivos sean funcionales y cómodos para los usuarios. El diseño de prótesis de extremidades, por ejemplo, se basa en la biomecánica y las leyes de Newton para garantizar un movimiento natural y una distribución adecuada de fuerzas.

Análisis de la Marcha: En la medicina, la fisioterapia y la investigación sobre la marcha humana, se utilizan sistemas de análisis de movimiento que se basan en las leyes de Newton para evaluar el movimiento y la biomecánica de los pacientes. Esto es útil para diagnosticar problemas musculoesqueléticos y diseñar tratamientos adecuados.

Las leyes de Newton son fundamentales en la biomecánica y el diseño de dispositivos médicos que tienen un impacto significativo en la salud y la calidad de vida de las personas. Estas leyes permiten comprender cómo el cuerpo humano responde a las fuerzas y cómo se pueden aplicar en campos como la rehabilitación, la ortopedia y la fabricación de dispositivos médicos para mejorar la salud y la movilidad de los pacientes.

Las leyes de Newton son fundamentales en una amplia variedad de aplicaciones en la vida cotidiana, desde la seguridad en automóviles hasta el diseño de estructuras, la industria del deporte y la electrónica. Estas leyes proporcionan la base para comprender y aplicar los principios de la mecánica en numerosos campos.

7.Energía: ¿Qué es y cómo se conserva?

La energía es una propiedad fundamental del universo que se manifiesta de diversas formas y se puede transformar de una forma a otra. En esencia, la energía es la capacidad de realizar trabajo o causar un cambio en un sistema. La energía se mide en unidades como el julio (J) en el Sistema Internacional de Unidades (SI).

Existen varias formas de energía, incluyendo:

Energía Cinética: Es la energía asociada al movimiento de un objeto. Cuanto más rápido se mueve un objeto y cuanto mayor es su masa, más energía cinética tiene. La fórmula para calcular la energía cinética es: $E = 1/2 * m * v^2$, donde E es la energía cinética, m es la masa del objeto y v es su velocidad.

La energía cinética está relacionada con el movimiento de un objeto y depende de su masa y velocidad. La fórmula que proporcionaste, $E = 1/2 * m * v^2$, es la ecuación para calcular la energía cinética. Aquí tienes una descripción más detallada de los términos en esa ecuación:

E representa la energía cinética, medida en julios (J).

m es la masa del objeto en kilogramos (kg).

v es la velocidad del objeto en metros por segundo (m/s).

Esta fórmula te permite calcular cuánta energía cinética tiene un objeto en movimiento. Cuanto mayor sea la velocidad del objeto o su masa, más energía cinética tendrá. La mitad (1/2) en la fórmula es una constante que se utiliza para ajustar la escala de la energía cinética de manera que esté relacionada de manera proporcional con la velocidad al cuadrado. En resumen, la energía cinética es una medida de cuánta energía de movimiento tiene un objeto y se calcula multiplicando la mitad de su masa por el cuadrado de su velocidad.

Energía Potencial Gravitatoria: Esta energía está relacionada con la posición de un objeto en un campo gravitatorio, como la altura sobre la Tierra. Cuanto más alto esté un objeto, más energía potencial gravitatoria tiene. La fórmula para calcular la energía potencial gravitatoria es: $E = m * g * h$, donde E es la energía potencial, m es la masa del objeto, g es la aceleración debida a la gravedad y h es la altura.

La energía potencial gravitatoria se relaciona con la altura de un objeto en un campo gravitatorio, como el de la Tierra. La fórmula que proporcionaste, $E = m * g * h$, es la ecuación para calcular la energía potencial gravitatoria. Aquí tienes una descripción más detallada de los términos en esa ecuación:

E representa la energía potencial gravitatoria, medida en julios (J).

m es la masa del objeto en kilogramos (kg).

g es la aceleración debida a la gravedad, que es aproximadamente 9.81 metros por segundo cuadrado (m/s^2) en la superficie de la Tierra.

h es la altura del objeto sobre un punto de referencia, medida en metros (m).

La energía potencial gravitatoria se refiere a la energía que un objeto posee debido a su posición en un campo gravitatorio. Cuanto más alto esté un objeto, más energía potencial gravitatoria tendrá, ya que tiene el potencial de caer y convertir esa energía en energía cinética a medida que desciende. Esta forma de energía es esencial en conceptos como la elevación de objetos o la generación de energía en represas hidroeléctricas, donde se aprovecha la caída del agua desde una altura para generar electricidad.

Energía Potencial Elástica: Esta energía se asocia con la deformación de objetos elásticos, como resortes o bandas elásticas. Cuando un objeto elástico se estira o comprime, almacena energía potencial elástica que se libera cuando se libera la tensión o la compresión.

La energía potencial elástica se relaciona con la deformación de objetos elásticos, como los resortes. Cuando estiras o comprimes un resorte, o aplicas tensión a una banda elástica, estás almacenando energía potencial elástica en el objeto. Esta energía potencial se libera cuando el objeto vuelve a su posición original o se libera de la tensión o compresión. La fórmula para calcular la energía potencial elástica es:

$E = 1/2 * k * x^2$

Donde:

E es la energía potencial elástica, medida en julios (J).

k es la constante elástica del resorte, que depende de su rigidez, medida en newtons por metro (N/m).

x es la distancia que se ha estirado o comprimido el resorte desde su posición de equilibrio, medida en metros (m).

La energía potencial elástica se libera cuando el resorte o la banda elástica vuelven a su posición de equilibrio, como en el caso de un resorte que rebota o una banda elástica que se estira y se libera. Esta energía se puede utilizar en una variedad de aplicaciones, como en dispositivos mecánicos que requieren almacenamiento y liberación de energía, como juguetes, sistemas de amortiguación y más.

Energía Térmica: También conocida como calor, esta es la energía asociada con la temperatura de un objeto. Cuanto más caliente esté un objeto, mayor será su energía térmica. Esta energía se manifiesta en el movimiento aleatorio de las partículas en un sistema.

La energía térmica se refiere a la energía asociada con la temperatura de un objeto o sistema. Esta energía térmica se debe al movimiento aleatorio de las partículas (átomos y moléculas) que componen ese objeto o sistema. Cuanto más caliente esté un objeto, mayor será su energía térmica, ya que las partículas se mueven más rápidamente y con mayor energía cinética.

La energía térmica es un concepto fundamental en la termodinámica y se relaciona con muchos aspectos de nuestra vida cotidiana. Se puede transferir de un objeto a otro mediante procesos de conducción, convección o radiación térmica. La transferencia de energía térmica es lo que causa que un objeto se caliente cuando se pone en contacto con una fuente de calor más caliente y se enfríe cuando se pone en contacto con una fuente de calor más fría.

Esta energía térmica es esencial para procesos como la cocción de alimentos, la generación de energía en centrales eléctricas, el funcionamiento de motores y la regulación de la temperatura en sistemas de calefacción y refrigeración. La cantidad de energía térmica en un objeto o sistema se mide en unidades de energía, como julios (J) en el Sistema Internacional de Unidades.

Energía Química: Se encuentra en enlaces químicos y reacciones químicas. Los alimentos, combustibles y baterías almacenan energía química que se libera cuando ocurren reacciones químicas.

La energía química es una forma de energía potencial que se almacena en las sustancias químicas y se libera durante reacciones químicas. Esta energía se debe a los enlaces químicos entre átomos y moléculas en una sustancia. Cuando ocurren reacciones químicas, los enlaces químicos se rompen y se forman nuevos enlaces, lo que puede liberar o absorber energía en forma de calor, luz u otras formas de energía.

Ejemplos de energía química incluyen:

Combustibles: Los combustibles fósiles como el petróleo, el gas natural y el carbón contienen energía química en forma de hidrocarburos. Cuando se queman, las reacciones químicas liberan energía en forma de calor y luz, lo que se utiliza para generar energía en motores de combustión o para calefacción.

Alimentos: Los alimentos contienen energía química almacenada en los carbohidratos, grasas y proteínas que consumimos. Nuestro cuerpo utiliza esta energía química durante la digestión y el metabolismo para mantenernos con vida y proporcionar la energía necesaria para nuestras actividades diarias.

Baterías: Las baterías almacenan energía química en productos químicos dentro de la celda de la batería. Cuando conectamos una batería a un dispositivo eléctrico, las reacciones químicas liberan electrones y producen corriente eléctrica, lo que alimenta el dispositivo.

La energía química es fundamental en la vida cotidiana y en muchas aplicaciones tecnológicas. Es una fuente importante de energía en la sociedad moderna y se utiliza en una amplia variedad de dispositivos y procesos, desde vehículos y dispositivos electrónicos hasta la generación de energía en centrales eléctricas.

Energía Luminosa: Es la energía transportada por la luz y otras formas de radiación electromagnética. Esta energía es fundamental para la visión y es utilizada en tecnologías como la energía solar.

La energía luminosa, también conocida como energía radiante, es la energía transportada por la luz y otras formas de radiación electromagnética, como las ondas de radio, los rayos X y los rayos gamma. La luz visible es solo una pequeña parte del espectro electromagnético, pero es la que más directamente percibimos a través de nuestros sentidos visuales.

Características de la energía luminosa:

Transmisión de energía: La energía luminosa se propaga a través del espacio en forma de ondas electromagnéticas. Estas ondas pueden transportar energía a través del vacío, como ocurre con la luz del Sol que llega a la Tierra, o a través de otros medios, como el aire o el vidrio.

Velocidad constante: La luz viaja a una velocidad constante en el vacío, conocida como la velocidad de la luz, que es de aproximadamente 299,792,458 metros por segundo (casi 300,000 kilómetros por segundo). Esta velocidad es la máxima a la que cualquier información o energía puede propagarse en el universo.

Fotones: La luz se compone de partículas subatómicas llamadas fotones. Estos fotones transportan la energía luminosa y tienen propiedades tanto de partículas como de ondas.

Aplicaciones de la energía luminosa:

Visión: La energía luminosa es esencial para la visión. Nuestros ojos detectan la luz visible y la convierten en señales eléctricas que nuestro cerebro interpreta como imágenes. La capacidad de ver el mundo que nos rodea depende en gran medida de la presencia de luz.

Energía solar: La energía luminosa del Sol se puede convertir en energía eléctrica mediante paneles solares. Esta es una fuente de energía limpia y renovable que se utiliza cada vez más para generar electricidad en aplicaciones domésticas, industriales y comerciales.

Comunicaciones: Las ondas electromagnéticas, que incluyen la luz visible, se utilizan en las telecomunicaciones para transmitir información. Ejemplos de esto son la fibra óptica y las señales de radio y televisión.

La energía luminosa es fundamental en la vida cotidiana y en muchas áreas de la ciencia y la tecnología. Además de las aplicaciones mencionadas, tiene un papel importante en campos como la fotografía, la espectroscopia, la microscopía y la investigación científica.

La ley de conservación de la energía, también conocida como el principio de conservación de la energía, establece que la energía no se crea ni se destruye, solo se transforma de una forma a otra. En un sistema aislado, la cantidad total de energía permanece constante. Esto significa que la energía total del universo es constante, y cualquier forma de energía puede convertirse en otra forma de energía sin pérdida neta.

La energía es una propiedad fundamental del universo que se manifiesta de diversas formas y se conserva en un sistema aislado. La capacidad de comprender y manipular la energía es fundamental en la ciencia y la tecnología, y es esencial para entender el funcionamiento de nuestro mundo y el universo.

8.Trabajo y energía cinética: Relación entre fuerza y movimiento

El trabajo y la energía cinética están estrechamente relacionados en la física, ya que el trabajo realizado sobre un objeto a menudo se traduce en un cambio en su energía cinética.

Trabajo (W): El trabajo se define como la transferencia de energía causada por la aplicación de una fuerza a lo largo de una distancia en la dirección de la fuerza. Matemáticamente, el trabajo (W) se calcula como el producto de la fuerza (F) aplicada a un objeto y la distancia (d) sobre la cual se aplica la fuerza en la dirección de la fuerza. La fórmula general para el trabajo es:

$$W = F \cdot d \cdot \cos(\theta)$$

Donde:

W es el trabajo.

F es la magnitud de la fuerza aplicada.

d es la distancia sobre la cual se aplica la fuerza.

θ es el ángulo entre la dirección de la fuerza y la dirección de movimiento del objeto.

Energía Cinética (KE): La energía cinética es la energía asociada al movimiento de un objeto. Se calcula mediante la siguiente fórmula:

$$KE = \tfrac{1}{2} \cdot m \cdot v^2$$

Donde:

KE es la energía cinética.

m es la masa del objeto.

v es la velocidad del objeto.

Relación entre Trabajo y Energía Cinética:

La relación fundamental entre el trabajo y la energía cinética es conocida como el Teorema del Trabajo y la Energía Cinética, que establece que el trabajo realizado sobre un objeto es igual al cambio en su energía cinética. Matemáticamente, se expresa de la siguiente manera:

$$W = \Delta KE$$

Donde ΔKE es la variación en la energía cinética, que se calcula restando la energía cinética final de la inicial. El trabajo puede ser positivo (aumentando la energía cinética del objeto), negativo (disminuyendo la energía cinética) o cero (sin cambio en la energía cinética).

Esta relación significa que cuando una fuerza realiza trabajo sobre un objeto, aumenta o disminuye su energía cinética, dependiendo de si la fuerza actúa en la misma dirección que el movimiento o en contra de él.

Un ejemplo común es cuando aplicas una fuerza para acelerar un automóvil. La fuerza que aplicas realiza un trabajo, aumentando la energía cinética del automóvil y, por lo tanto, su velocidad. Del mismo modo, cuando aplicas frenos, la fuerza de frenado realiza un trabajo negativo, disminuyendo la energía cinética y reduciendo la velocidad del automóvil.

Este teorema es fundamental en la física y se aplica a una amplia variedad de situaciones, desde el movimiento de vehículos hasta problemas en la mecánica de partículas y sistemas complejos.

Energía Cinética: Es la energía asociada al movimiento de un objeto. Cuanto más rápido se mueve un objeto y cuanto mayor es su masa, más energía cinética tiene. La fórmula para calcular la energía cinética es: $E = 1/2 * m * v^2$, donde E es la energía cinética, m es la masa del objeto y v es su velocidad.

La energía cinética está relacionada con el movimiento de un objeto y depende de su masa y velocidad. La fórmula que proporcionaste, $E = 1/2 * m * v^2$, es la ecuación para calcular la energía cinética. Aquí tienes una descripción más detallada de los términos en esa ecuación:

E representa la energía cinética, medida en julios (J).

m es la masa del objeto en kilogramos (kg).

v es la velocidad del objeto en metros por segundo (m/s).

Esta fórmula te permite calcular cuánta energía cinética tiene un objeto en movimiento. Cuanto mayor sea la velocidad del objeto o su masa, más energía cinética tendrá. La mitad (1/2) en la fórmula es una constante que se utiliza para ajustar la escala de la energía cinética de manera que esté relacionada de manera proporcional con la velocidad al cuadrado. En resumen, la energía cinética es una medida de cuánta energía de movimiento tiene un objeto y se calcula multiplicando la mitad de su masa por el cuadrado de su velocidad.

Energía Potencial Gravitatoria: Esta energía está relacionada con la posición de un objeto en un campo gravitatorio, como la altura sobre la Tierra. Cuanto más alto esté un objeto, más energía potencial gravitatoria tiene. La fórmula para calcular la energía potencial gravitatoria es: $E = m * g * h$, donde E es la energía potencial, m es la masa del objeto, g es la aceleración debida a la gravedad y h es la altura.

La energía potencial gravitatoria se relaciona con la altura de un objeto en un campo gravitatorio, como el de la Tierra. La fórmula que proporcionaste, $E = m * g * h$, es la ecuación para calcular la energía potencial gravitatoria. Aquí tienes una descripción más detallada de los términos en esa ecuación:

E representa la energía potencial gravitatoria, medida en julios (J).

m es la masa del objeto en kilogramos (kg).

g es la aceleración debida a la gravedad, que es aproximadamente 9.81 metros por segundo cuadrado (m/s^2) en la superficie de la Tierra.

h es la altura del objeto sobre un punto de referencia, medida en metros (m).

La energía potencial gravitatoria se refiere a la energía que un objeto posee debido a su posición en un campo gravitatorio. Cuanto más alto esté un objeto, más energía potencial gravitatoria tendrá, ya que tiene el potencial de caer y convertir esa energía en energía cinética a medida que desciende. Esta forma de energía es esencial en conceptos como la elevación de objetos o la generación de energía en represas hidroeléctricas, donde se aprovecha la caída del agua desde una altura para generar electricidad.

Energía Potencial Elástica: Esta energía se asocia con la deformación de objetos elásticos, como resortes o bandas elásticas. Cuando un objeto elástico se estira o comprime, almacena energía potencial elástica que se libera cuando se libera la tensión o la compresión.

La energía potencial elástica se relaciona con la deformación de objetos elásticos, como los resortes. Cuando estiras o comprimes un resorte, o aplicas tensión a una banda elástica, estás almacenando energía potencial elástica en el objeto. Esta energía potencial se libera cuando el objeto vuelve a su posición original o se libera de la tensión o compresión. La fórmula para calcular la energía potencial elástica es:

$E = 1/2 * k * x^2$

Donde:

E es la energía potencial elástica, medida en julios (J).

k es la constante elástica del resorte, que depende de su rigidez, medida en newtons por metro (N/m).

x es la distancia que se ha estirado o comprimido el resorte desde su posición de equilibrio, medida en metros (m).

La energía potencial elástica se libera cuando el resorte o la banda elástica vuelven a su posición de equilibrio, como en el caso de un resorte que rebota o una banda elástica que se estira y se libera. Esta energía se puede utilizar en una variedad de aplicaciones, como en dispositivos mecánicos que requieren almacenamiento y liberación de energía, como juguetes, sistemas de amortiguación y más.

Energía Térmica: También conocida como calor, esta es la energía asociada con la temperatura de un objeto. Cuanto más caliente esté un objeto, mayor será su energía térmica. Esta energía se manifiesta en el movimiento aleatorio de las partículas en un sistema.

Así es, la energía térmica se refiere a la energía asociada con la temperatura de un objeto o sistema. Esta energía térmica se debe al movimiento aleatorio de las partículas (átomos y moléculas) que componen ese objeto o sistema. Cuanto más caliente esté un objeto, mayor será su energía térmica, ya que las partículas se mueven más rápidamente y con mayor energía cinética.

La energía térmica es un concepto fundamental en la termodinámica y se relaciona con muchos aspectos de nuestra vida cotidiana. Se puede transferir de un objeto a otro mediante procesos de conducción, convección o radiación térmica. La transferencia de energía térmica es lo que causa que un objeto se caliente cuando se pone en contacto con una fuente de calor más caliente y se enfríe cuando se pone en contacto con una fuente de calor más fría.

Esta energía térmica es esencial para procesos como la cocción de alimentos, la generación de energía en centrales eléctricas, el funcionamiento de motores y la regulación de la temperatura en sistemas de calefacción y refrigeración. La cantidad de energía térmica en un objeto o sistema se mide en unidades de energía, como julios (J) en el Sistema Internacional de Unidades.

Energía Química: Se encuentra en enlaces químicos y reacciones químicas. Los alimentos, combustibles y baterías almacenan energía química que se libera cuando ocurren reacciones químicas.

La energía química es una forma de energía potencial que se almacena en las sustancias químicas y se libera durante reacciones químicas. Esta energía se debe a los enlaces químicos entre átomos y moléculas en una sustancia. Cuando ocurren reacciones químicas, los enlaces químicos se rompen y se forman nuevos enlaces, lo que puede liberar o absorber energía en forma de calor, luz u otras formas de energía.

Ejemplos de energía química incluyen:

Combustibles: Los combustibles fósiles como el petróleo, el gas natural y el carbón contienen energía química en forma de hidrocarburos. Cuando se queman, las reacciones químicas liberan energía en forma de calor y luz, lo que se utiliza para generar energía en motores de combustión o para calefacción.

Alimentos: Los alimentos contienen energía química almacenada en los carbohidratos, grasas y proteínas que consumimos. Nuestro cuerpo utiliza esta energía química durante la digestión y el metabolismo para mantenernos con vida y proporcionar la energía necesaria para nuestras actividades diarias.

Baterías: Las baterías almacenan energía química en productos químicos dentro de la celda de la batería. Cuando conectamos una batería a un dispositivo eléctrico, las reacciones químicas liberan electrones y producen corriente eléctrica, lo que alimenta el dispositivo.

La energía química es fundamental en la vida cotidiana y en muchas aplicaciones tecnológicas. Es una fuente importante de energía en la sociedad moderna y se utiliza en una amplia variedad de dispositivos y procesos, desde vehículos y dispositivos electrónicos hasta la generación de energía en centrales eléctricas.

Energía Luminosa: Es la energía transportada por la luz y otras formas de radiación electromagnética. Esta energía es fundamental para la visión y es utilizada en tecnologías como la energía solar.

La energía luminosa, también conocida como energía radiante, es la energía transportada por la luz y otras formas de radiación electromagnética, como las ondas de radio, los rayos X y los rayos gamma. La luz visible es solo una pequeña parte del espectro electromagnético, pero es la que más directamente percibimos a través de nuestros sentidos visuales.

Características de la energía luminosa:

Transmisión de energía: La energía luminosa se propaga a través del espacio en forma de ondas electromagnéticas. Estas ondas pueden transportar energía a través del vacío, como ocurre con la luz del Sol que llega a la Tierra, o a través de otros medios, como el aire o el vidrio.

Velocidad constante: La luz viaja a una velocidad constante en el vacío, conocida como la velocidad de la luz, que es de aproximadamente 299,792,458 metros por segundo (casi 300,000 kilómetros por segundo). Esta velocidad es la máxima a la que cualquier información o energía puede propagarse en el universo.

Fotones: La luz se compone de partículas subatómicas llamadas fotones. Estos fotones transportan la energía luminosa y tienen propiedades tanto de partículas como de ondas.

Aplicaciones de la energía luminosa:

Visión: La energía luminosa es esencial para la visión. Nuestros ojos detectan la luz visible y la convierten en señales eléctricas que nuestro cerebro interpreta como imágenes. La capacidad de ver el mundo que nos rodea depende en gran medida de la presencia de luz.

Energía solar: La energía luminosa del Sol se puede convertir en energía eléctrica mediante paneles solares. Esta es una fuente de energía limpia y renovable que se utiliza cada vez más para generar electricidad en aplicaciones domésticas, industriales y comerciales.

Comunicaciones: Las ondas electromagnéticas, que incluyen la luz visible, se utilizan en las telecomunicaciones para transmitir información. Ejemplos de esto son la fibra óptica y las señales de radio y televisión.

La energía luminosa es fundamental en la vida cotidiana y en muchas áreas de la ciencia y la tecnología. Además de las aplicaciones mencionadas, tiene un papel importante en campos como la fotografía, la espectroscopia, la microscopía y la investigación científica.

El trabajo y la energía cinética están estrechamente relacionados en la física, ya que el trabajo realizado sobre un objeto a menudo se traduce en un cambio en su energía cinética.

Trabajo (W): El trabajo se define como la transferencia de energía causada por la aplicación de una fuerza a lo largo de una distancia en la dirección de la fuerza. Matemáticamente, el trabajo (W) se calcula como el producto de la fuerza (F) aplicada a un objeto y la distancia (d) sobre la cual se aplica la fuerza en la dirección de la fuerza. La fórmula general para el trabajo es:

$W = F \cdot d \cdot \cos(\theta)$

Donde:

W es el trabajo.

F es la magnitud de la fuerza aplicada.

d es la distancia sobre la cual se aplica la fuerza.

θ es el ángulo entre la dirección de la fuerza y la dirección de movimiento del objeto.

Energía Cinética (KE): La energía cinética es la energía asociada al movimiento de un objeto. Se calcula mediante la siguiente fórmula:

$KE = 21 \cdot m \cdot v2$

Donde:

KE es la energía cinética.

m es la masa del objeto.

v es la velocidad del objeto.

Relación entre Trabajo y Energía Cinética:

La relación fundamental entre el trabajo y la energía cinética es conocida como el Teorema del Trabajo y la Energía Cinética, que establece que el trabajo realizado sobre un objeto es igual al cambio en su energía cinética. Matemáticamente, se expresa de la siguiente manera:

$W = \Delta KE$

Donde ΔKE es la variación en la energía cinética, que se calcula restando la energía cinética final de la inicial. El trabajo puede ser positivo (aumentando la energía cinética del objeto), negativo (disminuyendo la energía cinética) o cero (sin cambio en la energía cinética).

Esta relación significa que cuando una fuerza realiza trabajo sobre un objeto, aumenta o disminuye su energía cinética, dependiendo de si la fuerza actúa en la misma dirección que el movimiento o en contra de él.

Un ejemplo común es cuando aplicas una fuerza para acelerar un automóvil. La fuerza que aplicas realiza un trabajo, aumentando la energía cinética del automóvil y, por lo tanto, su velocidad. Del mismo modo, cuando aplicas frenos, la fuerza de frenado realiza un trabajo negativo, disminuyendo la energía cinética y reduciendo la velocidad del automóvil.

Este teorema es fundamental en la física y se aplica a una amplia variedad de situaciones, desde el movimiento de vehículos hasta problemas en la mecánica de partículas y sistemas complejos.

Trabajo (W): El trabajo se define como la transferencia de energía causada por la aplicación de una fuerza a lo largo de una distancia en la dirección de la fuerza. Matemáticamente, el trabajo (W) se calcula como el producto de la fuerza (F) aplicada a un objeto y la distancia (d) sobre la cual se aplica la fuerza en la dirección de la fuerza.

El trabajo (W) es una cantidad física que mide la transferencia de energía debida a la acción de una fuerza sobre un objeto en movimiento. En términos matemáticos, el trabajo se calcula multiplicando la magnitud de la fuerza (F) aplicada sobre el objeto por la distancia (d) sobre la cual se aplica la fuerza en la dirección de la fuerza. Matemáticamente, se expresa como:

$W = F \cdot d \cdot \cos(\theta)$

Donde:

W es el trabajo realizado.

F es la magnitud de la fuerza aplicada.

d es la distancia sobre la cual se aplica la fuerza.

θ es el ángulo entre la dirección de la fuerza y la dirección del desplazamiento.

El ángulo θ es importante porque el trabajo depende de la dirección en la que actúa la fuerza con respecto al desplazamiento. Cuando la fuerza y el desplazamiento son paralelos el ángulo θ es 0 grados), se realiza el trabajo máximo. Cuando son perpendiculares (el ángulo θ es 90 grados), el trabajo es nulo.

Es importante recordar que el trabajo se mide en julios (J) en el Sistema Internacional de Unidades (SI), donde 1 julio es igual a 1 newton metro (1 J = 1 N m). El trabajo positivo se realiza cuando la fuerza y el desplazamiento son en la misma dirección, mientras que el trabajo negativo se realiza cuando actúan en direcciones opuestas.

El concepto de trabajo es fundamental en la física y se aplica en una amplia variedad de situaciones, desde levantar objetos en la vida cotidiana hasta describir el trabajo realizado por una fuerza en sistemas mecánicos y dinámicos.

Trabajo y la Energía Cinética, establece que el trabajo realizado sobre un objeto es igual al cambio en su energía cinética. Matemáticamente, se expresa de la siguiente manera: $W = \Delta KE$ Donde ΔKE es la variación en la energía cinética, que se calcula restando la energía cinética final de la inicial. El trabajo puede ser positivo (aumentando la energía cinética del objeto), negativo (disminuyendo la energía cinética) o cero (sin cambio en la energía cinética). Esta relación significa que cuando una fuerza realiza trabajo sobre un objeto, aumenta o disminuye su energía cinética, dependiendo de si la fuerza actúa en la misma dirección que el movimiento o en contra de él.

La Ley del Trabajo y la Energía Cinética establece que el trabajo realizado sobre un objeto es igual al cambio en su energía cinética. Matemáticamente, esto se expresa como:

$W = \Delta KE$

Donde:

W es el trabajo realizado.

ΔKE es la variación en la energía cinética del objeto, que se calcula restando la energía cinética final de la inicial.

Esta relación es fundamental en la física, ya que nos permite comprender cómo las fuerzas afectan al movimiento de los objetos. El trabajo realizado por una fuerza puede aumentar o disminuir la energía cinética del objeto, dependiendo de si la fuerza actúa en la misma dirección que el movimiento o en contra de él.

Si el trabajo es positivo, significa que la energía cinética del objeto ha aumentado, lo que implica que ha ganado velocidad o movimiento. Si el trabajo es negativo, la energía cinética disminuye, lo que indica una disminución en la velocidad o movimiento. Si el trabajo es cero, no hay cambio en la energía cinética, y el objeto se mueve a velocidad constante.

Esta relación se aplica a una amplia variedad de situaciones en la física y es esencial para comprender cómo las fuerzas afectan el movimiento de los objetos en el mundo real.

Un ejemplo común es cuando aplicas una fuerza para acelerar un automóvil. La fuerza que aplicas realiza un trabajo, aumentando la energía cinética del automóvil y, por lo tanto, su velocidad. Del mismo modo, cuando aplicas frenos, la fuerza de frenado realiza un trabajo negativo, disminuyendo la energía cinética y reduciendo la velocidad del automóvil. Este teorema es fundamental en la física y se aplica a una amplia variedad de situaciones, desde el movimiento de vehículos hasta problemas en la mecánica de partículas y sistemas complejos.

El ejemplo del automóvil es un caso práctico y cotidiano de cómo el trabajo y la energía cinética están relacionados. Al acelerar un automóvil, aplicas una fuerza que realiza un trabajo positivo, aumentando la energía cinética del vehículo y, en consecuencia, su velocidad. Cuando aplicas los frenos, la fuerza de frenado realiza un trabajo negativo, disminuyendo la energía cinética y reduciendo la velocidad del automóvil.

Este teorema es fundamental en la física y se aplica en una amplia variedad de situaciones. Desde el estudio del movimiento de vehículos hasta la resolución de problemas en la mecánica de partículas y sistemas más complejos, el principio de trabajo y energía cinética proporciona una herramienta poderosa para analizar y comprender cómo las fuerzas afectan el movimiento de los objetos en el mundo real.

El trabajo y la energía cinética están estrechamente relacionados en la física, ya que el trabajo realizado sobre un objeto a menudo se traduce en un cambio en su energía cinética.

Trabajo: El trabajo es una cantidad física que describe la transferencia de energía causada por la aplicación de una fuerza a lo largo de una distancia en la dirección de la fuerza. Es esencial comprender que el trabajo se realiza cuando una fuerza actúa sobre un objeto y causa un desplazamiento en la dirección de esa fuerza.

Energía Cinética: La energía cinética es una forma de energía que un objeto posee debido a su movimiento. Depende tanto de la masa del objeto como de su velocidad. Matemáticamente, la energía cinética (KE) se calcula con la fórmula $KE = 1/2 * m * v^2$, donde 'm' es la masa del objeto y 'v' es su velocidad.

Relación: La relación entre el trabajo y la energía cinética se establece a través del Teorema del Trabajo y la Energía Cinética, que dice que el trabajo realizado sobre un objeto es igual al cambio en su energía cinética. Matemáticamente, esto se expresa como:

$W = \Delta KE$

Donde 'W' representa el trabajo realizado sobre el objeto y ΔKE representa la variación en su energía cinética.

Si el trabajo es positivo, significa que la energía cinética del objeto aumenta. Esto ocurre cuando una fuerza actúa en la misma dirección que el movimiento del objeto, acelerándolo y aumentando su velocidad.

Si el trabajo es negativo, indica que la energía cinética disminuye. Esto sucede cuando una fuerza actúa en contra de la dirección del movimiento, desacelerando el objeto y reduciendo su velocidad.

Si el trabajo es cero, la energía cinética del objeto no cambia. Esto puede ocurrir si la fuerza aplicada es perpendicular a la dirección del movimiento, de modo que no realiza trabajo en la dirección del movimiento.

En resumen, esta relación significa que el trabajo transferido a un objeto se convierte en un cambio en su energía cinética. Este principio es fundamental para comprender cómo las fuerzas afectan el movimiento de los objetos y se aplica en una variedad de situaciones, desde el diseño de sistemas de frenado en automóviles hasta el análisis de colisiones en física de partículas.

Si el trabajo es positivo, significa que la energía cinética del objeto aumenta. Esto ocurre cuando una fuerza actúa en la misma dirección que el movimiento del objeto, acelerándolo y aumentando su velocidad.

Cuando el trabajo realizado sobre un objeto es positivo, eso significa que la energía cinética del objeto aumenta. Esto se debe a que la fuerza que actúa sobre el objeto está en la misma dirección que su movimiento y, por lo tanto, realiza un trabajo que se convierte en un aumento de la energía cinética. Algunos ejemplos de situaciones en las que el trabajo es positivo incluyen:

Empujar un automóvil: Cuando empujas un automóvil que inicialmente está en reposo, aplicas una fuerza en la dirección del movimiento. Esta fuerza realiza trabajo sobre el automóvil, aumentando su velocidad y, por lo tanto, su energía cinética.

Aceleración de un proyectil: En el caso de un proyectil, como una pelota lanzada al aire, la fuerza aplicada al lanzarla actúa en la dirección de su movimiento. Esta fuerza realiza trabajo al aumentar la velocidad de la pelota, lo que se traduce en un aumento de su energía cinética.

Descenso de un objeto: Cuando dejas caer un objeto desde una altura, la fuerza de la gravedad actúa en la misma dirección que el movimiento descendente. A medida que el objeto cae, su velocidad y energía cinética aumentan debido al trabajo realizado por la gravedad.

En situaciones en las que una fuerza actúa en la misma dirección que el movimiento de un objeto, el trabajo es positivo y contribuye al aumento de la energía cinética del objeto. Este principio es fundamental para comprender cómo se transfieren y transforman las energías en una variedad de situaciones de la vida cotidiana y en la física en general.

Si el trabajo es negativo, indica que la energía cinética disminuye. Esto sucede cuando una fuerza actúa en contra de la dirección del movimiento, desacelerando el objeto y reduciendo su velocidad.

Cuando el trabajo es negativo, esto significa que la energía cinética del objeto disminuye. Esto ocurre cuando una fuerza actúa en contra de la dirección del movimiento del objeto, lo que resulta en una desaceleración y una reducción de su velocidad. Algunos ejemplos de situaciones en las que el trabajo es negativo incluyen:

Frenado de un vehículo: Cuando aplicas los frenos en un automóvil, la fuerza de frenado actúa en la dirección opuesta a la del movimiento del automóvil. Esta fuerza negativa realiza trabajo al reducir la velocidad del automóvil, disminuyendo su energía cinética.

Ascenso de un objeto en contra de la gravedad: Si levantas un objeto desde el suelo, la fuerza que aplicas se opone a la dirección de la gravedad. En este caso, realizas trabajo negativo al elevar el objeto, lo que reduce su velocidad potencial y, por lo tanto, su energía cinética.

Atracción gravitatoria en una órbita elíptica: En sistemas astronómicos, como un satélite en una órbita elíptica alrededor de un planeta, la atracción gravitatoria puede realizar trabajo negativo cuando el objeto se aleja del planeta y su velocidad disminuye.

En resumen, cuando una fuerza se opone al movimiento del objeto, realiza un trabajo negativo, lo que conlleva a una disminución en la energía cinética del objeto. Esto es fundamental para comprender cómo las fuerzas pueden desacelerar objetos y controlar su movimiento en diversas situaciones.

Si el trabajo es cero, la energía cinética del objeto no cambia. Esto puede ocurrir si la fuerza aplicada es perpendicular a la dirección del movimiento, de modo que no realiza trabajo en la dirección del movimiento.

Cuando el trabajo es cero, significa que la energía cinética del objeto no cambia. Esto ocurre cuando la fuerza aplicada es perpendicular a la dirección del movimiento del objeto, lo que significa que no realiza trabajo en la dirección del movimiento. En otras palabras, la fuerza no acelera ni desacelera al objeto, por lo que su velocidad y energía cinética permanecen constantes.

Un ejemplo clásico de esto es el movimiento de un objeto en un círculo a una velocidad constante. La fuerza centrífuga que actúa hacia afuera es perpendicular a la dirección del movimiento, por lo que no realiza trabajo en la dirección del movimiento. Como resultado, la energía cinética del objeto se mantiene constante a lo largo del movimiento circular.

Este concepto es fundamental en situaciones donde se desea mantener una velocidad constante o una energía cinética constante, incluso cuando actúan fuerzas. La comprensión de cómo el trabajo y la energía cinética están relacionados es esencial en la física y se aplica a una amplia variedad de problemas y situaciones prácticas.

Atracción gravitatoria en una órbita elíptica: En sistemas astronómicos, como un satélite en una órbita elíptica alrededor de un planeta, la atracción gravitatoria puede realizar trabajo negativo cuando el objeto se aleja del planeta y su velocidad disminuye.

En un sistema astronómico, como un satélite en una órbita elíptica alrededor de un planeta, la atracción gravitatoria puede realizar trabajo negativo en ciertas partes de la órbita. Aquí hay una explicación más detallada:

Cuando un satélite se encuentra en una órbita elíptica, sigue una trayectoria que lo lleva más cerca y más lejos del planeta alrededor del cual está orbitando. En el punto más cercano al planeta, llamado "perigeo", el satélite se mueve a su velocidad más alta y tiene una mayor energía cinética. A medida que el satélite se aleja del planeta y se acerca al punto más lejano de la órbita, llamado "apogeo", su velocidad disminuye y, por lo tanto, su energía cinética también disminuye.

La atracción gravitatoria del planeta sobre el satélite actúa en dirección al centro del planeta en todo momento. Cuando el satélite se aleja del planeta y su velocidad disminuye, la fuerza gravitatoria realiza un trabajo negativo en el satélite. Esto significa que la energía potencial gravitatoria del satélite aumenta mientras su energía cinética disminuye.

En otras palabras, a medida que el satélite se mueve hacia el apogeo, la energía total (la suma de su energía cinética y su energía potencial gravitatoria) disminuye, lo que refleja la disminución de su velocidad y su altura. Luego, cuando el satélite se acerca al perigeo, la energía total aumenta nuevamente, ya que su velocidad y su altura aumentan.

Este proceso de cambio de energía en una órbita elíptica ilustra cómo la atracción gravitatoria puede realizar trabajo negativo en el satélite y cómo este proceso se relaciona con la conservación de la energía total del sistema. La conservación de la energía es un principio fundamental en la física que se aplica tanto en sistemas terrestres como en sistemas astronómicos.

9.Energía potencial y conservación de la energía

La energía potencial es una forma de energía asociada con la posición o el estado de un objeto en un campo de fuerza. Es importante en la física porque nos permite comprender cómo la energía se almacena en un sistema y cómo se puede transformar de una forma a otra. La conservación de la energía es un principio fundamental que establece que en un sistema aislado, la energía total se mantiene constante a lo largo del tiempo, es decir, la energía no se crea ni se destruye, solo se transforma.

Energía Potencial Gravitatoria: Esta forma de energía se relaciona con la posición de un objeto en un campo gravitatorio, como la altura sobre la superficie de la Tierra. Cuanto más alto esté un objeto, más energía potencial gravitatoria tiene. La fórmula para calcular la energía potencial gravitatoria es: $E = m * g * h$, donde E es la energía potencial, m es la masa del objeto, g es la aceleración debida a la gravedad y h es la altura.

Energía Potencial Elástica: Esta forma de energía se asocia con la deformación de objetos elásticos, como resortes o bandas elásticas. Cuando un objeto elástico se estira o comprime, almacena energía potencial elástica que se libera cuando se libera la tensión o la compresión.

Conservación de la Energía Mecánica: La energía potencial y la energía cinética (asociada al movimiento) se combinan para formar la energía mecánica total de un sistema. La ley de conservación de la energía establece que en un sistema aislado sin pérdidas de energía, la energía mecánica total se mantiene constante. Esto significa que la suma de la energía potencial y la energía cinética en un sistema no cambia con el tiempo.

Transformación de Energía: La energía puede transformarse de una forma a otra. Por ejemplo, cuando dejas caer un objeto desde cierta altura, su energía potencial gravitatoria se convierte en energía cinética a medida que cae. Esta transformación es reversible: si el objeto vuelve a subir, su energía cinética se convierte nuevamente en energía potencial gravitatoria.

Pérdidas de Energía: En la práctica, siempre hay pérdidas de energía debido a la fricción y otros factores. Estas pérdidas de energía pueden hacer que la energía mecánica no se conserve en sistemas del mundo real. Sin embargo, la ley de conservación de la energía es un principio fundamental en la física y se mantiene válida en sistemas aislados sin pérdidas significativas.

La comprensión de la energía potencial y la conservación de la energía es esencial en una amplia variedad de campos, desde la mecánica clásica hasta la termodinámica y la física de partículas. Estos conceptos permiten a los científicos y los ingenieros analizar y diseñar sistemas en los que la energía desempeña un papel fundamental.

Energía Potencial Gravitatoria: Esta forma de energía se relaciona con la posición de un objeto en un campo gravitatorio, como la altura sobre la superficie de la Tierra. Cuanto más alto esté un objeto, más energía potencial gravitatoria tiene.

La energía potencial gravitatoria es una forma de energía que un objeto posee debido a su posición en un campo gravitatorio, como el generado por la Tierra. Esta forma de energía es directamente proporcional a la altura del objeto sobre una referencia o superficie.

La fórmula matemática para calcular la energía potencial gravitatoria (E) es:

$E = m * g * h$

Donde:

E es la energía potencial gravitatoria.

m es la masa del objeto.

g es la aceleración debida a la gravedad, que generalmente se aproxima a 9.81 m/s^2 en la superficie de la Tierra.

h es la altura o distancia vertical desde una posición de referencia.

Esta fórmula nos dice que cuanto mayor sea la masa del objeto y cuanto más alto esté sobre la referencia, más energía potencial gravitatoria tendrá. Cuando el objeto se mueve hacia abajo, esta energía se convierte en energía cinética, es decir, en la energía asociada a su movimiento. La conservación de la energía implica que la suma de la energía potencial y cinética se mantendrá constante en ausencia de fuerzas externas.

Por ejemplo, si tienes una pelota en una posición elevada y la dejas caer, a medida que cae, su energía potencial gravitatoria se convierte en energía cinética. Esta relación entre la energía potencial gravitatoria y la cinética es fundamental para comprender el movimiento de objetos en campos gravitatorios, como la caída libre de un objeto o la órbita de un satélite alrededor de la Tierra.

Energía Potencial Elástica: Esta forma de energía se asocia con la deformación de objetos elásticos, como resortes o bandas elásticas. Cuando un objeto elástico se estira o comprime, almacena energía potencial elástica que se libera cuando se libera la tensión o la compresión.

La energía potencial elástica es una forma de energía que está asociada con la deformación de objetos elásticos, como resortes, bandas elásticas o gomas. Cuando se aplica una fuerza que estira o comprime un objeto elástico, este almacena energía potencial elástica. Esta energía se libera cuando se libera la tensión o compresión en el objeto, provocando que vuelva a su forma original o posición de equilibrio.

La fórmula para calcular la energía potencial elástica (E) es:

$E = (1/2) * k * x^2$

Donde:

E es la energía potencial elástica.

k es la constante elástica del resorte, que mide su rigidez.

x es la deformación o elongación del resorte desde su posición de equilibrio.

Esta fórmula nos dice que la cantidad de energía potencial elástica almacenada en el resorte depende de cuánto se haya estirado o comprimido el resorte y de su rigidez. Cuanto más se estira o comprime el resorte, y cuanto más rígido sea (mayor valor de k), más energía potencial elástica se almacena.

Un ejemplo común de energía potencial elástica es un resorte estirado. Cuando liberas el resorte, la energía potencial elástica se convierte en energía cinética y movimiento a medida que el resorte rebota o se estira hacia su posición de equilibrio. Esta forma de energía es fundamental en muchos dispositivos y máquinas, como resortes en vehículos, sistemas de suspensión y juguetes.

Conservación de la Energía Mecánica: La energía potencial y la energía cinética (asociada al movimiento) se combinan para formar la energía mecánica total de un sistema. La ley de conservación de la energía establece que en un sistema aislado sin pérdidas de energía, la energía mecánica total se mantiene constante. Esto significa que la suma de la energía potencial y la energía cinética en un sistema no cambia con el tiempo.

La conservación de la energía mecánica es un principio fundamental en la física. Esta ley establece que en un sistema aislado, es decir, un sistema que no intercambia energía con su entorno y sin pérdidas de energía, la energía mecánica total se mantiene constante a lo largo del tiempo. Esto significa que la suma de la energía potencial y la energía cinética en ese sistema no cambia con el tiempo.

La energía mecánica total (E) de un sistema se puede expresar como:

E = EP + EK

Donde:

E es la energía mecánica total.

EP es la energía potencial del sistema.

EK es la energía cinética del sistema.

Esta ley es fundamental para comprender y analizar una amplia gama de situaciones en la física. Por ejemplo, cuando lanzas un objeto hacia arriba, su energía cinética disminuye a medida que asciende (ya que su velocidad disminuye), pero su energía potencial aumenta (ya que su altura con respecto a la superficie de la Tierra aumenta). La suma de la energía cinética y potencial se mantiene constante, y esta relación se puede utilizar para predecir el comportamiento del objeto en diferentes momentos.

La conservación de la energía mecánica es una herramienta valiosa para analizar movimientos, máquinas y sistemas, y es especialmente útil en situaciones donde la fricción y otras fuerzas disipativas son insignificantes.

Transformación de Energía: La energía puede transformarse de una forma a otra. Por ejemplo, cuando dejas caer un objeto desde cierta altura, su energía potencial gravitatoria se convierte en energía cinética a medida que cae. Esta transformación es reversible: si el objeto vuelve a subir, su energía cinética se convierte nuevamente en energía potencial gravitatoria.

La transformación de la energía es un principio importante en la física que describe cómo la energía puede cambiar de una forma a otra. En el ejemplo que mencionaste, cuando dejas caer un objeto desde una cierta altura, su energía potencial gravitatoria se convierte en energía cinética a medida que cae. La energía potencial gravitatoria depende de la altura y la masa del objeto, mientras que la energía cinética depende de la velocidad del objeto.

Cuando el objeto cae, su velocidad aumenta y, por lo tanto, su energía cinética aumenta, al mismo tiempo que su energía potencial disminuye. Esta es una transformación de energía mecánica de una forma (energía potencial) a otra (energía cinética). Esta transformación es reversible, lo que significa que si el objeto se eleva nuevamente, su energía cinética se convierte nuevamente en energía potencial gravitatoria.

Este principio de transformación de energía se aplica en muchas situaciones de la vida cotidiana, así como en la comprensión de sistemas más complejos, como máquinas, sistemas de energía y procesos naturales. El estudio de cómo la energía se transforma y se conserva en diferentes contextos es fundamental para la física y la ingeniería.

Pérdidas de Energía: En la práctica, siempre hay pérdidas de energía debido a la fricción y otros factores. Estas pérdidas de energía pueden hacer que la energía mecánica no se conserve en sistemas del mundo real. Sin embargo, la ley de conservación de la energía es un principio fundamental en la física y se mantiene válida en sistemas aislados sin pérdidas significativas.

En sistemas del mundo real, siempre hay pérdidas de energía debido a factores como la fricción, la resistencia del aire, la deformación de materiales y otros procesos disipativos. Estas pérdidas de energía pueden hacer que la energía mecánica no se conserve de manera perfecta en sistemas cotidianos.

Sin embargo, la ley de conservación de la energía es un principio fundamental en la física y se mantiene válida en sistemas aislados y sin pérdidas significativas. En sistemas donde se pueden ignorar las pérdidas de energía o donde estas son insignificantes en comparación con la energía total del sistema, la energía mecánica se conserva de acuerdo con esta ley.

La consideración de pérdidas de energía es importante en la ingeniería y el diseño de sistemas, ya que permite estimar y minimizar las pérdidas de energía en máquinas y dispositivos. La eficiencia en la conversión y el uso de la energía es un aspecto clave en campos como la ingeniería mecánica y eléctrica.

La comprensión de la energía potencial y la conservación de la energía es esencial en una amplia variedad de campos, desde la mecánica clásica hasta la termodinámica y la física de partículas. Estos conceptos permiten a los científicos y los ingenieros analizar y diseñar sistemas en los que la energía desempeña un papel fundamental.

La comprensión de la energía potencial y la conservación de la energía es esencial en numerosos campos de la física y la ingeniería.

Mecánica Clásica: En la descripción del movimiento de objetos en sistemas mecánicos, donde la energía cinética y la energía potencial son componentes cruciales de la energía mecánica total. Esto es esencial para el diseño y análisis de máquinas, vehículos y estructuras.

Termodinámica: En la termodinámica, la conservación de la energía es uno de los principios fundamentales. Se aplica al estudio de motores, refrigeradores y sistemas de energía, y es fundamental para comprender los procesos de transferencia de calor y trabajo mecánico.

Física de Partículas: En la física de partículas y la teoría cuántica, la conservación de la energía es un principio fundamental. Permite comprender las interacciones de partículas subatómicas y la conversión de energía en nuevas partículas en aceleradores de partículas.

Ingeniería Eléctrica: La conversión de energía eléctrica en otras formas de energía, como energía cinética o luminosa, es un concepto fundamental en la ingeniería eléctrica. Se aplica en motores eléctricos, lámparas, generadores y más.

Energías Renovables: La conservación de la energía es un principio clave en la generación y uso de energías renovables, como la energía solar y eólica. Permite maximizar la eficiencia en la conversión de energía.

Diseño de Sistemas Mecánicos y Eléctricos: En la ingeniería, la consideración de la energía potencial y cinética es crucial para el diseño de sistemas eficientes y seguros, desde automóviles hasta sistemas de generación de energía.

Física del Universo: En la cosmología y la astrofísica, la conservación de la energía es fundamental para comprender la evolución del universo y cómo la energía se transforma en diversas formas en sistemas astrofísicos.

Estos conceptos son herramientas fundamentales que permiten a los científicos e ingenieros abordar una amplia variedad de problemas y diseñar sistemas que sean eficientes y funcionales. La energía y su conservación son pilares de la física y la ingeniería, y su comprensión es esencial para el progreso tecnológico y científico.

Termodinámica: En la termodinámica, la conservación de la energía es uno de los principios fundamentales. Se aplica al estudio de motores, refrigeradores y sistemas de energía, y es fundamental para comprender los procesos de transferencia de calor y trabajo mecánico.

La termodinámica es la rama de la física que se ocupa del estudio de la energía y el calor, y la conservación de la energía es uno de los pilares fundamentales en esta disciplina. En la termodinámica, se emplea una serie de leyes y principios que rigen cómo la energía se transforma y se transfiere entre sistemas. Algunos conceptos y leyes clave en termodinámica que se relacionan con la conservación de la energía incluyen:

Primer Principio de la Termodinámica (Ley de la Conservación de la Energía): Esta ley establece que la energía no puede ser creada ni destruida, solo transformada de una forma a otra o transferida entre sistemas. En términos de la termodinámica, la primera ley se expresa como la conservación de la energía en un sistema cerrado, donde la energía interna del sistema se mantiene constante a menos que haya transferencias de energía en forma de calor o trabajo.

Energía Interna: La energía interna de un sistema termodinámico es la suma de todas las energías cinéticas y potenciales de sus partículas. La conservación de la energía interna implica que la suma de la energía en un sistema permanece constante si no hay interacción con su entorno.

Segundo Principio de la Termodinámica: Este principio se refiere a la calidad de la energía y establece que la energía tiende a dispersarse y degradarse con el tiempo. Por lo tanto, se relaciona con la eficiencia en las conversiones de energía y la dirección en la que ocurren los procesos. La conservación de la energía también se tiene en cuenta al considerar la eficiencia de los motores y los refrigeradores.

Trabajo y Calor: En termodinámica, se estudian los procesos de transferencia de energía en forma de trabajo mecánico y calor. La conservación de la energía se aplica en la descripción de cómo la energía fluye entre sistemas debido a diferencias de temperatura, presión y otras variables termodinámicas.

Principio de Equipartición de la Energía: Este principio se refiere a cómo se distribuye la energía cinética en un sistema compuesto por partículas. La conservación de la energía se aplica al estudio de cómo la energía cinética se distribuye entre los grados de libertad de las partículas.

En la termodinámica, la conservación de la energía se aplica a sistemas termodinámicos que pueden ser sistemas abiertos (donde la materia y la energía pueden ingresar y salir) o sistemas cerrados (donde solo la energía puede cruzar la frontera del sistema). El estudio de estos principios es esencial para entender cómo funcionan los motores, los sistemas de refrigeración, la generación de energía eléctrica y muchos otros procesos en los que la energía desempeña un papel crucial.

Física de Partículas: En la física de partículas y la teoría cuántica, la conservación de la energía es un principio fundamental. Permite comprender las interacciones de partículas subatómicas y la conversión de energía en nuevas partículas en aceleradores de partículas.

La conservación de la energía es un principio fundamental en la física de partículas y en la teoría cuántica. Juega un papel esencial en la comprensión de las interacciones de partículas subatómicas y en la descripción de cómo la energía se convierte en nuevas partículas y cómo estas partículas se comportan en aceleradores de partículas y colisionadores.

Principio de Conservación de la Energía: En la física de partículas, se parte del principio fundamental de que la energía se conserva en todas las interacciones y procesos. Esto significa que la energía total antes de una interacción es igual a la energía total después de la interacción.

Energía en Partículas Subatómicas: Las partículas subatómicas, como electrones, protones, neutrinos y fotones, también tienen energía. Esta energía se manifiesta en forma de energía cinética, energía potencial (por ejemplo, en interacciones electromagnéticas) y, en el caso de las partículas con masa, energía en reposo según la famosa ecuación de Einstein, $E=mc^2$, donde E es la energía, m es la masa y c es la velocidad de la luz.

Interacciones en Aceleradores de Partículas: Los aceleradores de partículas, como el Gran Colisionador de Hadrones (LHC), se utilizan para acelerar partículas subatómicas a velocidades cercanas a la velocidad de la luz y colisionarlas a altas energías. En estas colisiones, la conservación de la energía es crucial para comprender las partículas resultantes, sus energías y trayectorias.

Creación de Nuevas Partículas: La conservación de la energía es fundamental en la creación y detección de nuevas partículas en aceleradores de partículas. Cuando dos partículas colisionan, su energía total se convierte en varias partículas secundarias. Estas nuevas partículas pueden ser detectadas y estudiadas para comprender mejor las leyes fundamentales de la física.

Decaimiento de Partículas: La conservación de la energía también se aplica al estudio del decaimiento de partículas subatómicas. Cuando una partícula se descompone en varias partículas más ligeras, la energía total antes del decaimiento es igual a la energía total después del decaimiento, teniendo en cuenta la energía cinética y la energía en reposo de las partículas involucradas.

La conservación de la energía es uno de los principios fundamentales que ha permitido importantes avances en la física de partículas y la comprensión de las partículas subatómicas y las interacciones fundamentales que rigen el universo a escalas subatómicas. Además, es crucial en el diseño y el funcionamiento de aceleradores de partículas y en la interpretación de los resultados experimentales.

En ingeniería eléctrica, la conversión de energía eléctrica en otras formas de energía, así como la conservación de la energía, son conceptos fundamentales. Aquí hay algunos ejemplos de cómo se aplican en esta disciplina:

Motores Eléctricos: Los motores eléctricos son dispositivos que convierten la energía eléctrica en energía mecánica (energía cinética). Estos motores siguen los principios de la conservación de la energía. La energía eléctrica suministrada se convierte en energía mecánica que impulsa el movimiento de máquinas y sistemas. Los motores eléctricos son ampliamente utilizados en una variedad de aplicaciones, desde electrodomésticos hasta maquinaria industrial.

Lámparas y Dispositivos de Iluminación: Las lámparas y otros dispositivos de iluminación convierten la energía eléctrica en energía luminosa (luz). Esto se logra mediante la excitación de átomos o moléculas en un filamento o un gas, lo que emite fotones en forma de luz. La conservación de la energía es evidente en este proceso, ya que la energía eléctrica suministrada se convierte en energía luminosa.

Generadores Eléctricos: Los generadores son dispositivos que realizan la conversión inversa: transforman la energía mecánica en energía eléctrica. Por ejemplo, las centrales eléctricas generan electricidad al hacer girar grandes turbinas mediante la energía cinética del agua, el vapor o el viento. La conservación de la energía también se aplica aquí, ya que la energía mecánica utilizada para girar las turbinas se convierte en energía eléctrica.

Transmisión y Distribución de Energía Eléctrica: En el sistema eléctrico, la energía eléctrica se transporta desde las centrales eléctricas a los lugares donde se necesita, como hogares e industrias. La conservación de la energía es fundamental en la planificación y el diseño de sistemas de transmisión y distribución, donde se deben minimizar las pérdidas de energía debido a la resistencia en los cables y las líneas de transmisión.

Sistemas de Almacenamiento de Energía: En la ingeniería eléctrica, también se abordan sistemas de almacenamiento de energía, como baterías. Estos dispositivos almacenan energía eléctrica en forma química y luego la liberan cuando se necesita en forma de energía eléctrica. La conservación de la energía es crucial en estos sistemas para garantizar que la energía almacenada sea igual a la energía liberada, teniendo en cuenta las pérdidas por eficiencia.

La conversión de energía eléctrica en otras formas de energía y la conservación de la energía son conceptos centrales en la ingeniería eléctrica. Estos principios son esenciales para el diseño, la operación y la optimización de sistemas y dispositivos eléctricos en una amplia gama de aplicaciones.

La conservación de la energía es un principio fundamental en la generación y el uso de energías renovables, como la energía solar y eólica. Aquí se explica cómo se aplica este principio en el contexto de las energías renovables:

Energía Solar: En la generación de energía solar, los paneles solares convierten la energía radiante del sol en electricidad. La conservación de la energía es esencial en este proceso. Los paneles solares capturan la energía luminosa del sol y la convierten en electricidad a través del efecto fotovoltaico. La energía total generada por los paneles solares es igual a la energía solar incidente menos las pérdidas de conversión y transmisión. Maximizar la eficiencia de conversión es fundamental para aprovechar al máximo la energía solar disponible.

Energía Eólica: En la generación de energía eólica, los aerogeneradores convierten la energía cinética del viento en electricidad. La conservación de la energía también se aplica aquí. La energía cinética del viento es transformada en energía mecánica a medida que las aspas del aerogenerador giran. Luego, esta energía mecánica se convierte en electricidad a través de un generador. Al igual que en la energía solar, minimizar las pérdidas y maximizar la eficiencia es crucial para obtener la máxima cantidad de energía eléctrica a partir del viento.

Almacenamiento de Energía: La conservación de la energía es fundamental en los sistemas de almacenamiento de energía utilizados en energías renovables. Estos sistemas almacenan energía en forma de electricidad cuando hay un exceso de generación (por ejemplo, en un día soleado o ventoso) y la liberan cuando la demanda es alta o las condiciones de generación son menos favorables. La cantidad de energía almacenada y liberada debe estar en conformidad con el principio de conservación de la energía.

Diseño Eficiente de Sistemas: El diseño eficiente de sistemas de generación y distribución de energía renovable se basa en la conservación de la energía. Esto implica maximizar la eficiencia de conversión, minimizar las pérdidas durante la transmisión y distribución, y garantizar que la cantidad de energía generada coincida con la demanda.

La conservación de la energía es esencial en las energías renovables para garantizar que la energía generada sea aprovechada al máximo y utilizada de manera eficiente. Esto es crucial para la transición hacia fuentes de energía más sostenibles y respetuosas con el medio ambiente.

Diseño de Sistemas Mecánicos y Eléctricos: En la ingeniería, la consideración de la energía potencial y cinética es crucial para el diseño de sistemas eficientes y seguros, desde automóviles hasta sistemas de

En el diseño de sistemas mecánicos y eléctricos, la consideración de la energía potencial y cinética es fundamental para lograr sistemas eficientes y seguros. Aquí hay algunas áreas específicas en las que estos conceptos son esenciales:

Diseño de Vehículos: En la industria automotriz, el diseño de vehículos implica considerar la energía cinética y potencial. Por ejemplo, los sistemas de frenos deben ser diseñados para disipar la energía cinética de un vehículo en movimiento de manera efectiva y segura. Además, el diseño de sistemas de suspensión debe equilibrar la comodidad y el manejo al considerar la energía cinética generada por el movimiento del vehículo. La conservación de la energía es crucial en el diseño de transmisiones eficientes y motores que convierten la energía química del combustible en energía cinética.

Generación de Energía Eléctrica: En el diseño de sistemas de generación de energía eléctrica, ya sean centrales eléctricas convencionales o instalaciones de energía renovable, es fundamental considerar la conservación de la energía. La eficiencia de conversión es crucial para maximizar la cantidad de electricidad generada a partir de una fuente de energía, ya sea carbón, gas natural, energía solar o eólica. Además, en el diseño de redes eléctricas, se deben minimizar las pérdidas de transmisión para asegurar que la electricidad se entregue de manera eficiente a los consumidores.

Máquinas y Equipos Industriales: En la industria, el diseño de máquinas y equipos industriales requiere una comprensión profunda de cómo se maneja la energía. Esto incluye el diseño de sistemas de transmisión, como poleas y correas, que permiten transferir energía mecánica de un lugar a otro. También implica el diseño de sistemas de control que regulan la velocidad y la potencia de las máquinas industriales.

Diseño de Sistemas de Climatización y Calefacción: En la climatización y calefacción de edificios, se considera la energía potencial y cinética en la distribución de aire caliente o frío. La conservación de la energía es un principio clave para garantizar que los sistemas sean eficientes y económicos.

Automatización y Robótica: En el diseño de sistemas automatizados y robots industriales, se considera la energía cinética en el movimiento de componentes móviles. La eficiencia energética es un aspecto crítico en la robótica, ya que influye en la autonomía de los robots y su costo operativo.

Diseño de Maquinaria Agrícola: En la agricultura, el diseño de maquinaria agrícola debe tener en cuenta la energía necesaria para operar y la eficiencia en la realización de tareas como la siembra, la cosecha y el riego.

La consideración de la energía potencial y cinética es esencial en una amplia variedad de aplicaciones de ingeniería, desde el diseño de vehículos y sistemas de generación de energía hasta máquinas industriales y sistemas de climatización. Estos conceptos permiten a los ingenieros diseñar sistemas eficientes y seguros que cumplen con los requisitos de rendimiento y sostenibilidad.

En la cosmología y la astrofísica, la conservación de la energía desempeña un papel crucial para comprender la evolución del universo y los procesos que ocurren en sistemas astrofísicos a escalas cósmicas. A continuación, se describen algunas áreas en las que la conservación de la energía es fundamental:

Expansión del Universo: La conservación de la energía es un principio fundamental en la cosmología que se aplica al estudio de la expansión del universo. A medida que el universo se expande, la energía de cada partícula disminuye debido al estiramiento del espacio entre ellas. Esto se relaciona con la energía potencial y cinética del universo en expansión. La energía total, que incluye la energía oscura, la energía de la radiación, la energía de la materia y la energía cinética de expansión, se conserva en este contexto.

Evolución Estelar: La vida y muerte de las estrellas dependen de la conservación de la energía. La fusión nuclear en el núcleo de una estrella genera una inmensa cantidad de energía, que se equilibra con la energía gravitatoria que comprime la estrella. La conservación de la energía es crucial para entender cómo las estrellas pasan por diferentes etapas, desde su formación hasta su explosión en supernovas o su colapso en agujeros negros.

Formación de Galaxias: En la astrofísica galáctica, la conservación de la energía es relevante para entender cómo se forman y evolucionan las galaxias. Los procesos de acreción de materia, las colisiones entre galaxias y la formación de estrellas y sistemas planetarios involucran intercambios de energía que deben ser considerados en los modelos de formación galáctica.

Relatividad General: La teoría de la relatividad general de Albert Einstein, que describe la gravedad como la curvatura del espacio-tiempo, tiene en cuenta la conservación de la energía como uno de sus principios fundamentales. La curvatura del espacio-tiempo se relaciona con la distribución de energía y masa en el universo, lo que afecta el movimiento de los objetos y la trayectoria de la luz.

Energía Oscura y Materia Oscura: La conservación de la energía es un elemento importante en la comprensión de la energía oscura y la materia oscura, dos componentes misteriosos del universo que desempeñan un papel en su expansión y estructura a gran escala. Los científicos investigan cómo estos componentes interactúan y afectan la conservación de la energía en el universo.

Eventos Astrofísicos: En el estudio de eventos astrofísicos como explosiones de supernovas, colisiones de agujeros negros o la emisión de rayos gamma, la conservación de la energía es crucial para explicar la liberación de energía en estas catástrofes cósmicas.

La conservación de la energía es un principio fundamental en la cosmología y la astrofísica, y se aplica a una amplia variedad de procesos y sistemas en el universo, desde la expansión cósmica hasta la evolución estelar y la formación de galaxias. La comprensión de cómo la energía se transforma y se conserva en el cosmos es esencial para desvelar los misterios del universo.

10. Leyes de la termodinámica: Calor y energía en la física.

Las leyes de la termodinámica son un conjunto de principios fundamentales que gobiernan la transferencia, conversión y utilización de la energía en sistemas termodinámicos. Estas leyes son esenciales para comprender cómo funciona la energía en la física y cómo se aplica en la vida cotidiana y en la industria. Hay cuatro leyes principales de la termodinámica, pero aquí nos centraremos en las dos primeras, que se relacionan directamente con la transferencia de calor y la energía.

Primera Ley de la Termodinámica (Ley de la Conservación de la Energía):

Esta ley establece que la energía no se crea ni se destruye en un sistema aislado, sino que se transforma de una forma a otra. En otras palabras, la energía total de un sistema aislado se mantiene constante.

Esta ley es también conocida como el principio de la conservación de la energía y es uno de los pilares fundamentales de la física. En un sistema aislado, la cantidad total de energía se mantiene constante a lo largo del tiempo. La energía puede cambiar de una forma a otra (por ejemplo, de energía térmica a energía mecánica o de energía química a energía térmica), pero la suma total de energía en el sistema permanece invariable.

La Primera Ley de la Termodinámica tiene aplicaciones en una amplia gama de campos, desde la ingeniería hasta la química y la física. Permite entender cómo se transfiere y se convierte la energía en diversos procesos y sistemas, lo que es esencial para el diseño de máquinas, sistemas de calefacción y refrigeración, motores y muchas otras aplicaciones tecnológicas.

La Primera Ley de la Termodinámica, que establece la conservación de la energía, tiene aplicaciones en numerosos campos científicos y tecnológicos.

Termodinámica y Máquinas Térmicas: La Primera Ley es fundamental para entender cómo funcionan los motores, desde motores de automóviles hasta turbinas de energía. También es relevante para el estudio de refrigeradores y bombas de calor.

la Primera Ley de la Termodinámica desempeña un papel crucial en la termodinámica y el estudio de las máquinas térmicas. Aquí hay más detalles sobre cómo se aplica en estos contextos:

Motores: La Primera Ley se utiliza para analizar y comprender el funcionamiento de motores, como los motores de combustión interna de los automóviles. Estos motores convierten la energía química contenida en el combustible en energía mecánica para propulsar el vehículo. La ley de conservación de la energía se aplica para rastrear cómo la energía se transforma en diferentes etapas del proceso, incluyendo la generación de trabajo mecánico y la liberación de calor.

Turbinas de Energía: En la generación de energía eléctrica, las turbinas (como las utilizadas en centrales eléctricas) convierten la energía térmica o cinética en energía mecánica, que luego se transforma en energía eléctrica mediante generadores. La Primera Ley se utiliza para evaluar la eficiencia de estas turbinas y determinar cómo se utiliza la energía.

Refrigeradores y Bombas de Calor: En sistemas de refrigeración y calefacción, como aires acondicionados y bombas de calor, la Primera Ley es esencial. Estos sistemas transfieren calor desde una región de baja temperatura a una de alta temperatura, lo que requiere la adición de energía. La ley de conservación de la energía se utiliza para analizar cómo se realiza esta transferencia de calor y cómo se logra la eficiencia en estos sistemas.

Ciclos Termodinámicos: La Primera Ley también se aplica al análisis de ciclos termodinámicos, como el ciclo de Carnot y el ciclo Rankine, que son fundamentales para comprender y mejorar la eficiencia de las máquinas térmicas.

En resumen, la Primera Ley de la Termodinámica es esencial para la comprensión y optimización de máquinas térmicas, sistemas de refrigeración y calefacción, y la generación de energía. Está en el corazón de la termodinámica y tiene aplicaciones cruciales en la ingeniería y la industria.

Química: La ley se aplica a reacciones químicas y cambios de energía en sistemas químicos. Es la base para comprender la energía involucrada en reacciones químicas y en la termoquímica.

la Primera Ley de la Termodinámica es un principio fundamental que se utiliza para entender y analizar una variedad de procesos químicos, incluidas las reacciones químicas y los cambios de energía en sistemas químicos. Aquí tienes algunas aplicaciones clave en la química:

Termoquímica: La termoquímica es una rama de la química que estudia los cambios de energía en reacciones químicas, como la entalpía y la energía interna. La Primera Ley de la Termodinámica se utiliza para calcular y analizar estos cambios de energía. Por ejemplo, puedes determinar la entalpía de una reacción química al aplicar la Primera Ley para rastrear la energía térmica transferida a través de calor y trabajo en el sistema.

Leyes de Hess: La Primera Ley también se utiliza en las Leyes de Hess, que se refieren a la entalpía de una reacción química. Según la Primera Ley, el cambio de entalpía en una reacción es igual a la suma de los cambios de entalpía de las etapas individuales que componen la reacción. Esta ley es fundamental para el cálculo de entalpías estándar de formación y otros parámetros termodinámicos en química.

Balances de Energía en Procesos Químicos: La Primera Ley es esencial para llevar a cabo balances de energía en procesos químicos industriales. Estos balances ayudan a determinar la eficiencia y la cantidad de energía requerida o generada en una reacción química o en una operación unitaria.

Procesos de Combustión: La combustión de combustibles, como la gasolina en motores de automóviles o el gas natural en calderas, implica reacciones químicas que liberan energía. La Primera Ley se utiliza para calcular la cantidad de energía liberada durante estos procesos de combustión.

En resumen, la Primera Ley de la Termodinámica es esencial en la química para entender los cambios de energía en reacciones químicas y procesos termodinámicos. Proporciona la base para calcular y analizar la energía involucrada en diversos contextos químicos y es una herramienta fundamental en la termoquímica y la termodinámica química.

Ingeniería: En campos como la ingeniería mecánica, eléctrica y civil, la conservación de la energía es fundamental para diseñar sistemas eficientes y seguros.

La conservación de la energía es un principio fundamental que se aplica en una amplia variedad de campos de la ingeniería. Aquí hay algunas áreas específicas en las que la conservación de la energía desempeña un papel crucial:

Ingeniería Mecánica: En la ingeniería mecánica, la conservación de la energía es fundamental para diseñar sistemas que funcionen de manera eficiente y segura. Se aplica en el diseño de máquinas, motores y sistemas mecánicos en general. Los ingenieros mecánicos consideran cómo la energía se convierte de una forma a otra, por ejemplo, de energía cinética a energía potencial y viceversa. Esto es esencial en el diseño de vehículos, sistemas de propulsión, maquinaria industrial y más.

Ingeniería Eléctrica: La conservación de la energía es un principio clave en la ingeniería eléctrica, especialmente en la generación, transmisión y distribución de energía eléctrica. Los ingenieros eléctricos diseñan sistemas y circuitos eléctricos de manera que la energía se transmita y utilice de manera eficiente, minimizando las pérdidas de energía. Además, se aplica en el diseño de motores eléctricos y dispositivos electrónicos para maximizar la eficiencia energética.

Ingeniería Civil: La conservación de la energía es relevante en la ingeniería civil en la planificación y el diseño de estructuras y sistemas de construcción. Los ingenieros civiles deben considerar cómo la energía se distribuye a través de estructuras, como edificios y puentes, y cómo minimizar las pérdidas de energía en sistemas de calefacción, refrigeración y ventilación.

Ingeniería de Energía: En campos especializados de la ingeniería, como la ingeniería de energía y la ingeniería nuclear, la conservación de la energía es un principio fundamental en la producción y gestión de energía. Los ingenieros de energía diseñan centrales eléctricas y sistemas de generación de energía para maximizar la eficiencia y garantizar que la energía se utilice de manera óptima.

Ingeniería Mecatrónica: En la ingeniería mecatrónica, que combina mecánica, electrónica y control, la conservación de la energía es un concepto clave en el diseño de sistemas que involucran componentes mecánicos y eléctricos. Los ingenieros mecatrónicos trabajan en la optimización de sistemas complejos para maximizar la eficiencia energética.

En resumen, la conservación de la energía es un principio esencial en la ingeniería que se aplica en una amplia gama de campos para garantizar que los sistemas y estructuras sean eficientes, seguros y respetuosos con el medio ambiente. Los ingenieros utilizan este principio para diseñar sistemas que minimicen las pérdidas de energía y maximicen la eficiencia en la conversión y el uso de la energía en diversas aplicaciones.

Energía Renovable: En la generación de energía a partir de fuentes renovables, como la solar y la eólica, es vital comprender la conservación de la energía para maximizar la eficiencia de conversión.

La conservación de la energía es un principio fundamental en la generación de energía a partir de fuentes renovables, como la solar y la eólica.

Energía Solar: En la generación de energía solar, se utiliza la radiación solar para generar electricidad. Los paneles solares fotovoltaicos convierten la energía luminosa en energía eléctrica. La conservación de la energía se aplica en la conversión eficiente de la energía solar en energía eléctrica. Para maximizar la eficiencia, se deben minimizar las pérdidas de energía en cada etapa del proceso, desde la captación de la radiación solar hasta la conversión y la distribución de electricidad.

Energía Eólica: En la generación de energía eólica, se utiliza la energía cinética del viento para hacer girar las palas de una turbina eólica, que a su vez genera electricidad. La conservación de la energía se aplica en el diseño de las turbinas eólicas para maximizar la conversión de la energía cinética del viento en energía mecánica y, finalmente, en energía eléctrica. Se busca minimizar las pérdidas de energía en el proceso de conversión y distribución.

Almacenamiento de Energía: La conservación de la energía también es crucial en el almacenamiento de energía en sistemas de energía renovable. Para equilibrar la oferta y la demanda de electricidad, es necesario almacenar el exceso de energía producida durante períodos de alta generación, como días soleados o ventosos, y liberarla cuando la demanda sea alta. Los sistemas de almacenamiento, como baterías, deben ser eficientes para evitar pérdidas de energía significativas durante el proceso de carga y descarga.

Diseño de Redes Eléctricas: La conservación de la energía también se aplica en el diseño de redes eléctricas que transportan la energía generada a partir de fuentes renovables hacia los consumidores. Para minimizar las pérdidas de energía durante la transmisión y distribución, es necesario diseñar sistemas de transmisión y distribución eficientes.

Eficiencia Energética: La conservación de la energía no solo se refiere a la generación de energía, sino también a su uso eficiente. En aplicaciones residenciales, comerciales e industriales, la eficiencia energética es esencial para maximizar el uso de la energía generada a partir de fuentes renovables. Esto implica el uso de equipos y sistemas energéticamente eficientes y la reducción de pérdidas de energía.

La conservación de la energía es un principio clave en la generación y el uso de energía renovable. Se aplica en la maximización de la eficiencia en la conversión de energía a partir de fuentes renovables, el almacenamiento de energía, el diseño de redes eléctricas y la promoción de la eficiencia energética en aplicaciones cotidianas. Esto contribuye a la sostenibilidad y a la reducción del impacto ambiental de la generación y el consumo de energía.

Física de Partículas: En la física de partículas, la Primera Ley se utiliza para analizar colisiones y desintegraciones de partículas subatómicas, ayudando a entender cómo la energía se transforma en nuevas partículas.

En la física de partículas, la Primera Ley de la Termodinámica, que establece la conservación de la energía, es un principio fundamental que se utiliza para analizar diversas interacciones y procesos subatómicos. A continuación, te explico cómo se aplica esta ley en la física de partículas:

Colisiones de Partículas: Cuando las partículas subatómicas colisionan en aceleradores de partículas, como el Gran Colisionador de Hadrones (LHC) en el CERN, se producen interacciones a altas energías. La Primera Ley se aplica para asegurar que la energía total antes de la colisión sea igual a la energía total después de la colisión, incluso si las partículas individuales cambian sus estados.

Conservación de la Energía en Desintegraciones: En el estudio de partículas inestables, se analizan las desintegraciones de partículas subatómicas en otras partículas. La Primera Ley se utiliza para garantizar que la energía total del sistema se conserve antes y después de la desintegración. Esto permite comprender cómo se distribuye la energía entre las partículas resultantes.

Detección y Medición de Partículas: En experimentos de física de partículas, es esencial medir con precisión las energías de las partículas involucradas. Esto se hace mediante detectores que registran los datos sobre la energía depositada por las partículas. La conservación de la energía se aplica para verificar la consistencia de las mediciones y asegurar que la energía total sea constante en todo el proceso de detección.

Interacciones en el Modelo Estándar: El Modelo Estándar de la física de partículas es la teoría que describe las partículas y sus interacciones. La Primera Ley es un principio clave en el Modelo Estándar, ya que las diversas interacciones fundamentales, como las nucleares fuertes y débiles, deben cumplir con la conservación de la energía. Esto guía la formulación y el análisis de las ecuaciones que describen estas interacciones.

Búsqueda de Nuevas Partículas: La conservación de la energía también se aplica en la búsqueda de nuevas partículas y fenómenos no explicados por el

Modelo Estándar. Si las mediciones de energía no son coherentes con la conservación de la energía, esto podría indicar la existencia de partículas no detectadas o interacciones no comprendidas.

En resumen, la Primera Ley de la Termodinámica y el principio de conservación de la energía son fundamentales en la física de partículas, donde se aplican en el análisis de colisiones, desintegraciones, detección de partículas y en la búsqueda de nuevas partículas y fenómenos. Estas leyes ayudan a comprender cómo la energía se transforma en el nivel subatómico y cómo las partículas interactúan en el universo.

Diseño de Sistemas: En el diseño de sistemas mecánicos, eléctricos y electrónicos, la conservación de la energía es esencial para garantizar un funcionamiento eficiente y seguro.

La conservación de la energía desempeña un papel fundamental en el diseño de sistemas en una amplia variedad de campos, desde la ingeniería mecánica y eléctrica hasta la electrónica y la informática. A continuación, explicaré cómo se aplica la conservación de la energía en el diseño de sistemas en estos campos:

Ingeniería Mecánica: En el diseño de sistemas mecánicos, como máquinas, vehículos y estructuras, la conservación de la energía es crucial. Los ingenieros deben asegurarse de que la energía suministrada al sistema se utilice de manera eficiente para realizar el trabajo deseado. Esto implica considerar cómo la energía mecánica se transfiere y se almacena en el sistema. Por ejemplo, en el diseño de motores y sistemas de transmisión, se debe minimizar la pérdida de energía debido a la fricción y la resistencia al movimiento.

Ingeniería Eléctrica: En sistemas eléctricos y electrónicos, la conservación de la energía es esencial para garantizar que la energía eléctrica se distribuya y utilice eficazmente. Los ingenieros eléctricos diseñan circuitos y sistemas que minimizan las pérdidas de energía debido a la resistencia eléctrica y que maximizan la eficiencia en la conversión de energía eléctrica. Esto es especialmente importante en sistemas de generación y distribución de energía, donde se busca transmitir electricidad a largas distancias con la menor pérdida de energía posible.

Electrónica: En el diseño de dispositivos electrónicos, como teléfonos móviles, computadoras y sistemas de control, la conservación de la energía es un aspecto crítico. Los ingenieros electrónicos buscan minimizar el consumo de energía de los dispositivos para prolongar la duración de la batería y reducir la generación de calor. Esto implica la optimización de circuitos y componentes para que funcionen de manera eficiente y consuman la menor cantidad de energía posible.

Diseño de Sistemas de Control: En sistemas de control, como los utilizados en la automatización industrial, la conservación de la energía es esencial. Los sistemas de control están diseñados para garantizar que los procesos se ejecuten de manera eficiente y que los recursos, como la energía eléctrica y los materiales, se utilicen de manera óptima. Esto implica programar algoritmos de control que ajusten las operaciones del sistema para minimizar el desperdicio de energía y recursos.

Informática y Tecnologías de la Información: En sistemas de centros de datos y servidores, donde se gestionan grandes cantidades de datos y recursos informáticos, la conservación de la energía es una consideración importante. Los ingenieros de sistemas buscan diseñar servidores y sistemas de refrigeración que minimicen el consumo de energía y la producción de calor. Además, en dispositivos móviles y laptops, se desarrollan estrategias de gestión de energía para optimizar el uso de la batería.

La conservación de la energía es un principio fundamental en todos estos campos de ingeniería y diseño de sistemas, ya que garantiza que los sistemas funcionen de manera eficiente y sostenible. Los ingenieros y diseñadores buscan constantemente formas de minimizar las pérdidas de energía y optimizar el rendimiento de los sistemas para cumplir con los requisitos de eficiencia energética y sostenibilidad.

Medicina: En campos como la biomecánica y la física médica, esta ley se aplica para estudiar el movimiento y la energía en el cuerpo humano y diseñar dispositivos médicos.

En el campo de la medicina, la Primera Ley de la Termodinámica y el principio de conservación de la energía son fundamentales, pero su aplicación se centra más en el estudio del movimiento y la energía en el cuerpo humano, así como en el diseño de dispositivos médicos. Aquí se explican algunas áreas específicas en las que estas leyes son aplicables:

Biomecánica: La biomecánica se enfoca en el estudio de cómo funcionan los sistemas biológicos desde una perspectiva mecánica. La Primera Ley de la Termodinámica se utiliza para entender cómo se aplica la conservación de la energía en el cuerpo humano. Por ejemplo, se puede aplicar para analizar el movimiento de las articulaciones, la transferencia de energía entre músculos y huesos, y la eficiencia de la biomecánica en actividades como caminar, correr o levantar objetos. Esto es fundamental para comprender cómo se distribuye y se utiliza la energía en el cuerpo y cómo se pueden prevenir lesiones y mejorar el rendimiento.

Física Médica: En el campo de la física médica, la conservación de la energía es esencial para comprender cómo se utilizan diferentes formas de energía en diagnóstico y tratamiento médico. Por ejemplo, en la radioterapia, se aplican principios de conservación de la energía para calcular la dosis de radiación que se debe administrar a los pacientes de manera segura y efectiva. En la imagenología médica, se utilizan leyes de conservación de energía para comprender cómo los rayos X y otras formas de radiación interactúan con el cuerpo humano y generan imágenes diagnósticas.

Diseño de Dispositivos Médicos: La Primera Ley de la Termodinámica también se aplica en el diseño de dispositivos médicos. Por ejemplo, en el diseño de prótesis, ortesis y dispositivos de asistencia, es esencial garantizar que estos dispositivos aprovechen eficazmente la energía mecánica y eléctrica para proporcionar el soporte o la funcionalidad requerida. Esto implica considerar la eficiencia en la conversión de energía y minimizar las pérdidas para garantizar un funcionamiento óptimo y duradero.

Estudios de Movimiento y Rehabilitación: En el campo de la rehabilitación y terapia física, la biomecánica y las leyes de conservación de la energía se aplican para evaluar y mejorar el movimiento de los pacientes. Se utilizan sistemas de seguimiento del movimiento y análisis biomecánico para medir cómo los pacientes utilizan la energía durante el movimiento y para diseñar terapias y ejercicios efectivos. La conservación de la energía también se aplica en el diseño de dispositivos de asistencia, como sillas de ruedas y dispositivos de movilidad, para garantizar que los usuarios puedan moverse de manera eficiente.

En resumen, en la medicina, la Primera Ley de la Termodinámica y el principio de conservación de la energía se aplican principalmente en el estudio del movimiento y la energía en el cuerpo humano, así como en el diseño de dispositivos médicos y terapias. Estos principios son esenciales para comprender cómo se distribuye y se utiliza la energía en el contexto médico y cómo se pueden mejorar los diagnósticos, tratamientos y dispositivos médicos.

Astronomía y Cosmología: La Primera Ley se utiliza para analizar la energía involucrada en eventos astronómicos y la evolución del universo.

En el campo de la astronomía y la cosmología, la Primera Ley de la Termodinámica y el principio de conservación de la energía se aplican para analizar la energía involucrada en eventos astronómicos y para comprender la evolución del universo. Aquí hay algunas áreas específicas en las que estas leyes son aplicables:

Energía Estelar: Las estrellas son objetos astronómicos cruciales que generan energía a través de procesos nucleares. La Primera Ley de la Termodinámica se aplica para comprender cómo se conserva y se transforma la energía dentro de una estrella. La fusión nuclear en el núcleo estelar convierte la materia en energía, y esta energía se irradia al espacio en forma de luz y otras formas de radiación electromagnética. El estudio de la energía estelar es fundamental para comprender la vida y la evolución de las estrellas.

Explosiones de Supernovas: Las supernovas son explosiones estelares extremadamente energéticas que liberan cantidades masivas de energía en forma de luz y otros tipos de radiación. La conservación de la energía se aplica para calcular y entender la cantidad de energía liberada en una supernova y cómo esto afecta a su entorno. Estas explosiones son importantes para la formación de elementos químicos en el universo y para comprender la evolución estelar.

Energía en el Universo Primordial: La Primera Ley de la Termodinámica también se relaciona con la energía en el universo temprano. Durante el Big Bang y la expansión del universo, la energía se transformó y evolucionó de formas diversas. El estudio de la energía en el universo primordial es fundamental para comprender su historia y evolución a lo largo del tiempo cósmico.

Cosmología: La cosmología es el estudio del universo en su conjunto, y la conservación de la energía es esencial para comprender cómo el universo evoluciona a lo largo del tiempo. Esta ley se aplica para analizar la energía total del universo, incluida la energía oscura y la materia oscura, y cómo esta energía afecta la expansión del universo. La energía en el universo se mantiene constante en su conjunto, pero se transforma en diferentes formas a medida que el universo se expande.

Estudio de Galaxias y Cúmulos: La energía en las galaxias y cúmulos de galaxias es fundamental para entender su estructura y dinámica. La Primera Ley de la Termodinámica se aplica para analizar cómo se conserva la energía en estas vastas estructuras cósmicas y cómo la energía térmica se relaciona con la formación y evolución de estrellas y sistemas galácticos.

Estudio de la Radiación Cósmica de Fondo: La radiación cósmica de fondo es una forma de radiación electromagnética que llena el universo y se remonta al Big Bang. La conservación de la energía se aplica para entender la evolución y la distribución de esta radiación a lo largo del tiempo cósmico. Estudios detallados de la radiación cósmica de fondo proporcionan información valiosa sobre el universo temprano.

En la astronomía y la cosmología, la Primera Ley de la Termodinámica y el principio de conservación de la energía se aplican para analizar la energía en eventos astronómicos, la evolución del universo, la formación de elementos químicos y muchos otros aspectos fundamentales del cosmos. Estas leyes son esenciales para comprender cómo se distribuye y se transforma la energía en el universo y cómo afecta a su historia y evolución.

Estos son solo algunos ejemplos de cómo la Primera Ley de la Termodinámica es una herramienta fundamental en diversas disciplinas. La comprensión de la conservación de la energía es esencial para el progreso científico y tecnológico en muchos campos.

Aplicación: Esta ley se utiliza para comprender la transferencia de calor y el trabajo en sistemas termodinámicos. Permite calcular cómo la energía fluye entre un sistema y su entorno y cómo se utiliza en diversas aplicaciones, como máquinas térmicas y sistemas de calefacción y refrigeración.

La Primera Ley de la Termodinámica es fundamental en el estudio de la transferencia de calor y el trabajo en sistemas termodinámicos. Aquí hay algunas aplicaciones específicas de esta ley:

Máquinas Térmicas: La Primera Ley se utiliza para comprender el funcionamiento de máquinas térmicas, como motores de combustión interna y motores de vapor. Estas máquinas convierten la energía térmica en trabajo mecánico. La ley de conservación de la energía establece que la energía térmica suministrada a la máquina se utiliza para realizar trabajo mecánico y, en algunos casos, para liberar calor al entorno. Esta ley es esencial para determinar la eficiencia de estas máquinas y para optimizar su diseño.

Sistemas de Refrigeración y Calefacción: En sistemas de calefacción y refrigeración, como aires acondicionados y sistemas de calefacción central, la Primera Ley se aplica para entender cómo la energía térmica se transfiere entre el sistema y su entorno. Los sistemas de refrigeración absorben calor del interior y lo liberan al exterior, mientras que los sistemas de calefacción hacen lo contrario. La ley de conservación de la energía es esencial para calcular la eficiencia de estos sistemas y controlar la temperatura deseada en un espacio.

Procesos Químicos y Reacciones: En química, la Primera Ley se aplica para analizar la energía involucrada en reacciones químicas y procesos termodinámicos. Ayuda a determinar si una reacción química es exotérmica (libera calor) o endotérmica (absorbe calor). También se utiliza para calcular la cantidad de calor intercambiado en reacciones y procesos químicos.

Sistemas de Generación de Energía: En la generación de energía, como plantas de energía eléctrica y plantas de energía geotérmica, la Primera Ley es fundamental para entender cómo se convierte la energía térmica en trabajo mecánico y, finalmente, en energía eléctrica. La ley de conservación de la energía es importante para calcular la eficiencia de estas plantas y determinar cómo se utiliza la energía.

Estudio de Fluidos: La Primera Ley se aplica en el estudio de fluidos, como líquidos y gases, para analizar la transferencia de energía térmica en sistemas de tuberías y conductos. Ayuda a comprender cómo los fluidos transportan calor y cómo se puede controlar y optimizar este proceso en aplicaciones como sistemas de calefacción y refrigeración industrial.

Diseño de Refrigeradores y Congeladores: En electrodomésticos como refrigeradores y congeladores, la Primera Ley se aplica para entender cómo se absorbe y se libera calor para mantener las temperaturas internas deseadas. El diseño de estos dispositivos se basa en la conservación de la energía y la transferencia de calor.

En resumen, la Primera Ley de la Termodinámica se aplica en una amplia variedad de campos, desde la ingeniería hasta la química y la física, para comprender y controlar la transferencia de calor y el trabajo en sistemas termodinámicos. Esta ley es fundamental para el diseño y la eficiencia de sistemas de energía, refrigeración, calefacción y procesos químicos, entre otros.

Segunda Ley de la Termodinámica:

Esta ley establece varios principios, pero uno de los más importantes es que el calor fluye naturalmente de un objeto caliente a uno frío, y no al revés. También afirma que en cualquier proceso, la entropía total (una medida del desorden o la dispersión de la energía) de un sistema aislado nunca disminuye, sino que tiende a aumentar con el tiempo.

La Segunda Ley de la Termodinámica es un principio fundamental en la termodinámica y establece varios principios que son cruciales para comprender cómo funciona la transferencia de calor y cómo se comportan los sistemas termodinámicos. Uno de los principios clave de esta ley es el siguiente:

Principio de la Dirección del Flujo de Calor: Esta parte de la Segunda Ley de la Termodinámica establece que el calor fluye naturalmente desde un objeto caliente a uno frío y no al revés. En otras palabras, en un sistema aislado, si tienes dos objetos a diferentes temperaturas, el calor siempre se transferirá del objeto más caliente al más frío, y no ocurrirá espontáneamente lo contrario. Este principio es conocido como la dirección unidireccional del flujo de calor y se debe a la tendencia natural de los sistemas a alcanzar un equilibrio térmico, donde las temperaturas se igualan.

El principio de la dirección del flujo de calor tiene importantes implicaciones en la vida cotidiana y en diversas aplicaciones, como la refrigeración, la calefacción y la generación de energía. Aquí hay algunas aplicaciones y consecuencias de este principio:

Refrigeración y Aire Acondicionado: En sistemas de refrigeración y aire acondicionado, se utiliza energía para transferir calor desde el interior de un espacio (más frío) al exterior (más cálido). Esto es contrario a la dirección natural del flujo de calor, por lo que se requiere trabajo para lograrlo. Los sistemas de refrigeración y aire acondicionado utilizan ciclos termodinámicos específicos para lograr este proceso.

Generación de Energía: En plantas de energía, se quema combustible para generar calor, que luego se convierte en trabajo mecánico para producir electricidad. Nuevamente, este proceso implica forzar el flujo de calor en una dirección no natural mediante máquinas térmicas.

Equilibrio Térmico: El principio de la dirección del flujo de calor es fundamental para entender por qué los sistemas tienden hacia el equilibrio térmico. Si dos cuerpos a diferentes temperaturas se ponen en contacto, el calor se transferirá del más caliente al más frío hasta que las temperaturas se igualen.

Eficiencia Energética: La Segunda Ley de la Termodinámica también está relacionada con la eficiencia energética. Esta ley establece limitaciones fundamentales sobre la eficiencia de las máquinas térmicas, lo que significa que no se puede convertir todo el calor en trabajo útil debido a las pérdidas inevitables.

Teoría de la Refrigeración: En la refrigeración, esta ley es crucial para comprender cómo funcionan los refrigeradores y por qué funcionan. Los refrigeradores utilizan ciclos de refrigeración para mover el calor desde el interior (manteniendo los alimentos fríos) al exterior, en contra de la dirección natural del flujo de calor.

La Segunda Ley de la Termodinámica, que incluye el principio de la dirección del flujo de calor, es fundamental para entender cómo funciona la transferencia de calor en sistemas termodinámicos y cómo se relaciona con la eficiencia y las aplicaciones prácticas.

Aplicación: La Segunda Ley es fundamental para comprender por qué los refrigeradores funcionan y por qué no es posible construir una máquina térmica perfectamente eficiente que convierta todo el calor en trabajo mecánico sin ninguna pérdida. También explica por qué los procesos naturales tienden a ser irreversibles y por qué se necesita energía adicional para revertirlos.

La Segunda Ley de la Termodinámica es crucial para comprender varios aspectos importantes en la termodinámica y su aplicación en la vida cotidiana.

Eficiencia de las Máquinas Térmicas: La Segunda Ley establece que no es posible construir una máquina térmica perfectamente eficiente. Esto significa que siempre habrá pérdidas de energía en forma de calor durante la conversión de calor en trabajo mecánico. En la industria y la ingeniería, esta ley es fundamental para diseñar máquinas térmicas, como motores de automóviles o generadores de energía, y calcular su eficiencia.

Procesos Irreversibles: La Segunda Ley explica por qué muchos procesos en la naturaleza son irreversibles. Por ejemplo, una taza de café caliente enfría con el tiempo y nunca se calienta por sí sola. La dirección del flujo de calor desde objetos calientes a objetos fríos asegura que los procesos naturales sigan un camino unidireccional hacia el equilibrio térmico.

Generación de Energía Eléctrica: En la generación de energía eléctrica, se utiliza la Segunda Ley para comprender y mejorar la eficiencia de las centrales eléctricas. Los ciclos termodinámicos, como el ciclo Rankine en plantas de energía de vapor o el ciclo Brayton en turbinas de gas, se basan en esta ley para convertir calor en trabajo mecánico y, finalmente, en electricidad.

Eficiencia Energética: La ley también se aplica a sistemas de calefacción y refrigeración en edificios. La elección de sistemas eficientes de calefacción y refrigeración, junto con la correcta aislación, se basa en la comprensión de la Segunda Ley para minimizar la cantidad de energía desperdiciada.

Termodinámica Química: En la química, la Segunda Ley se aplica a reacciones químicas y la dirección en la que ocurren. Las reacciones químicas suelen ir desde estados de alta energía hacia estados de menor energía, lo que se relaciona con la tendencia natural del flujo de calor.

Tecnología de Refrigeración: La Segunda Ley es esencial en la tecnología de refrigeración y aire acondicionado. Entender que el calor fluye de manera unidireccional permite el diseño y funcionamiento efectivo de dispositivos de enfriamiento que mantienen las temperaturas internas más bajas que las del entorno.

La Segunda Ley de la Termodinámica tiene aplicaciones significativas en una variedad de campos y es fundamental para comprender por qué ocurren los procesos naturales y cómo se pueden utilizar eficientemente en tecnología y aplicaciones prácticas.

Estas dos leyes de la termodinámica son fundamentales para comprender la conversión y transferencia de calor en sistemas físicos y se aplican en campos tan variados como la ingeniería, la física, la química, la climatología y la ciencia de materiales. Además de las dos leyes mencionadas, la tercera y cuarta leyes de la termodinámica se ocupan de la temperatura y la teoría de la energía cero absoluta, respectivamente. Cada una de estas leyes contribuye al conocimiento y la comprensión de la energía y el calor en el universo.

11.Circuitos eléctricos: Entendiendo cómo funcionan.

Los circuitos eléctricos son sistemas de componentes eléctricos interconectados que permiten que la corriente eléctrica fluya y realice tareas específicas. Para comprender cómo funcionan los circuitos eléctricos, es importante conocer algunos conceptos básicos:

Corriente Eléctrica: La corriente eléctrica es el flujo de electrones a través de un conductor, como un alambre. Se mide en amperios (A) y se representa con la letra "I". La corriente fluye desde el polo positivo al polo negativo de una fuente de alimentación, como una batería o una toma de corriente.

La corriente eléctrica es esencial para que la electricidad funcione y para que la energía se transfiera en un circuito eléctrico.

Sentido de la Corriente: Inicialmente, se creía que la corriente eléctrica fluía desde el polo positivo al polo negativo de una fuente de alimentación. Este modelo se conoce como la "corriente convencional" y todavía se usa en la mayoría de las aplicaciones eléctricas. Sin embargo, se descubrió más tarde que en un circuito, los electrones reales, que son negativos, fluyen desde el polo negativo al polo positivo. Este flujo de electrones es lo que se conoce como la "corriente electrónica". La dirección de la corriente electrónica es opuesta a la corriente convencional. La convención de la corriente eléctrica, que se basa en la dirección del flujo de cargas positivas, es una simplificación histórica que se estableció antes de que se comprendiera completamente la naturaleza de los electrones y la carga negativa. En la práctica, en la mayoría de las aplicaciones eléctricas, se usa el modelo de "corriente convencional" para describir la dirección del flujo de la corriente. Esta convención ha perdurado y se utiliza en la mayoría de los diagramas y cálculos eléctricos.

Sin embargo, en la teoría, es importante comprender que los electrones reales, que son las partículas cargadas negativamente, se mueven desde el polo negativo al polo positivo de una fuente de alimentación. Esto se conoce como "corriente electrónica" o "corriente de electrones". En resumen, la corriente convencional y la corriente electrónica representan la misma corriente física, pero con direcciones opuestas.

En la práctica, para evitar confusiones, es importante ser coherente y usar la convención de corriente convencional al describir circuitos y realizar cálculos eléctricos, incluso si se tiene en cuenta que los electrones reales se mueven en la dirección opuesta.

Intensidad de Corriente: La intensidad de corriente, representada por "I" y medida en amperios (A), indica cuántos electrones pasan por un punto en el circuito por unidad de tiempo. Una corriente de 1 amperio significa que un coulomb (unidad de carga eléctrica) de electrones pasa por un punto en el circuito cada segundo.La intensidad de corriente eléctrica, representada por "I" y medida en amperios (A), es una medida de la cantidad de carga eléctrica que fluye a través de un punto específico en un circuito por unidad de tiempo. Un amperio es una unidad base del Sistema Internacional (SI) y representa una corriente de un coulomb de carga eléctrica que pasa por un punto en el circuito cada segundo.

La intensidad de corriente es una de las cantidades eléctricas más fundamentales y es esencial para describir y comprender cómo fluye la corriente eléctrica en un circuito. Se utiliza en muchas aplicaciones eléctricas y es un concepto crucial en la electrónica y la electricidad.

Efectos de la Corriente: La corriente eléctrica puede tener varios efectos. Puede generar calor, como en una resistencia eléctrica. Puede iluminar una lámpara, hacer funcionar motores eléctricos, cargar baterías y llevar a cabo muchas otras tareas útiles en aplicaciones eléctricas y electrónicas.

Generación de Calor: Cuando una corriente eléctrica pasa a través de un conductor con resistencia eléctrica (como un alambre o una resistencia eléctrica), se genera calor debido a la fricción de los electrones en el material. Este efecto es utilizado en dispositivos como calentadores eléctricos y estufas.

Iluminación: La corriente eléctrica se utiliza para alimentar lámparas y bombillas, lo que genera luz. Las lámparas incandescentes y las lámparas fluorescentes son ejemplos de dispositivos que convierten la corriente eléctrica en luz.

Motores Eléctricos: Los motores eléctricos utilizan corriente eléctrica para generar movimiento. Estos motores son esenciales en una amplia variedad de aplicaciones, desde electrodomésticos hasta automóviles y maquinaria industrial.

Carga de Baterías: La corriente eléctrica se utiliza para cargar baterías recargables en dispositivos como teléfonos móviles, computadoras portátiles y vehículos eléctricos.

Electrólisis: La corriente eléctrica se utiliza para descomponer sustancias químicas en sus componentes básicos mediante un proceso conocido como electrólisis. Esto es fundamental en la producción de productos químicos y metales.

Efecto Magnético: La corriente eléctrica genera un campo magnético alrededor del conductor. Esto se aprovecha en aplicaciones como electroimanes y transformadores.

Comunicaciones: En aplicaciones electrónicas, la corriente eléctrica se utiliza para transmitir señales de audio, video y datos a través de cables y circuitos electrónicos.

La corriente eléctrica es un concepto fundamental en la electricidad y es esencial para muchas tecnologías y dispositivos que utilizamos en nuestra vida diaria.

Conductores y Aislantes: Los materiales se dividen en conductores y aislantes según su capacidad para permitir o resistir el flujo de corriente. Los conductores, como metales (cobre, aluminio), permiten que los electrones fluyan fácilmente. Los aislantes, como el plástico o la madera, resisten el flujo de corriente.

Los conductores y los aislantes son dos categorías principales de materiales en función de su capacidad para permitir o resistir el flujo de corriente eléctrica.

Conductores: Los conductores son materiales que permiten que los electrones se muevan a través de ellos con relativa facilidad. Esto significa que conducen la electricidad de manera eficiente. Los metales, como el cobre, el aluminio y el oro, son ejemplos comunes de conductores utilizados en cables eléctricos y conexiones. Los electrones en los conductores son débilmente "atados" a sus átomos, lo que les permite moverse libremente bajo la influencia de un campo eléctrico.

Aislantes: Los aislantes son materiales que resisten el flujo de corriente eléctrica. En estos materiales, los electrones están fuertemente "atados" a los átomos y no pueden moverse con facilidad. Ejemplos de aislantes incluyen plástico, vidrio, madera y cerámica. Los aislantes se utilizan para proteger los conductores y evitar cortocircuitos alrededor de los cables eléctricos. También se usan en la fabricación de dispositivos eléctricos para separar componentes eléctricos y evitar descargas eléctricas.

Semiconductores: Además de conductores y aislantes, existen materiales conocidos como semiconductores. Los semiconductores tienen propiedades intermedias entre los conductores y los aislantes. A diferencia de los conductores, no permiten un flujo de electrones tan libre, pero, a diferencia de los aislantes, pueden conducir la electricidad bajo ciertas condiciones. El silicio y el germanio son ejemplos de materiales semiconductores y se utilizan en la fabricación de dispositivos electrónicos, como transistores y circuitos integrados.

La distinción entre conductores, aislantes y semiconductores es fundamental en la electrónica y la electricidad, y es crucial para el diseño de circuitos y dispositivos eléctricos.

Resistencia de los Conductores: Incluso en conductores, existe una cierta resistencia al flujo de corriente, lo que genera calor. La resistencia se mide en ohmios (Ω) y es un factor importante a considerar al diseñar circuitos para evitar sobrecalentamiento.

En la mayoría de los conductores, incluso en los mejores conductores metálicos como el cobre, existe una cierta resistencia al flujo de corriente eléctrica. Esta resistencia conduce a la generación de calor debido al efecto Joule, que se produce cuando los electrones que fluyen a través del conductor chocan con los átomos del material y transfieren parte de su energía cinética en forma de calor. La resistencia se mide en ohmios (Ω) y se denota con el símbolo "R".

La resistencia eléctrica es una propiedad inherente del material del conductor y depende de factores como la longitud del conductor, su sección transversal y la temperatura. Cuanto más largo y delgado sea un conductor, mayor será su resistencia.

Es importante considerar la resistencia de los conductores al diseñar circuitos eléctricos para evitar problemas de sobrecalentamiento, pérdida de energía y garantizar el funcionamiento seguro de los dispositivos eléctricos. Los cables eléctricos se seleccionan cuidadosamente según su capacidad para manejar la corriente y la potencia sin generar una resistencia excesiva y, por lo tanto, un calor no deseado.

El concepto de resistencia eléctrica es fundamental en la electrónica y la ingeniería eléctrica, y se utiliza en la ley de Ohm, que relaciona la tensión (voltaje), la corriente y la resistencia en un circuito eléctrico. La ley de Ohm se expresa matemáticamente como $V = I * R$, donde "V" es el voltaje, "I" es la corriente y "R" es la resistencia.

Corriente Continua y Corriente Alterna: La corriente eléctrica puede ser continua (CC), que fluye en una dirección constante, o alterna (CA), que cambia de dirección a intervalos regulares. La corriente alterna es la forma en que se suministra la electricidad en la mayoría de las redes eléctricas, mientras que la corriente continua es común en baterías y fuentes de alimentación.

La corriente eléctrica se divide en dos categorías principales: corriente continua (CC) y corriente alterna (CA), y cada una se utiliza en diferentes aplicaciones.

Corriente Continua (CC):

En la corriente continua, los electrones fluyen constantemente en una sola dirección.

La CC es típica de baterías y pilas, donde la electricidad fluye de manera constante desde un polo al otro.

Se utiliza en aplicaciones como electrónica portátil, carga de dispositivos móviles y sistemas de alimentación de respaldo (UPS).

Corriente Alterna (CA):

En la corriente alterna, la dirección del flujo de electrones cambia cíclicamente a intervalos regulares.

La CA es la forma en que se distribuye la electricidad en la mayoría de las redes eléctricas en todo el mundo.

Es especialmente eficaz en la transmisión de electricidad a largas distancias y se puede transformar fácilmente en voltajes más altos o más bajos mediante transformadores.

La CA es la elección preferida para aplicaciones de alto consumo de energía, como electrodomésticos, iluminación, sistemas industriales y comerciales.

La elección entre CC y CA depende de las necesidades específicas de una aplicación. Mientras que la CC es adecuada para dispositivos electrónicos portátiles y electrónica de baja potencia, la CA es esencial en aplicaciones de mayor consumo de energía y en la distribución de electricidad a nivel industrial y doméstico.

La capacidad de transformar fácilmente la CA en diferentes niveles de voltaje, junto con su eficiencia en la transmisión a largas distancias, la convierte en la elección ideal para la distribución de energía eléctrica en redes eléctricas.

La corriente eléctrica es un componente fundamental en la electricidad y electrónica, y es esencial para el funcionamiento de circuitos y dispositivos eléctricos. La comprensión de la intensidad de corriente y sus efectos es crucial para trabajar de manera segura y eficiente con electricidad.

Voltaje: El voltaje, representado por la letra "V" y medido en voltios (V), es la fuerza que impulsa a los electrones a través del circuito. Es lo que hace que la corriente fluya. Mayor voltaje significa una mayor fuerza para el flujo de corriente.

El voltaje (V), también conocido como "diferencia de potencial eléctrico", es una medida de la fuerza eléctrica que impulsa a los electrones a moverse a través de un circuito eléctrico. El voltaje es fundamental en un circuito ya que determina la cantidad de energía potencial eléctrica disponible para impulsar la corriente eléctrica a través de los componentes del circuito.

Algunos puntos clave sobre el voltaje:

Unidad de Medida: El voltaje se mide en voltios (V) en el Sistema Internacional de Unidades (SI). Un voltio es una unidad de medida que representa la cantidad de energía eléctrica potencial por cada coulomb de carga eléctrica. Cuanto mayor es el voltaje, mayor es la fuerza que impulsa la corriente.

Diferencia de Potencial: El voltaje se refiere a la diferencia de potencial eléctrico entre dos puntos en un circuito. Siempre se mide entre dos puntos, y la corriente fluye desde el punto de mayor voltaje hacia el punto de menor voltaje.

Suministro de Voltaje: En un circuito eléctrico, una fuente de alimentación proporciona el voltaje necesario para que la corriente fluya. Esto puede ser una batería, una toma de corriente de CA o cualquier otra fuente de energía eléctrica.

Voltaje en Componentes: Los componentes electrónicos, como resistencias, condensadores y LED, tienen especificados sus valores de voltaje máximo, que indican cuánto voltaje pueden soportar sin dañarse.

Variabilidad de Voltaje: En un circuito de corriente continua (CC), el voltaje es constante y no cambia con el tiempo. En un circuito de corriente alterna (CA), el voltaje cambia de dirección cíclicamente, lo que se expresa como un valor eficaz, conocido como voltaje eficaz (Vrms), que representa la magnitud del voltaje CA.

El voltaje desempeña un papel crucial en el funcionamiento de los circuitos eléctricos y electrónicos, ya que controla la velocidad y la dirección del flujo de electrones. Diferentes componentes y dispositivos en un circuito requieren voltajes específicos para funcionar correctamente, y el voltaje se utiliza para controlar y alimentar estos componentes de manera segura y eficiente.

Resistencia: La resistencia, representada por la letra "R" y medida en ohmios (Ω), es la oposición al flujo de corriente en un circuito. Los componentes como resistencias y filamentos de lámparas proporcionan resistencia al flujo de corriente y, por lo tanto, limitan la cantidad de corriente que pasa a través de ellos.

La resistencia (R) en un circuito eléctrico es un parámetro importante que mide la oposición al flujo de corriente eléctrica. Esta oposición se debe a la interacción de los electrones con los átomos y las partículas dentro de un material conductor.

Unidad de Medida: La resistencia se mide en ohmios (Ω) en el Sistema Internacional de Unidades (SI). Un ohmio es una unidad de medida que representa la cantidad de resistencia que limita el flujo de un amperio (1 A) de corriente cuando se aplica un voltio (1 V) a través de la resistencia. En otras palabras, 1 ohmio es igual a 1 voltio por amperio (1 V/A).

Dependencia del Material: La resistencia depende del material del cual está hecho un componente eléctrico. Los materiales conductores, como el cobre y el aluminio, tienen una resistencia baja, mientras que los materiales aislantes, como el caucho o el plástico, tienen una resistencia muy alta. Los materiales con propiedades intermedias son llamados "resistores" y se utilizan para controlar la cantidad de corriente en un circuito.

Ley de Ohm: La relación entre el voltaje (V), la corriente (I) y la resistencia (R) en un circuito se rige por la Ley de Ohm, que establece que $V = I * R$. Esto significa que la caída de voltaje a través de una resistencia es directamente proporcional a la corriente que fluye a través de ella y a la magnitud de la resistencia.

Aplicaciones de Resistencias: Las resistencias se utilizan en circuitos para limitar la corriente, dividir voltajes, ajustar el brillo de una lámpara, dividir una señal, filtrar ruidos y realizar otras funciones. También son componentes clave en electrónica para diseñar circuitos específicos.

Valor de Resistencia: Las resistencias tienen un valor de resistencia nominal, que se mide en ohmios (Ω), y una tolerancia que indica cuán cerca del valor nominal se encuentra la resistencia real. Por ejemplo, una resistencia de 220 ohmios con una tolerancia del 5% podría tener un valor real entre 209 ohmios y 231 ohmios.

Disipación de Potencia: Cuando circula corriente a través de una resistencia, se genera calor debido a la disipación de energía en forma de calor. La potencia disipada se calcula con la fórmula P = V² / R, donde P es la potencia en vatios (W), V es el voltaje a través de la resistencia y R es la resistencia.

Resistores Fijos y Variables: Las resistencias fijas tienen un valor de resistencia constante, mientras que las resistencias variables (potenciómetros) permiten ajustar manualmente la resistencia en un rango específico.

Las resistencias son componentes esenciales en electrónica y eléctrica, y desempeñan un papel clave en la limitación de corriente, la protección de componentes y la creación de divisiones de voltaje en circuitos.

Ley de Ohm: La Ley de Ohm establece que la corriente (I) en un circuito es directamente proporcional al voltaje (V) y es inversamente proporcional a la resistencia (R). Matemáticamente, se expresa como V = I * R.

la Ley de Ohm es uno de los principios fundamentales en la electrónica y establece la relación entre el voltaje (V), la corriente (I) y la resistencia (R) en un circuito.

Voltaje (V): El voltaje, medido en voltios (V), representa la fuerza o presión que impulsa a los electrones a través de un circuito. Es la diferencia de potencial entre dos puntos en el circuito. Cuanto mayor es el voltaje, más "empuje" tienen los electrones y, por lo tanto, mayor será la corriente.

Corriente (I): La corriente eléctrica, medida en amperios (A), representa la cantidad de electrones que fluye a través de un conductor en un período de tiempo dado. La corriente es el flujo de cargas eléctricas y es el resultado de la aplicación de un voltaje en un circuito. La Ley de Ohm establece que la corriente es directamente proporcional al voltaje.

Resistencia (R): La resistencia, medida en ohmios (Ω), es la oposición al flujo de corriente en un circuito. Cuanto mayor sea la resistencia, menor será la corriente para un voltaje dado. La Ley de Ohm establece que la corriente es inversamente proporcional a la resistencia.

La Ley de Ohm se expresa matemáticamente como:

V = I * R

Esta fórmula te permite calcular cualquiera de las tres variables (voltaje, corriente o resistencia) si conoces las otras dos. La relación es lineal y proporcional, lo que significa que si duplicas el voltaje, la corriente también se duplicará (si la resistencia permanece constante), y si duplicas la resistencia, la corriente se reducirá a la mitad (si el voltaje se mantiene constante).

La Ley de Ohm es esencial para comprender y diseñar circuitos eléctricos y electrónicos, y se aplica en una amplia variedad de aplicaciones, desde la iluminación y la electrónica de consumo hasta sistemas de potencia y telecomunicaciones.

Circuito Completo: Para que la corriente fluya en un circuito, debe haber un camino cerrado que conecte todos los componentes y la fuente de alimentación. Un circuito debe ser un bucle continuo para permitir el flujo de corriente.

un circuito eléctrico debe ser un bucle cerrado o circuito completo para permitir que la corriente fluya de manera continua. Esto significa que la corriente debe poder salir de la fuente de alimentación (como una batería o una toma de corriente), recorrer un camino a través de los componentes del circuito (como resistencias, lámparas, motores, etc.) y regresar a la fuente de alimentación para completar el bucle. Aquí hay algunas claves importantes:

Fuente de Alimentación: La fuente de alimentación, que proporciona el voltaje necesario para impulsar la corriente, puede ser una batería, una toma de corriente o cualquier otro dispositivo capaz de generar un diferencial de voltaje.

Conductores: Los conductores, generalmente cables o alambres, son el camino por el cual fluye la corriente. Deben ser capaces de conducir la electricidad y conectarse a todos los componentes del circuito.

Componentes del Circuito: Estos son los dispositivos o elementos que realizan diversas funciones en el circuito, como resistencias para limitar la corriente, lámparas para iluminación, interruptores para controlar la corriente, entre otros.

Bucle Cerrado: Para que la corriente fluya, debe haber un camino continuo y cerrado que conecte la fuente de alimentación a través de los componentes y de regreso a la fuente. Si hay una ruptura en el circuito (un interruptor abierto, un cable desconectado, etc.), la corriente no puede fluir.

Es importante destacar que la Ley de Ohm que mencionamos anteriormente se aplica en circuitos completos, donde la corriente fluye de manera constante y sin interrupciones. Si el circuito no está cerrado, no habrá corriente. Los circuitos pueden ser simples o muy complejos, y su diseño y análisis son fundamentales en la electrónica y la ingeniería eléctrica.

Componentes: Los circuitos eléctricos contienen una variedad de componentes, como resistencias, condensadores, inductores, interruptores, lámparas, motores, transistores, y más. Cada componente tiene una función específica en el circuito.

Los circuitos eléctricos pueden contener una amplia variedad de componentes, y cada uno de ellos cumple un papel específico en el funcionamiento del circuito.

Resistencia (R): Las resistencias se utilizan para limitar el flujo de corriente en un circuito. Pueden ajustar la cantidad de corriente que fluye a través de una parte del circuito y se miden en ohmios (Ω).

Condensador (C): Los condensadores almacenan carga eléctrica y liberan esa carga cuando es necesario. Son útiles para filtrar señales, almacenar energía y muchos otros propósitos.

Inductor (L): Los inductores están diseñados para resistir cambios rápidos en la corriente. Almacenan energía en un campo magnético y la liberan cuando la corriente cambia. Se miden en henrios (H).

Interruptor (S): Los interruptores son componentes simples que permiten o bloquean el flujo de corriente en el circuito. Pueden utilizarse para encender o apagar dispositivos eléctricos.

Lámpara o LED (Diodo Emisor de Luz): Estos componentes convierten la corriente eléctrica en luz visible. Las lámparas incandescentes emiten luz cuando la corriente eléctrica calienta un filamento, mientras que los LEDs emiten luz cuando los electrones se recombinan en un semiconductor.

Motor: Los motores eléctricos convierten la energía eléctrica en energía mecánica. Son fundamentales en una amplia variedad de aplicaciones, desde electrodomésticos hasta maquinaria industrial.

Transistor: Los transistores son dispositivos semiconductores que pueden amplificar o conmutar señales eléctricas. Son componentes clave en la electrónica moderna y se utilizan en circuitos de amplificación, conmutación y control.

Diodo: Los diodos permiten que la corriente fluya en una dirección específica y bloquean la corriente en la dirección opuesta. Son fundamentales para rectificar señales de corriente alterna en corriente continua.

Circuitos Integrados (CI): Estos dispositivos contienen una gran cantidad de componentes electrónicos en un solo paquete. Pueden ser microchips que ejecutan diversas funciones, como procesadores o controladores.

Transformador: Los transformadores se utilizan para cambiar el voltaje de la corriente alterna. Son comunes en fuentes de alimentación y sistemas de distribución de energía eléctrica.

Estos son solo algunos ejemplos de los componentes que se encuentran en circuitos eléctricos. La elección de componentes y su conexión adecuada en un circuito depende de la función que se desee lograr.

Conexiones: Los componentes se conectan mediante alambres o cables conductores. Las conexiones eléctricas pueden ser en serie (los componentes están conectados uno tras otro) o en paralelo (los componentes están conectados en múltiples caminos).

Conexión en Serie: Cuando los componentes están conectados en serie, se conectan uno después del otro en un solo camino cerrado. La corriente debe pasar a través de cada componente en orden. En una conexión en serie, la corriente es la misma en todos los componentes, pero el voltaje total se divide entre ellos. Esto significa que si un componente se desconecta o falla, todo el circuito se interrumpe.

Ventajas:

Todos los componentes comparten la misma corriente.

Es útil para la adición de resistencias (R_total = R1 + R2 + R3, etc.).

Desventajas:

Si un componente falla, el circuito se interrumpe.

La caída de voltaje es significativa en circuitos con muchos componentes en serie.

Conexión en Paralelo: En una conexión en paralelo, los componentes están conectados en múltiples caminos, de modo que cada componente tiene su propia ruta para la corriente. Esto significa que el voltaje es el mismo en todos los componentes, pero la corriente total se divide entre ellos. Si un componente falla en una conexión en paralelo, los demás componentes siguen funcionando.

Ventajas:

Si un componente falla, los demás continúan funcionando.

El voltaje es constante en todos los componentes.

Desventajas:

La corriente total es la suma de las corrientes a través de cada componente.

Las conexiones en paralelo pueden ser más complejas.

La elección entre una conexión en serie o en paralelo depende de la aplicación y de lo que se desee lograr en el circuito. En muchos circuitos, se utilizan combinaciones de conexiones en serie y en paralelo para lograr los resultados deseados.

Es importante tener en cuenta estas configuraciones al diseñar circuitos eléctricos para garantizar que funcionen correctamente y cumplan con los requisitos de la aplicación.

Fuente de Alimentación: La fuente de alimentación proporciona el voltaje necesario para que el circuito funcione. Puede ser una batería, un generador, una toma de corriente o cualquier otra fuente de energía eléctrica.

La fuente de alimentación es un componente crucial en un circuito eléctrico, ya que proporciona la energía necesaria para que los componentes funcionen. A continuación, algunas consideraciones adicionales sobre las fuentes de alimentación:

Baterías: Las baterías son una fuente portátil y autónoma de energía eléctrica. Vienen en una variedad de tamaños y tipos, como baterías alcalinas, baterías recargables de iones de litio y más. Las baterías son comunes en dispositivos electrónicos portátiles, controles remotos y sistemas de respaldo.

Toma de Corriente: En aplicaciones domésticas y comerciales, la corriente eléctrica se suministra desde una toma de corriente. La electricidad proviene de la red eléctrica local y es suministrada a través de cables eléctricos a las ubicaciones de uso. Los dispositivos conectados a la red eléctrica obtienen energía directamente de esta fuente.

Generadores: Los generadores convierten otras formas de energía, como la mecánica o la química, en energía eléctrica. Son comunes en aplicaciones de respaldo de energía, tales como generadores de emergencia en hospitales y edificios comerciales.

Fuentes Conmutadas: En electrónica, se utilizan fuentes de alimentación conmutadas (o fuentes conmutadas) para proporcionar voltajes estables y regulados a dispositivos. Estas fuentes son eficientes y se utilizan comúnmente en dispositivos electrónicos como computadoras y fuentes de alimentación para dispositivos móviles.

La elección de la fuente de alimentación adecuada depende de las necesidades del circuito o dispositivo. Es fundamental garantizar que el voltaje y la corriente proporcionados por la fuente sean compatibles con los requisitos de los componentes del circuito. Además, la eficiencia y la durabilidad de la fuente de alimentación son factores importantes a considerar, especialmente en aplicaciones críticas.

Interruptores: Los interruptores son componentes que abren o cierran un circuito. Al abrir el interruptor, se detiene el flujo de corriente. Al cerrarlo, se permite que la corriente fluya nuevamente.

los interruptores son componentes esenciales en los circuitos eléctricos. Aquí hay algunas consideraciones adicionales sobre los interruptores:

Tipos de Interruptores: Hay varios tipos de interruptores utilizados en aplicaciones eléctricas. Algunos de los tipos más comunes incluyen interruptores de palanca, interruptores de botón, interruptores basculantes y interruptores deslizantes. Cada tipo de interruptor tiene su propio diseño y método de operación.

Interruptores de Palanca: Los interruptores de palanca son comunes en aplicaciones domésticas y suelen utilizarse para encender o apagar luces, dispositivos electrónicos y electrodomésticos.

Interruptores de Botón: Estos interruptores son pulsadores y se utilizan en aplicaciones como timbres de puerta, botones de inicio en dispositivos electrónicos y sistemas de alarma.

Interruptores Basculantes: Los interruptores basculantes tienen una palanca que se puede mover hacia arriba o hacia abajo para abrir o cerrar el circuito. Son comunes en dispositivos electrónicos y tableros de instrumentos de automóviles.

Interruptores Deslizantes: Los interruptores deslizantes se utilizan para ajustar niveles, como el volumen en dispositivos de audio. Mueven un contacto a lo largo de una pista resistiva para variar la resistencia y controlar la corriente.

Interruptores de Seguridad: Algunos interruptores, como los interruptores de límite y los interruptores de paro de emergencia, se utilizan para garantizar la seguridad en máquinas y equipos industriales. Se activan en situaciones de emergencia o cuando se alcanzan ciertos límites de movimiento.

Interruptores Automáticos: Los interruptores automáticos o disyuntores protegen los circuitos eléctricos contra sobrecargas y cortocircuitos. Se activan automáticamente para desconectar la corriente en caso de una condición de falla.

Interruptores Inteligentes: Con los avances en la automatización del hogar, los interruptores inteligentes se han vuelto populares. Pueden controlarse de forma remota a través de aplicaciones móviles o mediante comandos de voz.

Los interruptores son fundamentales para el control y la gestión de la corriente eléctrica en circuitos. Permiten a los usuarios encender o apagar dispositivos y sistemas eléctricos de manera segura y conveniente. La elección del tipo de interruptor depende de la aplicación y de cómo se planea usar en el circuito.

Leyes de Kirchhoff: Las Leyes de Kirchhoff son reglas que se aplican a circuitos eléctricos para la conservación de la carga y la energía. La Ley de Corrientes de Kirchhoff establece que la suma de las corrientes que entran en un nodo es igual a la suma de las corrientes que salen de ese nodo. La Ley de Voltajes de Kirchhoff establece que la suma algebraica de los voltajes en cualquier bucle de un circuito cerrado es igual a cero.

Las Leyes de Kirchhoff, también conocidas como las Leyes de Kirchhoff para la corriente y el voltaje, son fundamentales en la resolución y análisis de circuitos eléctricos.

Ley de Corrientes de Kirchhoff (Primera Ley de Kirchhoff):

Esta ley se basa en el principio de conservación de la carga eléctrica y establece que la suma de las corrientes que entran en un nodo (punto de conexión en un circuito) es igual a la suma de las corrientes que salen de ese nodo. Matemáticamente, se expresa como:

Σ I(entradas) = Σ I(salidas)

Donde:

Σ representa la suma.

I(entradas) es la suma de las corrientes que ingresan al nodo.

I(salidas) es la suma de las corrientes que salen del nodo.

En otras palabras, la cantidad total de corriente que entra en un nodo debe ser igual a la cantidad total de corriente que sale del nodo. Esta ley se utiliza para analizar circuitos de corriente continua (CC) y se aplica en nodos de un circuito.

Ley de Voltajes de Kirchhoff (Segunda Ley de Kirchhoff):

Esta ley se basa en el principio de conservación de la energía eléctrica y establece que la suma algebraica de los voltajes en cualquier bucle cerrado de un circuito es igual a cero. Matemáticamente, se expresa como:

$\Sigma V = 0$

Donde:

Σ representa la suma.

V es el voltaje en un bucle cerrado.

En esta ley, los voltajes se toman en cuenta con signos positivos o negativos según la dirección en la que se miden a lo largo del bucle. Los voltajes que aumentan la energía eléctrica se consideran positivos, y los que disminuyen la energía eléctrica se consideran negativos. La suma algebraica de estos voltajes debe ser igual a cero en un bucle cerrado.

Las Leyes de Kirchhoff son fundamentales en la resolución de circuitos complejos. Permiten analizar cómo se distribuye la corriente y el voltaje en un circuito, y son especialmente útiles para resolver circuitos con múltiples componentes, como resistencias, condensadores e inductores. Estas leyes son esenciales en la teoría de circuitos eléctricos y electrónica.

Los circuitos eléctricos funcionan mediante la interacción de corriente, voltaje y resistencia. La corriente fluye desde la fuente de alimentación a través de componentes eléctricos y regresa a la fuente, siguiendo un camino cerrado. La manipulación de voltaje, resistencia y la disposición de los componentes permiten controlar y dirigir el flujo de corriente para realizar tareas específicas en aplicaciones eléctricas y electrónicas.

12.Circuitos eléctricos: Entendiendo cómo funcionan.

Un circuito eléctrico es un sistema de componentes eléctricos interconectados que permite que la corriente eléctrica fluya y realice tareas específicas. Para comprender cómo funcionan los circuitos eléctricos, es importante conocer algunos conceptos y componentes clave:

Fuente de Alimentación: Un circuito eléctrico requiere una fuente de alimentación para proporcionar el voltaje necesario para que la corriente fluya. Esto puede ser una batería, una toma de corriente, un generador u otra fuente de energía eléctrica.

La fuente de alimentación es un componente crítico en un circuito eléctrico. Proporciona la fuerza necesaria para impulsar la corriente eléctrica a través de los componentes del circuito.

Baterías: Las baterías son fuentes portátiles de energía eléctrica. Contienen productos químicos que generan una diferencia de potencial eléctrico (voltaje) entre sus terminales. Cuando se conecta un circuito a una batería, la reacción química en su interior produce una corriente eléctrica que fluye a través del circuito. Las baterías son comunes en dispositivos móviles, linternas, relojes y una amplia variedad de dispositivos electrónicos.

Toma de Corriente: En entornos domésticos y comerciales, la fuente de alimentación más común es la toma de corriente de la red eléctrica. Estas tomas proporcionan voltaje de corriente alterna (CA) a través de un enchufe en la pared. La corriente eléctrica suministrada a través de la red eléctrica es generalmente de 120 V o 220 V, dependiendo de la ubicación geográfica. Estas tomas se utilizan para alimentar electrodomésticos, iluminación, dispositivos electrónicos y otros equipos.

Generadores: Los generadores son máquinas que convierten la energía mecánica en energía eléctrica. Se utilizan en una variedad de aplicaciones, desde centrales eléctricas que generan electricidad a gran escala hasta generadores portátiles utilizados en situaciones de emergencia o en entornos donde no hay acceso a una toma de corriente.

Paneles Solares: Los paneles solares convierten la luz solar en electricidad. Están compuestos por células fotovoltaicas que generan corriente continua (CC) cuando la luz incide sobre ellas. Los paneles solares se utilizan en aplicaciones de energía solar, como sistemas de energía solar residencial y estaciones espaciales.

Fuentes de Alimentación conmutadas: Estas son fuentes de alimentación electrónicas que transforman y regulan la tensión de entrada para proporcionar una tensión de salida específica y constante. Se utilizan en dispositivos electrónicos, como computadoras, televisores y teléfonos móviles.

Pilas y Pilas Botón: Son baterías pequeñas utilizadas en dispositivos electrónicos de bajo consumo, como relojes, calculadoras y dispositivos médicos.

La elección de la fuente de alimentación adecuada depende de la aplicación y los requisitos del circuito. Es importante que la fuente de alimentación proporcione el voltaje y la corriente necesarios para que el circuito funcione de manera segura y eficiente. También se deben considerar aspectos como la autonomía, la vida útil de la fuente de alimentación y la eficiencia energética.

Conductores y Cables: Los conductores, generalmente hechos de materiales metálicos como cobre o aluminio, permiten que los electrones se muevan libremente a través de ellos. Los cables conectan los componentes del circuito y permiten que la corriente fluya de un lugar a otro.

Conductores: Los conductores son materiales que permiten que los electrones se muevan libremente a través de ellos. Los metales son excelentes conductores de electricidad debido a su estructura de electrones. El cobre es uno de los materiales más utilizados en conductores debido a su alta conductividad y disponibilidad. El aluminio también se utiliza en aplicaciones de transmisión de energía de alta tensión. Los conductores se presentan en forma de alambres o barras y se utilizan para conectar componentes dentro de un circuito.

Cables: Los cables son conjuntos de conductores recubiertos por un aislante. Los cables se utilizan para llevar la corriente de un lugar a otro dentro de un circuito. Los aislantes que recubren los conductores evitan cortocircuitos y protegen a las personas y equipos de posibles descargas eléctricas. Los cables vienen en diferentes tamaños y tipos, y se seleccionan según la aplicación y los requisitos de corriente. Los cables también pueden tener múltiples conductores para llevar corrientes de diferentes circuitos.

Aislantes: Los aislantes son materiales que no permiten que los electrones se muevan libremente a través de ellos. Los aislantes, como plástico, goma y vidrio, se utilizan para recubrir los conductores y evitar que entren en contacto con otros conductores o partes del circuito. Esto evita cortocircuitos y garantiza la seguridad del circuito. Los aislantes se seleccionan en función de su resistencia eléctrica y capacidad para soportar condiciones ambientales específicas.

Aislamiento y Protección: Los cables y conductores deben estar bien aislados y protegidos en ciertas aplicaciones. Por ejemplo, en instalaciones eléctricas residenciales y comerciales, los cables suelen pasar a través de conductos o tubos para protegerlos de daños mecánicos y aislamiento inadecuado. Además, se utilizan cubiertas protectoras y empalmes aislados para garantizar la seguridad.

La elección de conductores y cables adecuados es fundamental para el diseño de un circuito eléctrico seguro y eficiente. Los cables deben ser lo suficientemente grandes para manejar la corriente que transportarán sin sobrecalentarse. También es importante considerar la longitud del cable y la resistencia eléctrica, ya que esto puede afectar la eficiencia del circuito y la pérdida de energía. Los aislantes deben ser resistentes y seguros para el entorno en el que se utilizarán.

Interruptores: Los interruptores son componentes que pueden abrir o cerrar un circuito. Cuando un interruptor está cerrado, permite que la corriente fluya, y cuando está abierto, interrumpe el flujo de corriente.

Los interruptores son componentes clave en los circuitos eléctricos y desempeñan un papel fundamental en el control del flujo de corriente.

Función de los Interruptores: Los interruptores son dispositivos que permiten controlar cuándo un circuito está activado o desactivado. Cuando un interruptor está cerrado (posición "ON" o "conducción"), se completa el circuito y permite que la corriente fluya, lo que enciende los dispositivos o componentes conectados. Cuando un interruptor está abierto (posición "OFF" o "desconexión"), interrumpe el flujo de corriente y apaga los dispositivos o componentes conectados.

Tipos de Interruptores:

Interruptor de palanca: Es uno de los tipos más comunes. Se controla mediante el movimiento de una palanca o interruptor que se puede cambiar manualmente entre las posiciones "ON" y "OFF". Son ampliamente utilizados en aplicaciones domésticas y comerciales.

Interruptor de pulsador: Se activa presionando un botón. Pueden ser momentáneos (se activan solo mientras se mantiene presionado el botón) o de enclavamiento (un pulso enciende y otro pulso apaga).

Interruptor de balancín: Utiliza un interruptor basculante que se inclina hacia un lado o el otro para abrir o cerrar el circuito.

Interruptor de botón deslizante: Se controla mediante un deslizador que se mueve entre dos posiciones.

Interruptor de mercurio: Contiene una gota de mercurio que se desplaza para abrir o cerrar el contacto eléctrico en función de su orientación.

Interruptor de presión: Se activa mediante la presión de un fluido, como el aire o un líquido, y se utiliza en aplicaciones específicas.

Interruptor de proximidad: Detecta la presencia de objetos cercanos y puede operarse sin contacto físico.

Aplicaciones de los Interruptores: Los interruptores se utilizan en una amplia variedad de aplicaciones, desde encender las luces de una habitación en tu hogar hasta controlar máquinas industriales en la fabricación. También se encuentran en dispositivos electrónicos, vehículos y sistemas de automatización.

Seguridad y Protección: Los interruptores son importantes para garantizar la seguridad de las personas y la protección de los equipos. Al poder apagar un circuito de manera controlada, se evitan sobrecargas, cortocircuitos y otros problemas eléctricos que podrían resultar en daños o peligros.

Interruptores de Circuitos: En la mayoría de las instalaciones eléctricas, se utilizan interruptores de circuitos (llamados disyuntores o interruptores automáticos) que pueden abrir y cerrar un circuito automáticamente en caso de sobrecarga o falla. Estos dispositivos son esenciales para la seguridad eléctrica y la protección contra incendios.

Los interruptores son una parte fundamental de los circuitos eléctricos y desempeñan un papel clave en la regulación de la corriente eléctrica, la protección de los dispositivos y la gestión de la energía eléctrica en diversas aplicaciones.

Resistencias: Las resistencias son componentes que proporcionan oposición al flujo de corriente. Pueden utilizarse para limitar la cantidad de corriente en un circuito, generar calor o realizar otras funciones.

Las resistencias son componentes eléctricos que limitan el flujo de corriente eléctrica en un circuito.

Función de las Resistencias: La función principal de una resistencia es proporcionar oposición al flujo de corriente eléctrica. Esto significa que las resistencias reducen la cantidad de corriente que fluye a través de un circuito. Se utilizan en circuitos eléctricos por varias razones, como limitar la corriente, proteger componentes, dividir la tensión, generar calor, ajustar la ganancia de amplificadores, entre otros.

Valor de la Resistencia: El valor de resistencia se mide en ohmios (Ω) y es una medida de la cantidad de oposición que ofrece la resistencia al flujo de corriente. Cuanto mayor sea el valor en ohmios, mayor será la oposición al flujo de corriente. Los valores típicos de resistencias pueden variar desde fracciones de ohmios hasta varios millones de ohmios.

Tolerancia: Las resistencias tienen una tolerancia que indica cuánto puede variar su valor nominal. Por ejemplo, una resistencia con una tolerancia del 5% y un valor nominal de 100 ohmios podría tener un valor real entre 95 ohmios y 105 ohmios.

Potencia Nominal: La potencia nominal de una resistencia, medida en vatios (W), indica la cantidad de energía que puede disipar en forma de calor sin dañarse. Resistencias de mayor potencia pueden disipar más calor sin sobrecalentarse.

Resistencias Fijas y Variables: Las resistencias fijas tienen un valor constante y no se pueden ajustar. Las resistencias variables, como los potenciómetros, pueden variar su valor de resistencia de forma manual para controlar la corriente o la tensión en un circuito.

Resistencias en Serie y en Paralelo: En un circuito, las resistencias pueden estar conectadas en serie (una después de la otra) o en paralelo (conectadas de manera simultánea). La forma en que están conectadas afecta su valor total de resistencia y la corriente que fluye a través de ellas.

Aplicaciones de las Resistencias: Las resistencias se utilizan en una amplia variedad de aplicaciones, como divisores de tensión, atenuadores, filtros de señal, limitadores de corriente, generadores de calor en dispositivos como tostadoras y elementos calefactores, y en circuitos de protección.

Código de Colores: Para identificar el valor y la tolerancia de una resistencia, se utiliza un sistema de código de colores en las bandas que rodean la resistencia. Cada color representa un número, y la combinación de colores determina el valor de resistencia.

Las resistencias son componentes esenciales en electrónica y electricidad, y se utilizan en prácticamente todos los dispositivos y circuitos eléctricos. Su capacidad para controlar la corriente y la tensión es fundamental para el funcionamiento correcto y seguro de muchos sistemas eléctricos y electrónicos.

Componentes Activos: Los componentes activos, como transistores, diodos y circuitos integrados, pueden controlar y amplificar la corriente eléctrica. Estos componentes son fundamentales en circuitos electrónicos más avanzados.

Los componentes activos desempeñan un papel fundamental en la electrónica y la electricidad, ya que pueden controlar y amplificar señales eléctricas.

Transistores: Los transistores son dispositivos electrónicos que pueden amplificar o conmutar señales eléctricas. Vienen en diferentes tipos, como transistores bipolares de unión (BJT) y transistores de efecto de campo (FET). Los transistores se utilizan en amplificadores, osciladores, interruptores electrónicos y en la construcción de puertas lógicas para circuitos digitales.

Diodos: Los diodos son componentes que permiten que la corriente fluya en una sola dirección y bloquean la corriente en la dirección opuesta. Se utilizan en circuitos de rectificación para convertir corriente alterna en continua, en aplicaciones de protección contra polaridad inversa y en circuitos de señalización.

Circuitos Integrados (CI o IC): Los circuitos integrados son dispositivos que contienen numerosos componentes electrónicos, como transistores, resistencias y capacitores, en un solo chip de silicio. Los IC pueden desempeñar diversas funciones, desde procesamiento de señales hasta microcontroladores y circuitos de temporización.

Amplificadores Operacionales (Op-Amps): Los amplificadores operacionales son dispositivos IC que se utilizan para amplificar señales. Son componentes esenciales en la electrónica, y se utilizan en una amplia variedad de aplicaciones, como amplificación de señales de audio, procesamiento de señales y retroalimentación en circuitos.

Optoelectrónicos: Estos componentes convierten entre señales eléctricas y luminosas. Ejemplos incluyen fotodiodos, que detectan luz y se utilizan en sensores de luz, y LEDs (diodos emisores de luz), que emiten luz y se utilizan en indicadores y pantallas.

Amplicadores de Potencia: Los amplificadores de potencia son componentes activos que amplifican señales de alta potencia, como las utilizadas en sistemas de audio y transmisores de radio.

Reguladores de Voltaje: Los reguladores de voltaje son IC que mantienen un voltaje de salida constante, independientemente de las fluctuaciones en el voltaje de entrada. Se utilizan para alimentar circuitos con un voltaje estable.

Microcontroladores: Los microcontroladores son circuitos integrados que contienen una unidad central de procesamiento (CPU), memoria y periféricos. Se utilizan en sistemas embebidos para controlar una variedad de dispositivos y sistemas.

Los componentes activos son esenciales para diseñar circuitos electrónicos avanzados y sistemas que realizan funciones específicas. Su capacidad para amplificar, conmutar y procesar señales eléctricas es fundamental en campos como las comunicaciones, la electrónica de consumo, la automatización industrial y muchas otras áreas.

Componentes Pasivos: Los componentes pasivos, como resistencias, condensadores e inductores, no pueden amplificar la corriente. Sin embargo, desempeñan un papel importante en la regulación de la corriente y el almacenamiento de energía.

Los componentes pasivos son esenciales en la construcción de circuitos electrónicos y eléctricos, y aunque no amplifican la corriente, desempeñan roles importantes.

Resistencias: Las resistencias limitan el flujo de corriente en un circuito. Se utilizan para controlar la cantidad de corriente que fluye a través de un componente o para dividir voltajes. Las resistencias también generan calor cuando la corriente pasa a través de ellas, lo que se utiliza en aplicaciones como calentadores eléctricos.

Condensadores: Los condensadores almacenan energía en forma de carga eléctrica en su estructura capacitiva. Pueden liberar esta energía cuando sea necesario. Los condensadores se utilizan para filtrar señales, almacenar energía temporalmente y bloquear el paso de corriente continua (DC).

Inductores: Los inductores almacenan energía en forma de campo magnético. Cuando la corriente fluye a través de un inductor, este almacena energía en su campo magnético y puede liberarla posteriormente. Los inductores se utilizan en aplicaciones como filtros de señales y en circuitos de control de corriente.

Transformadores: Los transformadores son dispositivos que constan de dos o más inductores acoplados magnéticamente. Se utilizan para cambiar el voltaje de una señal eléctrica sin cambiar su frecuencia. Los transformadores son comunes en fuentes de alimentación y sistemas de distribución de energía eléctrica.

Redes de Resistencias: Las redes de resistencias están compuestas por varias resistencias interconectadas. Se utilizan para dividir voltajes, establecer niveles de referencia y conectar múltiples componentes en un circuito.

Circuitos de Filtro: Los componentes pasivos, como resistencias, condensadores e inductores, se utilizan en circuitos de filtro para eliminar o atenuar componentes no deseados de una señal, como ruido o frecuencias no deseadas.

Circuitos de Temporización: Los condensadores y los inductores se utilizan en circuitos de temporización para generar señales de reloj y establecer retardos de tiempo en circuitos.

Divisores de Voltaje y Corriente: Las resistencias se utilizan en divisores de voltaje y corriente para establecer relaciones específicas entre señales en un circuito.

Estos componentes pasivos son fundamentales para controlar y regular el flujo de corriente y la distribución de energía en los circuitos eléctricos y electrónicos. Juegan un papel esencial en la construcción y operación de una amplia gama de dispositivos y sistemas.

Corriente Continua (CC) y Corriente Alterna (CA): Los circuitos pueden funcionar con corriente continua (CC), donde la corriente fluye en una dirección constante, o con corriente alterna (CA), donde la dirección de la corriente se invierte periódicamente.

Tanto la corriente continua (CC) como la corriente alterna (CA) son formas comunes de corriente eléctrica utilizadas en circuitos eléctricos y electrónicos.

Corriente Continua (CC):

En un circuito de corriente continua, la dirección del flujo de electrones permanece constante con el tiempo. Los electrones se mueven desde el polo negativo de la fuente de alimentación hacia el polo positivo.

Las baterías son una fuente típica de corriente continua. Los dispositivos electrónicos portátiles, como teléfonos móviles y reproductores de música, a menudo funcionan con baterías de CC.

En un circuito de CC, la tensión (voltaje) se mantiene constante con el tiempo, lo que facilita el diseño de circuitos para aplicaciones específicas que requieren un suministro de voltaje constante.

Corriente Alterna (CA):

En un circuito de corriente alterna, la dirección del flujo de electrones se invierte periódicamente a intervalos regulares. La forma más común de CA es la que se utiliza en la mayoría de las redes eléctricas domésticas y comerciales.

En la CA, la polaridad del voltaje se invierte, y los electrones oscilan hacia adelante y hacia atrás en respuesta a esta inversión. Esto se denomina ciclo de CA.

La CA es especialmente adecuada para la transmisión eficiente de energía eléctrica a largas distancias y se utiliza para alimentar hogares, empresas e industrias.

La mayoría de los electrodomésticos y dispositivos eléctricos que se conectan a tomas de corriente en hogares y oficinas funcionan con CA.

Es importante destacar que algunos dispositivos electrónicos, como computadoras y cargadores de teléfonos, pueden funcionar tanto con CC como con CA. En estos casos, se utiliza una fuente de alimentación (adaptador) para convertir la CA en CC que los dispositivos pueden utilizar. La elección entre CC y CA depende de la aplicación y los requisitos del circuito o dispositivo específico.

Análisis de Circuitos: Para comprender cómo funcionan los circuitos eléctricos, es necesario realizar análisis de circuitos. Esto implica aplicar las leyes y principios de la electricidad para calcular corrientes, voltajes y otros parámetros en el circuito. Se utilizan técnicas como el análisis nodal y el análisis de mallas para resolver circuitos complejos.

El análisis de circuitos es una parte fundamental de la ingeniería eléctrica y electrónica, ya que permite comprender y resolver problemas en circuitos eléctricos y electrónicos.

Análisis Nodal: En este enfoque, se aplican las leyes de Kirchhoff de corriente y voltaje para analizar cómo fluye la corriente en un circuito y cómo se distribuye el voltaje. Se utilizan nodos (puntos de conexión) en el circuito y se aplican ecuaciones para describir las corrientes que entran y salen de cada nodo. El análisis nodal es especialmente útil para circuitos con múltiples fuentes y conexiones en paralelo.

Análisis de Mallas: En este método, se definen las mallas en un circuito (bucles cerrados) y se aplican las leyes de Kirchhoff de corriente y voltaje para analizar las corrientes en las mallas y los voltajes a lo largo de los elementos del circuito. El análisis de mallas es eficaz para circuitos con varias fuentes y conexiones en serie.

Teorema de Thévenin y Norton: Estos teoremas permiten simplificar circuitos complejos en un circuito equivalente más simple que conserve las mismas propiedades eléctricas en un par de terminales. Esto facilita el análisis de circuitos y el diseño de circuitos con elementos desconocidos.

Superposición: El principio de superposición se utiliza cuando un circuito contiene múltiples fuentes de voltaje o corriente. Se analiza el circuito una fuente a la vez mientras se apagan las otras fuentes. Luego, los resultados se suman algebraicamente para encontrar la respuesta completa del circuito.

Transformada de Laplace: En el análisis de circuitos en el dominio de la frecuencia, la transformada de Laplace se utiliza para resolver ecuaciones diferenciales lineales que describen circuitos eléctricos. Esto es especialmente útil para circuitos en los que la respuesta en el dominio de la frecuencia es importante, como en circuitos de filtro.

El análisis de circuitos es una habilidad esencial en la electrónica, la ingeniería eléctrica y campos relacionados. Permite a los ingenieros y técnicos diseñar, solucionar problemas y optimizar circuitos eléctricos para una variedad de aplicaciones, desde la electrónica de consumo hasta sistemas de energía eléctrica a gran escala.

Circuitos en Serie y en Paralelo: Los componentes pueden estar conectados en serie (uno después del otro) o en paralelo (conectados en múltiples caminos). La forma en que se conectan los componentes afecta la forma en que se distribuye la corriente y el voltaje en el circuito.

Circuitos en Serie:

En un circuito en serie, los componentes están conectados uno después del otro, formando un único camino para la corriente.

La corriente en un circuito en serie es la misma a lo largo de todos los componentes, ya que no tiene otra opción más que seguir el mismo camino.

La suma de los voltajes a través de cada componente en un circuito en serie es igual al voltaje total aplicado al circuito.

La resistencia total en un circuito en serie es la suma de las resistencias individuales de los componentes. Por lo tanto, la resistencia total es generalmente mayor que la resistencia de cualquier componente individual.

Si un componente en un circuito en serie se rompe o se desconecta, el circuito se interrumpe y la corriente ya no fluye.

Circuitos en Paralelo:

En un circuito en paralelo, los componentes están conectados de manera que proporcionan múltiples caminos para que la corriente fluya.

La corriente se divide en las ramas paralelas del circuito, y la corriente total es igual a la suma de las corrientes en cada rama.

Los voltajes en todas las ramas de un circuito en paralelo son iguales al voltaje total aplicado al circuito.

La resistencia total en un circuito en paralelo es menor que la resistencia de cualquier componente individual. Esto se debe a que proporciona múltiples rutas para la corriente.

Si un componente en un circuito en paralelo se rompe o se desconecta, las otras ramas del circuito siguen funcionando.

La elección de conectar componentes en serie o en paralelo depende de la aplicación específica. Por ejemplo, en la iluminación de una habitación, las lámparas suelen estar conectadas en paralelo para que puedan funcionar de forma independiente. Por otro lado, las baterías en un automóvil suelen estar conectadas en serie para proporcionar un voltaje más alto. Comprender estas configuraciones es fundamental para diseñar y solucionar problemas en circuitos eléctricos.

Seguridad Eléctrica: Es fundamental comprender las prácticas de seguridad eléctrica al trabajar con circuitos, para evitar descargas eléctricas y daños a equipos. Esto incluye el uso de dispositivos de protección, como fusibles y disyuntores.

Apagar la energía: Antes de trabajar en un circuito, asegúrate de que la fuente de alimentación esté apagada y de que todos los interruptores estén en la posición "apagado". Si es posible, desenchufa los dispositivos o máquinas.

Utilizar dispositivos de protección: Utiliza dispositivos de protección, como fusibles y disyuntores, para proteger el circuito contra sobrecargas y cortocircuitos. Estos dispositivos cortarán la corriente eléctrica en caso de problemas.

Aislamiento: Asegúrate de que los cables y los componentes estén aislados adecuadamente para evitar contactos eléctricos accidentales.

Herramientas aisladas: Utiliza herramientas aisladas, como destornilladores y alicates con mangos aislados, para evitar la conducción de electricidad a través de tus manos.

Protección personal: Usa equipo de protección personal, como guantes aislantes y gafas de seguridad, al trabajar en circuitos eléctricos.

Capacitación: Asegúrate de estar debidamente capacitado y entender los principios eléctricos antes de trabajar en circuitos eléctricos. Si no tienes experiencia, es mejor que busques la ayuda de un profesional.

Evitar ambientes húmedos: No trabajes en circuitos eléctricos en ambientes húmedos o mojados, ya que el agua es conductora de electricidad y puede aumentar el riesgo de descargas eléctricas.

Respetar la polaridad: Al conectar componentes, asegúrate de respetar la polaridad, especialmente en circuitos de corriente continua. Conectarlos incorrectamente puede dañar los componentes y crear riesgos de seguridad.

Supervisión: Siempre que sea posible, trabaja con otra persona que pueda brindar ayuda en caso de una emergencia.

Mantener un entorno ordenado: Mantén el área de trabajo limpia y ordenada para evitar tropiezos y accidentes.

La seguridad es lo primero al trabajar con electricidad. Los errores pueden ser peligrosos, por lo que es fundamental tomar las precauciones adecuadas para proteger tu integridad y la de los demás.

Los circuitos eléctricos son sistemas diseñados para controlar el flujo de corriente eléctrica y realizar tareas específicas. Comprender los componentes, las leyes y las técnicas de análisis es esencial para trabajar con circuitos eléctricos de manera segura y eficiente.

13.Ondas y sonido: ¿Cómo se propagan?

Las ondas y el sonido son fenómenos relacionados con la propagación de energía a través de un medio, ya sea sólido, líquido o gaseoso.

Ondas Mecánicas: Las ondas mecánicas son aquellas que requieren un medio material a través del cual propagarse. Estas ondas se caracterizan por la oscilación de partículas del medio en la dirección de propagación de la onda. Son ondas que necesitan un medio material para propagarse, y su propagación involucra la oscilación de partículas del medio en la dirección de la onda. Esto significa que las partículas del medio vibran hacia adelante y hacia atrás, creando regiones de compresión y rarefacción a medida que la onda viaja. Esto se aplica a ondas sonoras en el aire, ondas sísmicas en la Tierra y ondas en medios líquidos o sólidos.

Un ejemplo común de onda mecánica es una onda sonora en el aire. Cuando hablas o haces sonar un instrumento musical, las vibraciones generadas hacen que las partículas de aire cercanas vibren en patrones de compresión y rarefacción, lo que da lugar a la propagación del sonido. Las ondas de sonido son un tipo específico de onda mecánica longitudinal, donde las partículas vibran en la misma dirección en la que se propaga la onda, creando fluctuaciones de presión en el aire que percibimos como sonido.

Generación de la onda: Una onda mecánica se genera a partir de una fuente de energía que perturba o vibra en un medio. Esta perturbación o vibración inicial se propaga a través del medio, lo que lleva a la formación de la onda. La fuente de energía puede ser cualquier cosa que cause una perturbación en las partículas del medio, como un golpe, una vibración, un terremoto, un altavoz que emite sonido o cualquier otra acción que cause movimiento en el medio.

Por ejemplo, cuando tiras una piedra en un lago, la perturbación inicial (la caída de la piedra en el agua) crea ondas en la superficie del agua. Del mismo modo, cuando tocas una cuerda de guitarra, la vibración de la cuerda hace que las partículas del aire circundante se muevan y se propague una onda de sonido a través del aire. La fuente de energía inicial es fundamental para la generación de ondas mecánicas.

Transmisión de la energía: La energía se transmite de partícula a partícula a medida que cada partícula empuja a la siguiente en la dirección de la onda. La transmisión de la energía en una onda mecánica involucra que las partículas del medio se comuniquen entre sí al empujarse o transmitirse movimiento de una a otra en la dirección de la onda. Cada partícula del medio experimenta un desplazamiento y, por lo tanto, transfiere energía a las partículas adyacentes, lo que resulta en la propagación de la onda.

Un ejemplo clásico es el de las ondas en el agua. Cuando lanzas una piedra al agua, la primera partícula de agua que entra en contacto con la piedra se mueve hacia arriba y luego hacia abajo debido a la perturbación causada por la piedra. A medida que esta partícula se mueve hacia abajo, empuja a la siguiente partícula hacia abajo, y así sucesivamente. Esto crea un efecto de "efecto dominó" en el que la energía se transmite a través del agua en forma de ondas circulares en expansión.

Este proceso de transferencia de energía de partícula a partícula es lo que permite que las ondas mecánicas se propaguen a través de un medio material. La forma en que las partículas interactúan y transmiten energía depende de la naturaleza de la onda y el medio en el que se propaga.

Ondas longitudinales: En estas ondas, las partículas del medio vibran en la misma dirección en la que se propaga la onda. Ejemplos incluyen las ondas sonoras en el aire. En las ondas longitudinales, las partículas del medio vibran en la misma dirección en la que se propaga la onda. Esto significa que las partículas oscilan hacia adelante y hacia atrás a lo largo de la dirección de la onda. Un ejemplo típico de ondas longitudinales son las ondas sonoras en el aire.

Cuando emites un sonido, como hablar o tocar un instrumento musical, las partículas de aire cercanas a la fuente de sonido se comprimen y se desplazan en la dirección de propagación del sonido. Estas partículas comprimidas luego empujan a las partículas adyacentes, lo que resulta en una propagación de la compresión y rarefacción a través del aire. En otras palabras, las ondas sonoras consisten en regiones donde las partículas están más juntas (compresión) y regiones donde están más separadas (rarefacción), y esto se mueve a través del medio como una onda longitudinal.

Las ondas sonoras son un ejemplo clave de ondas longitudinales y se propagan a través de una variedad de medios, incluido el aire, el agua y los sólidos. La velocidad de propagación de las ondas sonoras depende de las propiedades del medio a través del cual se mueven, como la densidad y la elasticidad.

Ondas transversales: En estas ondas, las partículas vibran perpendicularmente a la dirección de la onda. Ejemplos incluyen las ondas en una cuerda tensa. En las ondas transversales, las partículas del medio vibran perpendicularmente a la dirección de propagación de la onda. Esto significa que las partículas oscilan hacia arriba y abajo o de lado a lado en un plano perpendicular a la dirección en que viaja la onda.

Un ejemplo común de ondas transversales es lo que ocurre en una cuerda tensa cuando la haces vibrar, como cuando tocas una cuerda de guitarra o una cuerda de violín. Cuando tocas una cuerda, la energía se transmite de partícula en partícula a medida que se propagan las oscilaciones perpendiculares a lo largo de la cuerda. Cada partícula de la cuerda se mueve verticalmente arriba y abajo o de lado a lado, pero la onda en sí viaja a lo largo de la cuerda de un extremo a otro en una dirección perpendicular a las oscilaciones de las partículas.

Otro ejemplo de ondas transversales es lo que sucede en la superficie del agua cuando arrojas una piedra. Las ondas en la superficie del agua se mueven hacia afuera desde el punto de impacto de la piedra, y las partículas de agua se mueven verticalmente hacia arriba y abajo mientras la onda se propaga horizontalmente en la superficie.

Ondas de Sonido: El sonido es un tipo de onda mecánica que se propaga a través de un medio, generalmente el aire. Aquí están los pasos clave en la propagación del sonido:

Generación del sonido: El sonido se genera por una fuente de vibración, como las cuerdas de un instrumento musical o las cuerdas vocales de una persona. El sonido se genera cuando una fuente vibrante, como las cuerdas de un instrumento musical, una bocina de un automóvil, una voz humana o cualquier objeto que pueda vibrar, produce oscilaciones en el aire o en otro medio circundante. Estas vibraciones crean variaciones en la presión del aire, que se propagan en forma de ondas sonoras.

Cuando, por ejemplo, tocas una cuerda de guitarra o hablas, la vibración de la cuerda o las cuerdas vocales crea cambios periódicos en la presión del aire. Estos cambios en la presión del aire son transmitidos en todas direcciones desde la fuente vibrante en forma de ondas sonoras. Las ondas sonoras se componen de regiones de compresión (donde la presión es mayor) y regiones de rarefacción (donde la presión es menor), y estas regiones se propagan a través del aire como una onda de sonido.

Cuando estas ondas sonoras llegan a nuestro oído, hacen que nuestro tímpano vibre y, finalmente, estas vibraciones se convierten en señales eléctricas que nuestro cerebro interpreta como sonido. Es así como percibimos y escuchamos el sonido generado por diversas fuentes vibrantes en nuestro entorno.

Compresión y rarefacción: Cuando la fuente vibra, las partículas del aire cercano se comprimen y luego se expanden, creando regiones de compresión y rarefacción. En una onda sonora, cuando una fuente vibrante produce una perturbación en el medio (como el aire), las partículas del medio cerca de la fuente se comprimen y luego se expanden, creando dos tipos de regiones: compresión y rarefacción.

Compresión: En las regiones de compresión, las partículas del medio se agrupan más cerca de lo normal. Esto significa que hay una mayor densidad de partículas en estas regiones, y, como resultado, una mayor presión. Estas regiones corresponden a los puntos más altos de presión en la onda sonora.

Rarefacción: En las regiones de rarefacción, las partículas del medio se separan más de lo normal. Esto da como resultado una menor densidad de partículas y, por lo tanto, una menor presión. Estas regiones corresponden a los puntos más bajos de presión en la onda sonora.

La sucesión de compresiones y rarefacciones se propaga a través del medio, creando una onda sonora que lleva la energía producida por la fuente vibrante. Cuando estas ondas sonoras alcanzan nuestro oído, el tímpano responde a las variaciones de presión y envía señales al cerebro que interpretamos como sonido. El patrón de compresiones y rarefacciones se repite a medida que la onda se propaga, lo que permite la transmisión del sonido desde su fuente hasta nuestros oídos.

Propagación de la onda: Estas regiones de compresión y rarefacción se mueven en forma de ondas hacia adelante desde la fuente, lo que da lugar a la propagación del sonido. La propagación del sonido se debe a la sucesión de compresiones y rarefacciones que se mueven en forma de ondas desde la fuente vibrante hacia adelante a través del medio, ya sea el aire, un líquido o un sólido. Estas ondas transportan la energía generada por la fuente a través del medio, y esta energía se manifiesta como sonido cuando las ondas llegan a nuestros oídos.

El sonido se propaga en todas las direcciones desde la fuente, y se puede pensar en las ondas sonoras como anillos concéntricos que se expanden desde la fuente. Cuando estas ondas alcanzan nuestros oídos, el tímpano y otras estructuras auditivas detectan las variaciones de presión y las convierten en señales eléctricas que luego son interpretadas por nuestro cerebro como sonido. La velocidad a la que se propaga el sonido depende del medio a través del cual se mueve, siendo más rápida en sólidos que en líquidos y más rápida en líquidos que en gases, generalmente.

Recepción del sonido: La recepción del sonido ocurre en el oído humano. Cuando las ondas sonoras alcanzan el oído, son recogidas por el pabellón auricular (la parte visible del oído) y luego viajan por el canal auditivo hasta llegar al tímpano. Cuando las ondas sonoras alcanzan el tímpano, este comienza a vibrar en respuesta a las fluctuaciones de presión del sonido.

Las vibraciones del tímpano son transmitidas a través de una serie de pequeños huesos en el oído medio, conocidos como el martillo, el yunque y el estribo. Estos huesos amplifican las vibraciones y las envían a través de la ventana oval hacia el oído interno. En el oído interno, las vibraciones se convierten en señales eléctricas por las células ciliadas que revisten la cóclea, una espiral llena de líquido en el oído interno. Estas señales eléctricas se envían al nervio auditivo y luego al cerebro, que interpreta las señales como sonido. La interpretación del cerebro del tipo y la intensidad del sonido es lo que percibimos como diferentes tonos y volúmenes de sonido.

La recepción del sonido involucra una serie de transformaciones desde las ondas sonoras que llegan al oído hasta las señales eléctricas que el cerebro interpreta como sonido.

La propagación del sonido y las ondas de sonido no requieren un medio material específico; pueden propagarse a través del aire, el agua, los sólidos e incluso el vacío en el caso de ondas sonoras en el espacio exterior. Además, las ondas sonoras se caracterizan por su frecuencia, que determina la altura o el tono del sonido, y su amplitud, que está relacionada con la intensidad del sonido.

14.Óptica y la naturaleza de la luz.

La óptica es la rama de la física que se dedica al estudio de la luz y su interacción con la materia. La luz es una forma de radiación electromagnética que se comporta tanto como onda como partícula, según lo descrito en la teoría ondulatoria y cuántica de la luz. A continuación, se detallan algunos conceptos clave sobre la naturaleza de la luz y la óptica:

Dualidad Onda-Partícula: La luz exhibe una dualidad fundamental. A veces, se comporta como una onda, mostrando fenómenos como la interferencia y la difracción. Otras veces, se comporta como partículas llamadas "fotones," lo que se describe mediante la teoría cuántica.

La dualidad onda-partícula es un concepto fundamental en la física que se aplica no solo a la luz sino a todas las partículas subatómicas, incluidos los electrones y los fotones. Esta dualidad implica que las partículas pueden mostrar comportamientos tanto de onda como de partícula, dependiendo de las condiciones experimentales. A continuación, se amplía la idea de la dualidad onda-partícula:

Comportamiento de Onda: Cuando se describe como una onda, la luz (u otras partículas) se comporta como una perturbación en un campo, propagándose en el espacio y mostrando fenómenos característicos de interferencia y difracción. Estos fenómenos son típicos de las ondas y se pueden observar cuando la luz se encuentra con obstáculos o se superpone con otras ondas.

Comportamiento de Partícula: Cuando se describe como partículas, como fotones, los constituyentes básicos de la luz, se comportan como unidades discretas de energía. Cada fotón tiene una energía específica y una cantidad fija de momento. Esto es especialmente evidente en experimentos de efecto fotoeléctrico, donde los fotones interactúan con electrones en un material, liberando electrones que se comportan como partículas individuales.

Teoría Cuántica: La teoría cuántica es la que mejor explica la dualidad onda-partícula de la luz y otras partículas subatómicas. La mecánica cuántica describe cómo las partículas se comportan como ondas de probabilidad y, al mismo tiempo, como partículas puntuales cuando se las mide.

Experimentos de Comportamiento Dual: Experimentos clásicos que demuestran la dualidad onda-partícula incluyen el experimento de la doble rendija, donde partículas individuales, como electrones o fotones, muestran un patrón de interferencia cuando se disparan a través de dos rendijas. Esto demuestra tanto su naturaleza de onda como su comportamiento de partícula.

Aplicaciones Prácticas: La dualidad onda-partícula tiene implicaciones en campos como la óptica cuántica, la comunicación cuántica y la nanotecnología, y ha llevado al desarrollo de tecnologías como el microscopio de efecto túnel y el láser.

En resumen, la dualidad onda-partícula es una característica fundamental del mundo subatómico y juega un papel esencial en la teoría cuántica y en la comprensión de la naturaleza de la luz y la materia en niveles fundamentales.

Velocidad de la Luz: La luz se propaga a una velocidad constante en el vacío, que es de aproximadamente 299,792,458 metros por segundo (aproximadamente 186,282 millas por segundo). Esta velocidad se simboliza con la letra "c" y es la velocidad máxima a la que cualquier información o energía puede viajar a través del espacio.

la velocidad de la luz en el vacío es constante y se simboliza con "c". Esta constante es una de las más fundamentales en la física y desempeña un papel esencial en la teoría de la relatividad de Albert Einstein. La velocidad de la luz es de aproximadamente 299,792,458 metros por segundo, lo que la convierte en una de las constantes físicas más conocidas y estudiadas.

Una de las consecuencias más importantes de la teoría de la relatividad de Einstein es que nada puede viajar más rápido que la luz en el vacío. Esto tiene implicaciones significativas en la física y en nuestra comprensión del espacio y el tiempo. La velocidad de la luz también es fundamental en campos como la óptica, la astrofísica y la cosmología, donde se utiliza para calcular distancias en el universo y comprender fenómenos como el efecto Doppler en la luz.

La constancia de la velocidad de la luz en el vacío es uno de los principios fundamentales de la física y ha sido confirmada por numerosos experimentos y observaciones a lo largo de la historia de la ciencia.

Reflexión: La reflexión ocurre cuando la luz incide en una superficie y rebota. La ley de reflexión establece que el ángulo de incidencia es igual al ángulo de reflexión.

La reflexión es un fenómeno óptico en el que la luz incide en una superficie y rebota, cambiando de dirección sin penetrar en el material de la superficie. La ley de reflexión, como mencionaste, establece que el ángulo de incidencia es igual al ángulo de reflexión. Esto significa que si la luz incide en la superficie con un cierto ángulo con respecto a la normal (una línea perpendicular a la superficie), se reflejará con el mismo ángulo en la dirección opuesta.

Este principio es fundamental en la óptica y es ampliamente utilizado en aplicaciones como la formación de imágenes en espejos, la reflexión de la luz en superficies pulidas y el diseño de sistemas ópticos. Por ejemplo, en un espejo plano, la luz que incide en él se refleja de acuerdo con la ley de reflexión, lo que nos permite ver nuestra imagen reflejada de manera precisa.

La reflexión también desempeña un papel crucial en la formación de imágenes en espejos convexos y cóncavos, así como en la óptica de lentes y dispositivos ópticos, como los telescopios y las cámaras. Comprender la ley de reflexión es esencial para diseñar y comprender la función de estos dispositivos ópticos.

Refracción: La refracción es el cambio de dirección que experimenta la luz al pasar de un medio a otro de diferente densidad (por ejemplo, del aire al agua). Esto se debe a un cambio en la velocidad de la luz, y la ley de Snell describe cómo ocurre este fenómeno.

La refracción es un fenómeno óptico en el que la luz cambia de dirección cuando pasa de un medio a otro de diferente densidad o índice de refracción. Esto se debe a que la velocidad de la luz es diferente en cada medio, lo que provoca que la luz se doble en el punto de interacción entre los dos medios. La ley que describe la refracción de la luz se llama la ley de Snell, que establece cómo varía el ángulo de refracción en relación con el ángulo de incidencia y los índices de refracción de los dos medios involucrados.

La ley de Snell se puede expresar de la siguiente manera:

$n_1 * \sin(\theta_1) = n_2 * \sin(\theta_2)$

Donde:

n_1 y n_2 son los índices de refracción de los dos medios.

θ_1 es el ángulo de incidencia de la luz en el primer medio.

θ_2 es el ángulo de refracción de la luz en el segundo medio.

La refracción es un fenómeno importante en óptica y tiene muchas aplicaciones en la formación de imágenes, como en lentes convergentes y divergentes, y también es esencial en la explicación de fenómenos como la formación de arcoíris, la desviación de un lápiz sumergido en agua y otros aspectos de la óptica. Además, la refracción es fundamental en la tecnología de lentes y prismas utilizados en instrumentos ópticos como microscopios, telescopios y cámaras.

Difracción: La difracción es el fenómeno de que una onda se doble al pasar alrededor de un obstáculo o a través de una apertura estrecha. Esto da lugar a patrones de interferencia y se utiliza en la espectroscopia y la construcción de dispositivos ópticos.

La difracción es un fenómeno característico de las ondas, incluyendo las ondas de luz. Ocurre cuando una onda de luz encuentra un obstáculo o una abertura y se desvía alrededor de ese obstáculo o a través de la abertura. En lugar de propagarse en línea recta, como se esperaría en la teoría de rayos de la óptica geométrica, la luz se extiende en todas las direcciones después de pasar por el obstáculo o la abertura.

La difracción puede producir patrones de interferencia, que son resultados de la superposición de ondas de luz que se han desviado debido a la difracción. Estos patrones de interferencia pueden ser regulares o irregulares, y se observan comúnmente en fenómenos como la difracción de Fraunhofer y la difracción de Fresnel.

La difracción se utiliza en una variedad de aplicaciones. En la espectroscopia, por ejemplo, se puede dispersar la luz en un espectro de colores utilizando una rejilla de difracción, lo que permite analizar la composición de la luz. En la construcción de dispositivos ópticos, la difracción puede ser un problema que debe tenerse en cuenta al diseñar sistemas ópticos, pero también se puede utilizar deliberadamente en la creación de efectos ópticos específicos.

En general, la difracción es un fenómeno fundamental en la óptica y es esencial para comprender cómo se comporta la luz al encontrar obstáculos o aperturas.

Polarización: La polarización es la orientación de las vibraciones de una onda en un plano particular. Las lentes polarizadas y las gafas de sol polarizadas se utilizan para bloquear la luz polarizada en ciertas direcciones y reducir el deslumbramiento.

La polarización de la luz se refiere a la orientación de las vibraciones de las ondas de luz en un plano específico. La luz es una onda electromagnética, y sus campos eléctricos y magnéticos oscilan perpendicularmente entre sí y en relación con la dirección de propagación de la onda. La polarización de la luz se refiere a la orientación específica de estos campos eléctricos oscilantes.

Cuando la luz es no polarizada, significa que las vibraciones eléctricas oscilan en todas las direcciones perpendiculares a la dirección de propagación de la onda. Sin embargo, cuando la luz se polariza, significa que las vibraciones se restringen a un plano particular, lo que significa que vibran en una dirección específica y no en otras.

Las lentes polarizadas y las gafas de sol polarizadas se utilizan para bloquear la luz polarizada en ciertas direcciones. Esto es especialmente útil en situaciones de deslumbramiento, como la luz solar reflejada en superficies como agua o carreteras. Las gafas de sol polarizadas están diseñadas para reducir el deslumbramiento al permitir solo la luz polarizada en una dirección específica, como la luz que proviene directamente del cielo y se refleja en la superficie, mientras bloquean la luz polarizada en otras direcciones que causa el deslumbramiento.

La polarización de la luz es un fenómeno importante en la óptica y tiene una amplia gama de aplicaciones, desde la fotografía y la cinematografía hasta la detección de estrés en materiales y la comunicación de datos ópticos.

Espectro Electromagnético: La luz visible es solo una pequeña parte del espectro electromagnético. Este espectro incluye desde ondas de radio de baja energía hasta rayos gamma de alta energía, pasando por microondas, infrarrojos, luz visible, ultravioleta y rayos X.

El espectro electromagnético abarca un amplio rango de longitudes de onda y frecuencias, y comprende diversas formas de radiación electromagnética, cada una de las cuales tiene diferentes propiedades y aplicaciones. Aquí está una descripción general de las regiones del espectro electromagnético, de menor a mayor energía:

Ondas de Radio: Estas ondas tienen longitudes de onda muy largas y se utilizan en la radiodifusión, las comunicaciones inalámbricas y la tecnología de radar.

Microondas: Las microondas tienen longitudes de onda más cortas y se utilizan en hornos de microondas, comunicaciones por satélite y tecnologías de radar avanzadas.

Infrarrojo (IR): Esta región incluye radiación infrarroja cercana y lejana. El IR cercano se utiliza en aplicaciones como controles remotos y sensores de movimiento, mientras que el IR lejano se emplea en la espectroscopia y la teledetección.

Luz Visible: La luz que percibimos con nuestros ojos es una pequeña parte del espectro electromagnético. Estas ondas tienen diferentes longitudes de onda que se traducen en diferentes colores, desde el rojo hasta el violeta.

Ultravioleta (UV): El UV es invisible para nosotros y se encuentra en longitudes de onda más cortas que la luz visible. Se utiliza en aplicaciones de esterilización, investigación científica y en la fabricación de productos fotográficos.

Rayos X: Los rayos X tienen energías muy altas y se utilizan en medicina para la radiografía y la tomografía computarizada, así como en investigación científica y aplicaciones de inspección no destructiva.

Rayos Gamma: Los rayos gamma son la forma más energética de radiación electromagnética y se utilizan en la terapia de radiación contra el cáncer y en estudios de alta energía en la física de partículas.

Cada región del espectro electromagnético tiene propiedades únicas y aplicaciones específicas en la ciencia, la tecnología y la vida cotidiana. A menudo, estas radiaciones se utilizan para investigaciones científicas, comunicaciones, diagnóstico médico, detección remota y más.

Óptica Geométrica: La óptica geométrica se centra en el estudio de cómo la luz se propaga en líneas rectas, asumiendo que las longitudes de onda de la luz son mucho más pequeñas que los objetos con los que interactúa. Esto se aplica a la construcción de lentes y espejos.

la óptica geométrica se enfoca en el estudio de la propagación de la luz en líneas rectas, especialmente cuando las longitudes de onda de la luz son mucho más pequeñas que los objetos o estructuras con los que interactúa. Esta aproximación simplificada de la óptica se basa en varios conceptos clave:

Rayos de Luz: En la óptica geométrica, la luz se modela como rayos rectilíneos que representan la dirección y el camino que sigue la luz. Estos rayos se utilizan para determinar cómo la luz interactúa con espejos, lentes y otros dispositivos ópticos.

Leyes de Reflexión y Refracción: La óptica geométrica utiliza las leyes de reflexión y refracción para describir cómo los rayos de luz se reflejan o se doblan al pasar de un medio a otro. La ley de reflexión se aplica a espejos y la ley de refracción se aplica a lentes y la propagación de la luz a través de superficies de separación de medios.

las leyes de reflexión y refracción son dos principios fundamentales de la óptica geométrica que describen cómo los rayos de luz se comportan al interactuar con superficies de separación entre diferentes medios. Estas leyes son esenciales para comprender la formación de imágenes en espejos y lentes, así como para predecir cómo la luz se propaga a través de diferentes sustancias. Aquí están las leyes de reflexión y refracción:

Ley de Reflexión: La ley de reflexión se aplica a la reflexión de la luz en superficies reflectantes, como espejos. Establece que el ángulo de incidencia (el ángulo formado por el rayo de luz incidente y la normal a la superficie de reflexión) es igual al ángulo de reflexión (el ángulo formado por el rayo reflejado y la normal a la superficie de reflexión).

Esta ley se aplica en la formación de imágenes en espejos planos y espejos curvos, como los espejos convexos y cóncavos.

Ley de Refracción: La ley de refracción describe cómo los rayos de luz cambian de dirección al pasar de un medio a otro de diferente densidad. Esta ley es fundamental para comprender cómo funcionan las lentes y cómo la luz se desvía al pasar a través de sustancias como el agua o el vidrio.

Donde los ángulos se miden con respecto a la normal a la superficie y la velocidad de la luz es diferente en cada medio. Cuando la luz pasa de un medio más denso a uno menos denso (por ejemplo, del vidrio al aire), se aleja de la normal y se dobla en dirección opuesta al ángulo de incidencia. Cuando la luz pasa de un medio menos denso a uno más denso (por ejemplo, del aire al vidrio), se acerca a la normal y se dobla hacia el ángulo de incidencia.

Estas leyes son fundamentales para la construcción de sistemas ópticos, como cámaras, telescopios y lentes correctoras. También son cruciales en la comprensión de cómo los prismas y las lentes ópticas desvían y enfocan la luz en diversas aplicaciones ópticas y dispositivos.

Formación de Imágenes: La óptica geométrica se utiliza para entender cómo se forman imágenes a partir de la interacción de la luz con espejos y lentes. Esto es fundamental en la óptica de cámaras, microscopios, telescopios y otros dispositivos ópticos.

Aberraciones Ópticas: Aunque la óptica geométrica es una aproximación útil, no tiene en cuenta todas las propiedades complejas de la luz y los dispositivos ópticos. Las aberraciones ópticas son desviaciones de la óptica geométrica perfecta y pueden afectar la calidad de las imágenes. Se pueden corregir mediante el diseño adecuado de lentes y sistemas ópticos.

La óptica geométrica es una herramienta poderosa en el diseño y análisis de sistemas ópticos. Sin embargo, es importante recordar que esta aproximación no tiene en cuenta efectos relacionados con la naturaleza ondulatoria de la luz, como la interferencia y la difracción, que son consideraciones importantes en situaciones donde las longitudes de onda de la luz son comparables al tamaño de las estructuras que la luz está interactuando. Por lo tanto, la óptica geométrica es adecuada para la mayoría de las aplicaciones ópticas cotidianas, pero no es aplicable en todos los casos.

Óptica Física: La óptica física considera la naturaleza ondulatoria de la luz y aborda fenómenos como la interferencia, la difracción y la polarización.

la óptica física es un campo de estudio que se centra en comprender la naturaleza ondulatoria de la luz y los fenómenos que no se pueden explicar adecuadamente mediante la óptica geométrica. A diferencia de la óptica geométrica, que se basa en rayos de luz y supone que la luz se propaga en línea recta, la óptica física se basa en la teoría de ondas y tiene en cuenta la naturaleza ondulatoria de la luz.

Algunos de los fenómenos y conceptos clave que se estudian en la óptica física incluyen:

Interferencia: La interferencia es un fenómeno en el que dos o más ondas de luz se superponen y combinan para formar un patrón de interferencia. Esto puede dar lugar a franjas de interferencia brillantes y oscuras, que se observan comúnmente en experimentos con rendijas dobles y películas delgadas.

Difracción: La difracción es el fenómeno de que una onda de luz se doble o se extienda cuando pasa cerca de un obstáculo o a través de una abertura. Esto da lugar a patrones de difracción característicos que se observan en experimentos con rendijas, rejillas y aberturas pequeñas.

Polarización: La polarización se refiere a la orientación de las vibraciones de las ondas de luz en un plano particular. La polarización se produce cuando las ondas de luz vibran en una sola dirección. Las gafas polarizadas y los filtros polarizadores se basan en este fenómeno para bloquear ciertas orientaciones de luz.

Dispersión: La dispersión es la separación de la luz en sus componentes de diferentes longitudes de onda. Un ejemplo común es el arco iris, donde la luz blanca del sol se descompone en sus colores componentes debido a la dispersión.

Teoría de la Difusión de Rayleigh: Esta teoría explica por qué el cielo es azul durante el día. Se basa en la dispersión de la luz por partículas atmosféricas, que afecta a las longitudes de onda más cortas (como el azul) más que a las longitudes de onda más largas.

La Teoría de la Difusión de Rayleigh es una explicación fundamental de por qué el cielo se ve azul durante el día. Fue propuesta por el científico británico Lord Rayleigh en el siglo XIX. La teoría se basa en el fenómeno de dispersión de la luz, que ocurre cuando la luz interactúa con partículas pequeñas en la atmósfera, como moléculas de aire y partículas de polvo. Esta dispersión afecta a las diferentes longitudes de onda de la luz de manera desigual.

Aquí está cómo funciona la Teoría de la Difusión de Rayleigh y por qué el cielo se ve azul:

Dispersión de la luz: Cuando la luz del sol pasa a través de la atmósfera, interactúa con las partículas en suspensión. Las longitudes de onda de la luz se dispersan en todas las direcciones debido a la interacción con estas partículas. Sin embargo, Rayleigh demostró que la dispersión es más efectiva en longitudes de onda más cortas.

Longitud de onda y color: La luz blanca del sol está compuesta por una variedad de colores, cada uno correspondiente a una longitud de onda específica. Las longitudes de onda más cortas se encuentran en la región azul del espectro visible.

Mayor dispersión del azul: Debido a la Teoría de la Difusión de Rayleigh, las longitudes de onda más cortas, como las del color azul, se dispersan más ampliamente en todas las direcciones por las partículas de la atmósfera en comparación con las longitudes de onda más largas. Esto significa que la luz azul es más propensa a ser dispersada en todas las direcciones que otras longitudes de onda.

El cielo azul: Cuando miramos hacia arriba durante el día, vemos una gran cantidad de luz azul dispersada en todas las direcciones desde todas las partes del cielo. Esta luz dispersada se mezcla y se convierte en la luz que vemos cuando miramos hacia arriba. Es por eso que percibimos el cielo como azul.

Es importante destacar que durante el atardecer y el amanecer, cuando el sol está más cerca del horizonte, la luz solar debe viajar a través de una parte más gruesa de la atmósfera. Esto resulta en una dispersión aún mayor de las longitudes de onda más cortas, y los colores cercanos al extremo rojo del espectro se vuelven más prominentes, creando los tonos cálidos de los cielos al amanecer y al atardecer.

En resumen, la Teoría de la Difusión de Rayleigh explica por qué el cielo se ve azul durante el día debido a la dispersión de la luz azul por las partículas en la atmósfera, lo que hace que esta luz sea más abundante en todas las direcciones que otras longitudes de onda.

La óptica física es fundamental en la comprensión de fenómenos complejos relacionados con la luz y es esencial en muchas áreas, como la investigación científica, la tecnología de láseres, la espectroscopia y la fotografía avanzada. Además, la óptica física se aplica en campos como la astronomía para estudiar la luz de las estrellas y en la investigación médica para el desarrollo de técnicas de imágenes avanzadas.

La óptica tiene aplicaciones en una variedad de campos, desde la construcción de telescopios y microscopios hasta tecnologías como la fibra óptica y la óptica láser, y desempeña un papel esencial en la comprensión de la naturaleza y el comportamiento de la luz en diferentes contextos.

15.Teoría de la relatividad de Einstein: Conceptos básicos.

La Teoría de la Relatividad, desarrollada por Albert Einstein a principios del siglo XX, es uno de los pilares fundamentales de la física moderna y revolucionó nuestra comprensión del espacio, el tiempo y la gravedad. Hay dos formulaciones principales de la Teoría de la Relatividad: la Relatividad Especial y la Relatividad General. Aquí están los conceptos básicos de ambas:

1. Relatividad Especial: La Relatividad Especial, publicada por Einstein en 1905, se centra en la física de los objetos en movimiento, especialmente a velocidades cercanas a la velocidad de la luz. Sus conceptos clave incluyen:

Principio de la Relatividad: La física es la misma en todos los sistemas de referencia inerciales. En otras palabras, las leyes de la física son consistentes para todos los observadores que se mueven a velocidades constantes.

El "Principio de la Relatividad" es uno de los pilares fundamentales de la Relatividad Especial, formulada por Albert Einstein en 1905. Este principio establece que las leyes fundamentales de la física son las mismas en todos los sistemas de referencia inerciales, es decir, sistemas que se mueven a velocidades constantes en línea recta.

Leyes de la Física Consistentes: Según el principio de la relatividad, las leyes de la física, como las leyes de la mecánica newtoniana, la termodinámica y la electrodinámica, se aplican de la misma manera para todos los observadores en sistemas de referencia inerciales. Esto significa que las observaciones y mediciones realizadas en un sistema en reposo o en movimiento a velocidad constante serán consistentes con estas leyes.

Invariancia de la Velocidad de la Luz: Una de las implicaciones más importantes del principio de la relatividad es que la velocidad de la luz en el vacío es constante para todos los observadores, independientemente de su velocidad relativa. Esta afirmación revolucionaria contradice la intuición clásica que sugiere que la velocidad de la luz debería cambiar según el movimiento del observador.

Dilatación del Tiempo: Debido a la invariancia de la velocidad de la luz, se produce la dilatación del tiempo. Esto significa que cuando dos observadores se mueven a diferentes velocidades relativas, experimentarán una diferencia en la percepción del tiempo. Un observador en movimiento más rápido verá que los relojes en reposo avanzan más lentamente.

Contracción de Longitud: El principio de la relatividad también implica la contracción de longitud. Los objetos en movimiento a velocidades cercanas a la de la luz se acortarán en la dirección de su movimiento desde la perspectiva de un observador en reposo.

Transformaciones de Lorentz: Para llevar a cabo cálculos y mediciones precisas en sistemas en movimiento, Einstein desarrolló las transformaciones de Lorentz, que relacionan las coordenadas de espacio y tiempo entre sistemas de referencia en movimiento relativo.

En resumen, el principio de la relatividad cambió nuestra comprensión de la física al establecer que las leyes fundamentales de la naturaleza son consistentes en todos los sistemas de referencia inerciales, incluso cuando se mueven a velocidades cercanas a la de la luz. Esta teoría condujo a una nueva visión de la física, conocida como Relatividad Especial, que ha sido confirmada por numerosos experimentos y observaciones.

Constancia de la velocidad de la luz: La velocidad de la luz en el vacío, simbolizada como "c," es constante para todos los observadores, sin importar su velocidad relativa. Esto significa que la luz se comporta de manera inusual, ya que no obedece el principio clásico de adición de velocidades.

La constancia de la velocidad de la luz es uno de los conceptos más fundamentales de la Relatividad Especial de Einstein. Esta idea desafía la intuición clásica sobre cómo deberían sumarse las velocidades en el contexto de la física, y tiene importantes implicaciones.

En la teoría clásica de la física, se espera que las velocidades se sumen simplemente adicionando o restando las velocidades relativas. Por ejemplo, si te encuentras en un tren que se mueve a 100 kilómetros por hora y lanzas una pelota hacia adelante a 10 kilómetros por hora, según la física clásica, la velocidad de la pelota vista desde la Tierra sería la suma de las dos velocidades: 100 km/h + 10 km/h = 110 km/h.

Sin embargo, la Relatividad Especial de Einstein cambió esta concepción. Einstein postuló que la velocidad de la luz en el vacío (que es de aproximadamente 299,792,458 metros por segundo o 186,282 millas por segundo) es constante para todos los observadores, independientemente de su velocidad relativa.

Esto significa que, de acuerdo con la relatividad especial:

Si un rayo de luz se emite desde un objeto en movimiento a una velocidad significativa, un observador en movimiento con ese objeto y otro observador en reposo verán que el rayo de luz se propaga a la misma velocidad, que es la velocidad de la luz.

A diferencia de la intuición clásica, las velocidades no se suman simplemente. Por ejemplo, si te encuentras en un tren que se mueve a una fracción significativa de la velocidad de la luz y lanzas una luz hacia adelante, la velocidad de la luz medida desde la Tierra seguirá siendo c.

Este resultado es fundamental para comprender la dilatación del tiempo y la contracción de la longitud en la relatividad especial. La idea de que la velocidad de la luz es constante para todos los observadores ha sido respaldada por una amplia gama de experimentos y observaciones científicas y ha cambiado fundamentalmente nuestra comprensión de la física.

Dilatación del tiempo: Según la Relatividad Especial, el tiempo no es absoluto. El tiempo se dilata o se contrae dependiendo de la velocidad relativa. Un objeto en movimiento experimenta una dilatación del tiempo y envejece más lentamente en comparación con un objeto en reposo.

la dilatación del tiempo es uno de los conceptos más interesantes y profundos de la Relatividad Especial de Einstein. Básicamente, según la teoría de la relatividad, el tiempo no es absoluto, y su percepción está vinculada a la velocidad relativa entre observadores. Aquí tienes más información sobre este concepto:

Dilatación del Tiempo: Cuando dos observadores se mueven a diferentes velocidades relativas, experimentan una diferencia en la percepción del tiempo. En particular, un observador que se mueve a una velocidad significativa en relación con otro observador verá que los relojes del observador en movimiento avanzan más lentamente en comparación con los suyos.

Efecto Gemelo: Un ejemplo clásico es el "Efecto Gemelo", donde uno de los gemelos se embarca en un viaje espacial a una velocidad cercana a la velocidad de la luz mientras que el otro gemelo se queda en la Tierra. Cuando el gemelo que viaja regresa, encuentra que ha envejecido menos que su gemelo que se quedó en la Tierra debido a la dilatación del tiempo.

Principio de Invarianza: La constancia de la velocidad de la luz implica que las leyes de la física son las mismas para todos los observadores inerciales, pero eso lleva a efectos sorprendentes, como la dilatación del tiempo. Este principio establece que ninguna velocidad, ya sea la de la luz o cualquier otra, es absoluta, y en su lugar, el tiempo y el espacio se combinan de una manera que mantiene la velocidad de la luz constante.

Aplicaciones Prácticas: La dilatación del tiempo es un fenómeno real y ha sido verificado experimentalmente a través de observaciones con partículas subatómicas aceleradas a velocidades cercanas a la de la luz. Además, la corrección debida a la dilatación del tiempo es necesaria para que los sistemas de navegación por satélite, como el GPS, funcionen con precisión, ya que los satélites se mueven a velocidades significativas en relación con los usuarios en la Tierra.

La dilatación del tiempo es un resultado fundamental de la Relatividad Especial y tiene importantes implicaciones no solo en la física teórica, sino también en aplicaciones prácticas en la vida cotidiana.

Contracción de la longitud: La longitud de un objeto en movimiento se contrae en la dirección de su movimiento desde la perspectiva de un observador en reposo.

la contracción de la longitud es otro fenómeno interesante predicho por la Relatividad Especial de Einstein. Este concepto se basa en la idea de que la longitud de un objeto en movimiento se acorta o contrae en la dirección de su movimiento cuando se observa desde un sistema de referencia en reposo. Algunos aspectos importantes sobre la contracción de la longitud son:

Dependencia de la Velocidad: La contracción de la longitud es directamente proporcional a la velocidad relativa entre el objeto en movimiento y el observador en reposo. Cuanto mayor sea la velocidad del objeto en movimiento, mayor será la contracción de su longitud desde la perspectiva del observador en reposo. Esta contracción solo es significativa a velocidades cercanas a la velocidad de la luz.

Efecto Recíproco: Según la Relatividad Especial, este efecto es recíproco. Esto significa que si un observador en movimiento mide la longitud de un objeto en reposo, también encontrará que está acortado en la dirección de movimiento. Esto lleva a la idea de que no existe un sistema de referencia privilegiado; las leyes de la física se aplican por igual a todos los observadores.

Efectos Prácticos: A velocidades cotidianas, como las que experimentamos en la Tierra, los efectos de la contracción de la longitud son insignificantes y no se pueden percibir. Sin embargo, en experimentos con partículas subatómicas aceleradas a velocidades relativistas, estos efectos son observables y se han verificado experimentalmente.

Condiciones Extremas: A velocidades cercanas a la velocidad de la luz, la contracción de la longitud y la dilatación del tiempo son efectos que deben ser tenidos en cuenta para describir con precisión el comportamiento de objetos en movimiento. Por ejemplo, la contracción de la longitud es relevante para comprender la estabilidad de partículas subatómicas que viajan a velocidades relativistas.

Estos efectos de la Relatividad Especial desafían nuestras intuiciones sobre el espacio y el tiempo, pero han sido confirmados por numerosos experimentos y mediciones, y son fundamentales para nuestra comprensión de la física a velocidades relativistas.

2. Relatividad General: La Relatividad General, formulada por Einstein en 1915, es una teoría de la gravedad y la geometría del espacio-tiempo.

Principio de Equivalencia: La aceleración debida a la gravedad es indistinguible de la aceleración debida a la aceleración lineal. En otras palabras, un observador dentro de una caja cerrada no podría decir si está siendo acelerado debido a la gravedad o acelerado linealmente en el espacio.

El Principio de Equivalencia es uno de los pilares fundamentales de la Teoría de la Relatividad General de Albert Einstein. Establece que la aceleración debida a la gravedad es indistinguible de la aceleración debida a la aceleración lineal en ausencia de gravedad. En otras palabras, si te encuentras en un sistema de referencia en caída libre en un campo gravitatorio uniforme, no podrías, mediante observaciones locales, determinar si estás siendo sometido a la fuerza de la gravedad o si estás acelerando en el espacio exterior sin gravedad.

Este principio tiene varias implicaciones significativas:

Curvatura del Espacio-Tiempo: El Principio de Equivalencia condujo a la idea central de la Teoría de la Relatividad General de que la gravedad no es una fuerza en el sentido clásico, sino que se debe a la curvatura del espacio-tiempo en presencia de masa y energía. Esto significa que los objetos en caída libre siguen trayectorias geodésicas en un espacio-tiempo curvado, como planetas orbitando el sol o una manzana cayendo a la Tierra.

Efecto de la Gravedad: El principio explica por qué todos los objetos, sin importar su masa o composición, caen al mismo ritmo en un campo gravitatorio dado. Esto fue demostrado por Galileo cuando dejó caer objetos de diferentes masas desde la Torre de Pisa y es una predicción de la Teoría de la Relatividad General de Einstein.

Tiempo Gravitacional: La Teoría de la Relatividad General también predice que el tiempo transcurre más lentamente en campos gravitatorios más intensos. Esto se conoce como la dilatación del tiempo gravitacional y ha sido confirmado mediante experimentos.

Lente Gravitacional: La curvatura del espacio-tiempo debido a la gravedad también puede actuar como una "lente" que desvía la luz de objetos distantes, creando efectos de lente gravitacional observables en la astronomía.

El Principio de Equivalencia ha tenido un profundo impacto en la física teórica y experimental y ha llevado a una comprensión más profunda de la gravedad y el espacio-tiempo. Es uno de los conceptos clave que distingue la Teoría de la Relatividad General de la Teoría de la Relatividad Especial y ha sido confirmado por numerosos experimentos y observaciones.

Curvatura del espacio-tiempo: La gravedad no se debe a una fuerza misteriosa a distancia, sino a la curvatura del espacio-tiempo causada por la presencia de masa y energía. Los objetos en movimiento siguen trayectorias curvas en el espacio-tiempo curvado, que interpretamos como la fuerza gravitatoria.

La idea central de la Teoría de la Relatividad General de Albert Einstein es que la gravedad no se debe a una fuerza en el sentido clásico, sino a la curvatura del espacio-tiempo. Esta teoría revolucionaria propone que la presencia de masa y energía en el universo curva el espacio-tiempo a su alrededor. Los objetos en movimiento siguen trayectorias llamadas "geodésicas" en este espacio-tiempo curvado.

La metáfora comúnmente usada para ilustrar este concepto es la de una pelota que se coloca en una sábana estirada. La pelota crea una curvatura en la sábana, y si colocas una canica cerca de la pelota, esta canica seguirá una trayectoria curva alrededor de la pelota en la sábana curvada. Esto es análogo a cómo los objetos se mueven alrededor de una masa en el espacio-tiempo curvado debido a la gravedad.

La Teoría de la Relatividad General predice efectos gravitacionales como la dilatación del tiempo (el tiempo pasa más lentamente en campos gravitatorios más intensos), el efecto de lente gravitacional (donde la luz de objetos distantes se dobla al pasar cerca de una masa) y la equivalencia entre la gravedad y la aceleración. Estas predicciones han sido confirmadas por numerosos experimentos y observaciones y han llevado a una comprensión más profunda de la naturaleza de la gravedad y el espacio-tiempo.

Reloj gravitacional: Los relojes en campos gravitatorios más fuertes avanzan más lentamente que los relojes en campos más débiles. Esto se llama dilatación del tiempo gravitacional y ha sido confirmado experimentalmente.

La dilatación del tiempo gravitacional es un fenómeno predicho por la Teoría de la Relatividad General de Einstein. Según esta teoría, la intensidad del campo gravitatorio afecta la percepción del tiempo. En campos gravitatorios más fuertes, como los producidos por objetos masivos, el tiempo pasa más lentamente en comparación con campos gravitatorios más débiles.

Este efecto se puede entender de la siguiente manera: en una región con un campo gravitatorio fuerte, el espacio-tiempo está más curvado, lo que significa que el tiempo transcurre más lentamente. Esto se ha confirmado mediante experimentos y observaciones. Por ejemplo, los relojes atómicos muy precisos colocados a diferentes altitudes en la Tierra muestran una diferencia en la velocidad a la que avanzan, con los relojes en altitudes más altas avanzando ligeramente más rápido que los ubicados a menor altitud debido a la dilatación del tiempo gravitacional.

El efecto de dilatación del tiempo gravitacional también se ha confirmado en observaciones de sistemas astronómicos, como los relojes atómicos a bordo de satélites de navegación GPS. Este fenómeno tiene importantes implicaciones en la sincronización de sistemas de navegación y comunicación que dependen de señales de satélites, y su corrección es esencial para lograr una precisión en la ubicación.

Lentes gravitacionales: La gravedad de un objeto masivo puede curvar la luz que pasa cerca de él. Esto se utiliza en la observación de lentes gravitacionales, donde la luz de objetos distantes se curva alrededor de un objeto masivo, lo que nos permite observar objetos detrás de la fuente masiva.

Las lentes gravitacionales son un fenómeno fascinante predicho por la Teoría de la Relatividad General de Einstein. Cuando la luz de un objeto distante pasa cerca de un objeto masivo, como una galaxia o un cúmulo de galaxias, la gravedad de ese objeto masivo actúa como una lente y curva la luz. Esto puede dar lugar a varios efectos interesantes:

Lentes Gravitacionales Fuertes: En algunos casos, la lente gravitacional es tan masiva y densa que puede crear múltiples imágenes distorsionadas del objeto distante. Esto se observa en sistemas como los cuásares y galaxias de fondo que se ven como arcos o anillos alrededor de la lente.

Lentes Gravitacionales Débiles: En otros casos, la lente gravitacional no es lo suficientemente masiva como para crear imágenes múltiples, pero aún distorsiona la forma de la galaxia o el objeto detrás de ella. Esto se utiliza para mapear la distribución de masa de la lente.

Amplificación Gravitacional: La lente gravitacional también puede amplificar la luz de los objetos distantes, lo que permite a los astrónomos observar objetos que de otro modo serían demasiado débiles para detectar.

Detección de Materia Oscura: Las lentes gravitacionales son una herramienta poderosa para estudiar la distribución de la materia oscura en el universo, ya que la materia oscura también causa desviación gravitatoria de la luz.

Las lentes gravitacionales se han utilizado para confirmar muchas predicciones de la relatividad general y han llevado a importantes descubrimientos en la astronomía, como la detección de exoplanetas, el estudio de galaxias distantes y la investigación de la expansión del universo.

La Teoría de la Relatividad ha sido confirmada por numerosos experimentos y observaciones y ha tenido un impacto profundo en la física y la astronomía moderna. Ha abierto la puerta a conceptos como los agujeros negros, la expansión del universo y la energía oscura, y sigue siendo un campo activo de investigación en la actualidad.

16. Mecánica cuántica para principiantes

La mecánica cuántica es una teoría fundamental de la física que describe el comportamiento de partículas a una escala muy pequeña, como átomos y partículas subatómicas. Aunque puede ser una teoría compleja y desafiante, aquí tienes una introducción básica a algunos de sus conceptos fundamentales:

Dualidad Onda-Partícula: Uno de los conceptos clave de la mecánica cuántica es la dualidad onda-partícula. Las partículas subatómicas, como electrones, pueden exhibir tanto propiedades de partículas (como posición y momento) como propiedades de onda (como longitud de onda y frecuencia).

la dualidad onda-partícula es un concepto fundamental en la mecánica cuántica. Esta dualidad se refiere al hecho de que las partículas subatómicas, como electrones o fotones, pueden exhibir comportamientos tanto de partículas discretas como de ondas continuas, dependiendo de cómo se midan o observen.

Cuando se trata de partículas subatómicas, como electrones, a menudo se comportan como partículas cuando se miden sus propiedades, como su posición o momento (velocidad). Por ejemplo, cuando se realiza una medición para determinar la posición de un electrón en un átomo, se obtendrá un valor específico para su posición en un lugar particular del átomo, como si fuera una partícula puntual.

Por otro lado, estas mismas partículas subatómicas también exhiben propiedades ondulatorias, como la interferencia y la difracción, cuando se observan en experimentos específicos. La interferencia ocurre cuando las ondas se superponen y pueden fortalecerse o debilitarse entre sí. La difracción es el fenómeno de que las ondas se doblan al pasar a través de una apertura o alrededor de un obstáculo, creando patrones característicos de difracción.

La dualidad onda-partícula es una de las características más sorprendentes de la mecánica cuántica y ha sido respaldada por numerosos experimentos. Es esencial para comprender el comportamiento de partículas subatómicas y cómo interactúan con su entorno en la escala cuántica.

Superposición: En mecánica cuántica, se permite que una partícula exista en múltiples estados al mismo tiempo. Esto se llama superposición. Por ejemplo, un electrón puede estar en un estado de "arriba" y "abajo" al mismo tiempo.

La superposición es un principio fundamental de la mecánica cuántica. Según este principio, una partícula cuántica, como un electrón, puede existir en múltiples estados al mismo tiempo, en lugar de tener un estado definido hasta que se mida o se observe.

Un ejemplo clásico para ilustrar la superposición es el experimento de la doble rendija. Cuando se dispara una partícula, como un electrón, hacia dos rendijas estrechas, en lugar de pasar por una rendija o la otra, la partícula puede pasar por ambas rendijas al mismo tiempo. Esto resulta en un patrón de interferencia en la pantalla de detección detrás de las rendijas, lo que indica que la partícula está en un estado de superposición de pasar por ambas rendijas simultáneamente.

La superposición es una característica fundamental de las partículas cuánticas y tiene implicaciones profundas en la computación cuántica, donde los bits cuánticos o "qubits" pueden representar múltiples estados simultáneamente y permiten realizar cálculos de manera más eficiente en ciertos casos.

La superposición es uno de los conceptos que distingue a la mecánica cuántica de la física clásica y ha sido confirmada experimentalmente en innumerables ocasiones.

Entrelazamiento: El entrelazamiento es un fenómeno en el que dos partículas cuánticas se vuelven correlacionadas de una manera que sus estados están intrínsecamente relacionados. Un cambio en el estado de una partícula puede afectar instantáneamente el estado de la otra, sin importar cuán lejos estén.

El entrelazamiento es otro concepto fundamental en la mecánica cuántica. También se conoce como "entrelazamiento cuántico" y se refiere a la correlación especial entre dos partículas cuánticas, como electrones o fotones, que están de alguna manera vinculadas de manera que sus propiedades están interconectadas.

La característica más notable del entrelazamiento es que un cambio en una de las partículas afectará instantáneamente el estado de la otra, sin importar la distancia que las separa. Esto se conoce como "acción a distancia" o "no localidad". Este fenómeno, descrito por Albert Einstein como "acción espeluznante a distancia," es una característica única de la mecánica cuántica y ha sido confirmado experimentalmente en múltiples ocasiones a través de experimentos de desigualdad de Bell.

El entrelazamiento es un aspecto clave en las discusiones sobre la paradoja EPR (Einstein-Podolsky-Rosen) y tiene aplicaciones en tecnologías emergentes como la criptografía cuántica y la comunicación cuántica. También es un ejemplo importante de cómo la mecánica cuántica desafía nuestra intuición basada en la física clásica.

Principio de Incertidumbre de Heisenberg: El principio de incertidumbre establece que no se puede conocer simultáneamente la posición y el momento (velocidad) de una partícula con una precisión infinita. Cuanto más precisamente conoces la posición de una partícula, menos precisión tienes sobre su momento, y viceversa.

El principio de incertidumbre de Heisenberg, formulado por el físico alemán Werner Heisenberg, es uno de los principios fundamentales de la mecánica cuántica. Establece que no es posible conocer simultáneamente con precisión infinita la posición y el momento (que se relaciona con la velocidad) de una partícula. Cuanto más precisamente intentes medir la posición de una partícula, menos precisión tendrás en la medición de su momento, y viceversa.

Este principio no se debe a limitaciones tecnológicas en la medición, sino que es inherente a la naturaleza misma de la mecánica cuántica. En el mundo cuántico, las partículas no tienen una posición y un momento bien definidos, como se podría esperar en la física clásica. En cambio, sus propiedades se describen en términos de distribuciones de probabilidad.

El principio de incertidumbre tiene importantes implicaciones en la física cuántica y se utiliza en la interpretación y el cálculo de fenómenos cuánticos. También tiene efectos prácticos en la tecnología, como en la operación de microscopios de alta resolución y en el diseño de dispositivos electrónicos, como transistores y semiconductores. En resumen, establece una limitación fundamental en nuestra capacidad para conocer y predecir el comportamiento de las partículas en el mundo cuántico.

Orbitales Electrónicos: En átomos, los electrones no siguen trayectorias clásicas alrededor del núcleo, sino que se distribuyen en regiones de espacio llamadas "orbitales". Los orbitales son áreas donde existe una alta probabilidad de encontrar un electrón.

En la mecánica cuántica, los electrones en átomos no siguen trayectorias clásicas alrededor del núcleo, como lo hacrían en el modelo planetario del átomo propuesto por Niels Bohr. En su lugar, los electrones se distribuyen en regiones de espacio tridimensionales llamadas "orbitales electrónicos".

Los orbitales electrónicos son áreas de alta probabilidad de encontrar un electrón en un átomo. Los orbitales se describen mediante funciones de onda y se representan como nubes de densidad electrónica que rodean el núcleo del átomo. La forma de los orbitales depende de varios números cuánticos, como el número cuántico principal (n), el número cuántico azimutal (l), el número cuántico magnético (m_l), y el espín (m_s), que especifican las características y la orientación de los orbitales.

Los orbitales se dividen en varios tipos, incluidos los orbitales s, p, d, y f, cada uno con una forma característica y una orientación específica en relación con los ejes del espacio. Los electrones llenan estos orbitales siguiendo el principio de exclusión de Pauli, el principio de Aufbau y la regla de Hund, que rigen cómo se organizan los electrones en los átomos.

El modelo de orbitales electrónicos es fundamental para comprender la estructura electrónica de los átomos y cómo interactúan los electrones en las reacciones químicas. Ayuda a explicar la formación de enlaces químicos y la química de los elementos en la tabla periódica.

Función de Onda: La función de onda es una descripción matemática de una partícula en un sistema cuántico. Contiene información sobre la probabilidad de encontrar una partícula en diferentes estados.

La función de onda es una parte fundamental de la mecánica cuántica. Es una descripción matemática que se utiliza para caracterizar el estado de una partícula o sistema cuántico en términos de su posición, momento, energía y otros parámetros físicos. La función de onda se denota generalmente con la letra griega psi (Ψ) y depende de las coordenadas espaciales y el tiempo.

La función de onda proporciona información sobre la probabilidad de encontrar una partícula en diferentes estados o posiciones. Esta probabilidad se relaciona con el valor absoluto de la función de onda al cuadrado, Ψ^2, que se interpreta como la densidad de probabilidad. En otras palabras, $|\Psi|^2$ en un punto dado representa la probabilidad de encontrar la partícula en ese punto.

La ecuación fundamental que rige la evolución de la función de onda en mecánica cuántica es la ecuación de Schrödinger. Esta ecuación describe cómo la función de onda de un sistema cambia con el tiempo y cómo se relaciona con la energía del sistema.

La función de onda y la interpretación de la probabilidad asociada son conceptos clave en la mecánica cuántica, y juegan un papel fundamental en la comprensión de la naturaleza cuántica de las partículas y los sistemas subatómicos.

Colapso de la Función de Onda: Cuando se mide una propiedad de una partícula, su función de onda colapsa a un estado particular. Por ejemplo, si mides la posición de un electrón, su función de onda colapsa a una ubicación específica.

Uno de los aspectos más intrigantes de la mecánica cuántica es el colapso de la función de onda. Cuando realizas una medición de una propiedad específica de una partícula, como su posición o momento, la función de onda asociada a esa partícula colapsa en un estado particular correspondiente a la propiedad medida.

Este fenómeno se conoce como "colapso de la función de onda" y es una característica fundamental de la mecánica cuántica. Antes de la medición, la función de onda de la partícula describe su estado en términos de probabilidades, lo que significa que existe en una superposición de múltiples estados posibles. Sin embargo, una vez que realizas la medición, el sistema se encuentra en uno de esos estados específicos, y las probabilidades desaparecen.

Este colapso de la función de onda es una de las diferencias clave entre la mecánica cuántica y la física clásica. En la física clásica, generalmente puedes medir una propiedad sin afectar el estado del sistema, mientras que en la mecánica cuántica, la medición tiene un impacto directo en el estado del sistema.

Este fenómeno ha llevado a debates filosóficos y a interpretaciones diferentes de la mecánica cuántica, como la interpretación de Copenhague y la interpretación de muchos mundos. Cada una de estas interpretaciones aborda de manera diferente la cuestión de por qué ocurre el colapso de la función de onda y cómo se relaciona con la realidad observada.

Operadores y Observables: Los observables, como la posición y el momento, se representan mediante operadores en la mecánica cuántica. Cuando se aplica un operador a una función de onda, se obtiene información sobre la propiedad observable.

en la mecánica cuántica, los observables, que son las propiedades físicas medibles, como la posición, el momento, la energía, etc., se representan mediante operadores. Estos operadores actúan sobre las funciones de onda de las partículas y proporcionan información sobre los valores esperados de esos observables en un estado cuántico particular.

Por ejemplo, el operador de posición actúa sobre una función de onda y proporciona la posición esperada de una partícula. El operador de momento actúa sobre la función de onda y proporciona el momento esperado de la partícula. La mecánica cuántica utiliza ecuaciones llamadas ecuaciones de Schrödinger o ecuaciones de Dirac para describir cómo estas funciones de onda evolucionan en el tiempo.

Esta formalización de los observables a través de operadores es una de las características fundamentales de la mecánica cuántica y es esencial para calcular y predecir resultados en sistemas cuánticos. También es lo que permite que la mecánica cuántica sea tan diferente de la física clásica, donde los observables se pueden describir de manera determinista, mientras que en la mecánica cuántica, a menudo se describen en términos de probabilidades y superposiciones debido a la dualidad onda-partícula y el principio de incertidumbre de Heisenberg.

Efecto Túnel: Las partículas cuánticas pueden "tunelar" a través de barreras de potencial que clásicamente no podrían atravesar. Este es un fenómeno cuántico importante en dispositivos electrónicos.

El efecto túnel es un fenómeno cuántico fascinante que ocurre cuando partículas, como electrones, pueden pasar a través de barreras de potencial que clásicamente serían impenetrables. En la mecánica cuántica, no podemos predecir con certeza la posición exacta y la velocidad de una partícula, sino que trabajamos con probabilidades y funciones de onda.

Cuando un electrón se encuentra frente a una barrera de potencial, existe una cierta probabilidad de que el electrón "tunelice" a través de la barrera y aparezca en el otro lado. Esto se debe a la dualidad onda-partícula y al principio de incertidumbre de Heisenberg. La función de onda del electrón se extiende a través de la barrera, lo que significa que, aunque la probabilidad es baja, existe la posibilidad de que el electrón pase a través de la barrera incluso si su energía clásica no sería suficiente para superarla.

El efecto túnel tiene aplicaciones significativas en dispositivos electrónicos, como los diodos túnel y los microscopios de efecto túnel, que aprovechan este fenómeno para operar. También es un concepto fundamental en la física de partículas y en la interpretación de sistemas cuánticos.

Estados Ligados y Libres: Las partículas cuánticas pueden estar en estados ligados (como electrones en átomos) o estados libres (como electrones en un conductor). Los estados ligados están restringidos a ciertas regiones, mientras que los estados libres se pueden propagar.

en el contexto de la mecánica cuántica, las partículas cuánticas pueden existir en estados ligados o estados libres:

Estados Ligados: Estos estados se refieren a partículas que están confinadas a regiones específicas. Un ejemplo clásico es el electrón en un átomo. El electrón no puede estar a cualquier distancia del núcleo, sino que ocupa órbitas cuantizadas alrededor del núcleo. Estos estados ligados tienen niveles de energía discretos y están vinculados a ciertas propiedades cuantizadas.

Se refieren a partículas cuánticas que están restringidas a regiones específicas debido a las fuerzas y barreras de potencial que actúan sobre ellas. Un ejemplo clásico es el electrón en un átomo. Debido a la atracción eléctrica entre el electrón y el núcleo cargado positivamente, el electrón no puede estar a cualquier distancia del núcleo. En lugar de eso, se encuentra en órbitas o niveles de energía cuantizados alrededor del núcleo. Estos estados ligados tienen niveles de energía discretos, lo que significa que solo pueden ocupar ciertos niveles de energía, y están vinculados a propiedades cuantizadas como el momento angular orbital.

Este comportamiento de los electrones en átomos es lo que da lugar a la estructura discreta de las líneas espectrales, como las que se observan en la espectroscopia, y es fundamental para comprender la química y la física de los átomos y moléculas. Los estados ligados también son relevantes en otros sistemas cuánticos, como partículas en pozos de potencial y estados electrónicos en semiconductores.

Estados Libres: En contraste, los estados libres implican partículas que pueden propagarse libremente en el espacio sin estar confinadas a regiones específicas. Por ejemplo, un electrón en un conductor metálico se considera en un estado libre, ya que se desplaza por el material y puede moverse relativamente libremente bajo la influencia de un campo eléctrico.

Estos estados se refieren a partículas cuánticas que no están restringidas a regiones específicas y pueden moverse relativamente libremente en el espacio. Un ejemplo común es el electrón en un conductor metálico. En un material conductor, los electrones son móviles y pueden desplazarse bajo la influencia de un campo eléctrico. Estos estados libres no tienen niveles de energía discretos como los estados ligados en átomos, sino que forman una banda de energía continua. La movilidad de los electrones en materiales conductores es fundamental para la conducción eléctrica en aplicaciones prácticas.

La distinción entre estados ligados y estados libres es fundamental en la mecánica cuántica y es relevante para comprender el comportamiento de las partículas en diferentes contextos, desde átomos y moléculas hasta materiales conductores y otros sistemas físicos y químicos.

La diferencia clave entre estos dos tipos de estados radica en cómo están vinculadas las partículas. En estados ligados, la partícula está "atrapada" en una región específica debido a barreras de potencial o restricciones cuánticas, mientras que en estados libres, la partícula tiene más libertad de movimiento y puede propagarse a través del espacio sin restricciones significativas.

Estos conceptos son fundamentales para comprender la estructura electrónica de los átomos y las propiedades de los materiales conductores, entre otros aspectos de la mecánica cuántica.

Estos son solo algunos de los conceptos básicos de la mecánica cuántica. A medida que profundices en el tema, descubrirás que es una teoría rica y sorprendente con muchas aplicaciones en la física, la química y la tecnología.

17.Partículas subatómicas: El mundo microscópico.

Las partículas subatómicas son las partículas que componen la materia a una escala más pequeña que los átomos. Estas partículas son la base de la física subatómica y la química, y son fundamentales para comprender la estructura y el comportamiento de la materia. Aquí tienes una descripción de algunas de las partículas subatómicas más importantes:

Electrón: El electrón es una partícula subatómica con carga eléctrica negativa (-1) y una masa aproximadamente 1/1836 de la masa de un protón o un neutrón. Los electrones orbitan alrededor del núcleo del átomo en regiones llamadas orbitales y están involucrados en la formación de enlaces químicos y la conducción de electricidad.

El electrón es una de las partículas subatómicas más conocidas y desempeña un papel fundamental en la estructura y el comportamiento de la materia.

Carga y Masa: Los electrones tienen una carga eléctrica negativa elemental, que se simboliza como "-1" en unidades de carga elemental. Su masa es aproximadamente 1/1836 de la masa de un protón o un neutrón, lo que significa que son relativamente ligeros en comparación con las partículas nucleares.

Órbitas y Orbitales: Aunque comúnmente se habla de los electrones "orbitando" el núcleo de un átomo, la imagen clásica de órbitas circulares es simplificada. En realidad, los electrones se encuentran en regiones de alta probabilidad llamadas "orbitales", que son áreas en las que hay una alta probabilidad de encontrar un electrón. Estos orbitales se distribuyen en capas electrónicas alrededor del núcleo del átomo.

Comportamiento Cuántico: Los electrones, al igual que otras partículas subatómicas, exhiben propiedades cuánticas. Esto significa que su posición y momento no pueden conocerse con precisión infinita al mismo tiempo, como se establece en el principio de incertidumbre de Heisenberg.

Enlaces Químicos: Los electrones son esenciales en la formación de enlaces químicos. Los átomos comparten o transfieren electrones para formar moléculas y compuestos. Los electrones de valencia en la capa más externa de los átomos son particularmente importantes en la química, ya que determinan cómo los átomos se combinan entre sí.

Conducción de Electricidad: Los electrones son portadores de carga eléctrica y son responsables de la conducción de electricidad en materiales conductores. Cuando se aplica un campo eléctrico, los electrones pueden moverse a través de un conductor, lo que permite el flujo de corriente eléctrica.

Teoría Cuántica: La mecánica cuántica proporciona una descripción precisa del comportamiento de los electrones en los átomos. La función de onda de un electrón describe su distribución de probabilidad en un orbital.

Aplicaciones Tecnológicas: El conocimiento de los electrones y su comportamiento ha llevado al desarrollo de tecnologías como la electrónica, los dispositivos semiconductores y las computadoras.

Los electrones desempeñan un papel central en la comprensión de la estructura de la materia y tienen una amplia gama de aplicaciones en la ciencia y la tecnología modernas.

Protón: El protón es una partícula subatómica con carga eléctrica positiva (+1) y una masa que es aproximadamente igual a la del neutrón. Los protones se encuentran en el núcleo de un átomo y determinan su identidad química.

El protón es una partícula subatómica fundamental con características específicas que lo distinguen en el mundo de la física de partículas y la química.

Carga y Masa: Los protones tienen una carga eléctrica positiva elemental, que se simboliza como "+1" en unidades de carga elemental. Su masa es aproximadamente igual a la del neutrón y es aproximadamente 1836 veces más grande que la masa de un electrón.

Localización: Los protones se encuentran en el núcleo de un átomo junto con los neutrones. El núcleo es la región central del átomo que contiene la mayor parte de la masa del átomo, pero ocupa un volumen extremadamente pequeño en comparación con la distribución de los electrones en órbita alrededor del núcleo.

Determinación de la Identidad Química: La cantidad de protones en el núcleo de un átomo se conoce como número atómico, y es lo que determina la identidad química de un elemento. Por ejemplo, el hidrógeno tiene un protón, el helio tiene dos protones y el oxígeno tiene ocho protones.

Estabilidad del Núcleo: Los protones en el núcleo tienen una fuerte interacción electromagnética entre sí debido a sus cargas positivas. Esta interacción es contrarrestada por la fuerza nuclear fuerte, que mantiene a los protones y neutrones unidos en el núcleo y evita que se repelan debido a su carga.

Estabilidad Atómica: En un átomo, el número de protones generalmente es igual al número de electrones. Esto da como resultado un átomo eléctricamente neutro, ya que las cargas positivas de los protones se equilibran con las cargas negativas de los electrones.

Contribución a la Masa Atómica: Dado que los protones y neutrones tienen una masa considerable y los electrones tienen una masa mucho menor, la contribución principal a la masa de un átomo proviene de los protones y los neutrones en el núcleo.

Desintegración: Aunque los protones son estables en la mayoría de las circunstancias, en ciertas condiciones de alta energía, los protones pueden desintegrarse en partículas más pequeñas a través de procesos como la desintegración beta. Estos procesos son una parte importante de la física de partículas y la cosmología.

Los protones son partículas fundamentales con carga positiva que residen en el núcleo de los átomos y son esenciales para la determinación de la identidad química de los elementos.

Neutrón: El neutrón es una partícula subatómica sin carga eléctrica (neutra) y una masa similar a la del protón. Los neutrones también se encuentran en el núcleo de un átomo. Junto con los protones, forman el núcleo del átomo y contribuyen a su masa.

Los neutrones son partículas subatómicas fundamentales con características particulares que desempeñan un papel esencial en la estructura y estabilidad de los núcleos atómicos.

Carga y Masa: Los neutrones son partículas eléctricamente neutras, lo que significa que no tienen carga eléctrica neta. Tienen una masa similar a la del protón, lo que es aproximadamente 1836 veces la masa de un electrón. La masa del neutrón se mide en unidades de masa atómica unificada (uma) o daltons (Da).

Localización: Al igual que los protones, los neutrones se encuentran en el núcleo de un átomo. El núcleo es la región central densa del átomo y contiene la mayor parte de la masa del átomo.

Estabilidad del Núcleo: Los neutrones en el núcleo atómico interactúan a través de la fuerza nuclear fuerte, que es la fuerza que mantiene unidos los nucleones (protones y neutrones) en el núcleo. Esta fuerza contrarresta la repulsión electromagnética entre los protones y mantiene la estabilidad del núcleo.

Variación de Neutrones: Los átomos de un mismo elemento químico (misma cantidad de protones) pueden tener diferentes números de neutrones. Estos diferentes isótopos del mismo elemento tienen propiedades químicas similares debido a su número de protones, pero pueden tener propiedades nucleares distintas debido a la variación en el número de neutrones.

Contribución a la Masa Atómica: Los neutrones, al igual que los protones, son responsables de la mayor parte de la masa de un átomo. La contribución de los electrones a la masa total es mucho menor debido a su masa mucho más pequeña.

Desintegración: Los neutrones son relativamente estables en átomos estables. Sin embargo, en ciertas condiciones, pueden desintegrarse en protones, electrones y neutrinos a través de un proceso llamado "desintegración beta" o "decaimiento beta". Este proceso es un componente clave en la física de partículas y la astrofísica.

Los neutrones son partículas subatómicas neutras que se encuentran en el núcleo de los átomos. Junto con los protones, contribuyen a la masa del átomo y juegan un papel esencial en la estructura y estabilidad de los núcleos atómicos.

Quarks: Los quarks son partículas subatómicas fundamentales que componen protones, neutrones y otras partículas conocidas como mesones y bariones. Los quarks vienen en diferentes "sabores" (arriba, abajo, encanto, extraño, fondo y cima) y tienen cargas fraccionarias de $\pm 1/3$ o $\pm 2/3$.

Los quarks son partículas subatómicas fundamentales que desempeñan un papel esencial en la formación de la materia.

Cargas Fraccionarias: Los quarks son conocidos por sus cargas eléctricas fraccionarias. Cada tipo de quark tiene una carga eléctrica que es una fracción de la carga elemental, que es la carga eléctrica del electrón. Los quarks pueden tener una carga de +2/3 o -1/3 veces la carga elemental.

Tipos de Quarks: Se conocen seis tipos de quarks, que se denominan "sabores". Estos son: arriba (u), abajo (d), encanto (c), extraño (s), fondo (b) y cima (t). Cada uno de estos quarks tiene características únicas, como diferentes masas y cargas.

Composición de la Materia: Los quarks son los constituyentes fundamentales de los hadrones, que son partículas compuestas que incluyen protones y neutrones. Los protones están compuestos por dos quarks "arriba" y un quark "abajo" (uud), mientras que los neutrones están compuestos por dos quarks "abajo" y un quark "arriba" (udd).

Interacción Fuerte: Los quarks experimentan una interacción fundamental llamada "fuerza fuerte" o "interacción fuerte", que es la fuerza responsable de mantener unidos a los quarks en el interior de los hadrones. Esta interacción se lleva a cabo a través de partículas llamadas gluones.

Confirmando su Existencia: Aunque los quarks son componentes fundamentales de la física de partículas, no se pueden observar en forma aislada debido a la fuerte interacción entre ellos. Los quarks solo se observan en combinaciones que son "incoloras" desde el punto de vista de la cromodinámica cuántica, que es la teoría que describe la interacción fuerte.

Mesones y Bariones: Además de formar protones y neutrones, los quarks también se combinan para formar otras partículas subatómicas llamadas mesones y bariones. Los mesones son partículas compuestas por un quark y un antiquark, mientras que los bariones están formados por tres quarks.

Número Bariónico: Cada quark tiene una propiedad conocida como "número bariónico", que es +1/3 para quarks "arriba" y -1/3 para quarks "abajo". La conservación del número bariónico es una característica importante de la física de partículas.

Los quarks son fundamentales para nuestra comprensión de la estructura de la materia y desempeñan un papel crucial en la física de partículas y la teoría cuántica de campos. Su estudio ha llevado a importantes avances en la física y la comprensión de cómo se construye la materia a nivel subatómico.

Bosones W y Z: Estas partículas transmiten la fuerza débil, una de las cuatro fuerzas fundamentales de la naturaleza. Los bosones W tienen carga eléctrica y el bosón Z es neutro. Son responsables de ciertos tipos de desintegraciones nucleares.

los bosones W y Z son partículas subatómicas fundamentales que juegan un papel crucial en la transmisión de la fuerza débil, que es una de las cuatro fuerzas fundamentales de la naturaleza. Aquí hay más información sobre estos bosones:

Bosones W: Hay dos tipos de bosones W, el bosón W+ y el bosón W-. Ambos bosones W tienen carga eléctrica, con el W+ teniendo una carga positiva y el W- teniendo una carga negativa. Estas partículas son responsables de las interacciones de desintegración en las que los quarks cambian su tipo, por ejemplo, en procesos de desintegración beta en núcleos atómicos. Los bosones W+ y W- también pueden transformarse uno en el otro.

Bosón Z: El bosón Z es neutro, lo que significa que no tiene carga eléctrica. El bosón Z también desempeña un papel en las interacciones de la fuerza débil y es responsable de la interacción neutrón-antineutrón.

Fuerza Débil: La fuerza débil es una de las cuatro fuerzas fundamentales de la naturaleza, junto con la gravedad, la fuerza electromagnética y la fuerza fuerte. La fuerza débil es responsable de ciertos tipos de desintegraciones nucleares, como la desintegración beta. Es más débil que la fuerza electromagnética y la fuerza fuerte, pero sigue siendo fundamental en la física de partículas.

Descubrimiento: Los bosones W y Z fueron descubiertos experimentalmente en 1983 en el Laboratorio Europeo de Física de Partículas (CERN) mediante experimentos realizados en el Gran Colisionador de Electrones y Positrones (LEP). Este descubrimiento confirmó la teoría electrodébil, que unificó la teoría electromagnética con la teoría de la fuerza débil en una sola teoría electrodébil.

Modelo Electrodébil: Los bosones W y Z son parte integral del modelo electrodébil de la física de partículas, que describe las interacciones electromagnéticas y débiles como dos aspectos de una sola fuerza unificada. Esta unificación fue propuesta por Sheldon Glashow, Abdus Salam y Steven Weinberg en la década de 1970 y ha sido confirmada experimentalmente.

Los bosones W y Z son ejemplos importantes de partículas mediadoras que transmiten fuerzas fundamentales y desempeñan un papel fundamental en la física de partículas y nuestra comprensión de las interacciones subatómicas.

Fotón: El fotón es la partícula que transporta la radiación electromagnética, incluida la luz visible. Los fotones no tienen masa y viajan a la velocidad de la luz. Son fundamentales para la teoría cuántica del electromagnetismo.

el fotón es una partícula fundamental en la teoría cuántica del electromagnetismo y es la partícula mediadora de la fuerza electromagnética. Aquí tienes más información sobre el fotón:

Propiedades Fundamentales: El fotón es una partícula elemental que no tiene masa en reposo y se mueve siempre a la velocidad de la luz en el vacío (c), que es de aproximadamente 299,792,458 metros por segundo. Esta velocidad es una constante fundamental de la naturaleza.

Cuantización de la Energía: Los fotones exhiben la propiedad de la cuantización de la energía. Esto significa que la energía de un fotón está directamente relacionada con su frecuencia. Cuanto mayor es la frecuencia de un fotón, mayor es su energía. Esta relación está descrita por la ecuación de Planck, y es fundamental en la teoría cuántica.

Luz Electromagnética: Los fotones son responsables de transportar la radiación electromagnética, que incluye la luz visible, así como todas las demás formas de radiación electromagnética, como las ondas de radio, los rayos X y los rayos gamma.

Dualidad Onda-Partícula: Al igual que otras partículas subatómicas, los fotones exhiben la dualidad onda-partícula. Esto significa que pueden comportarse tanto como partículas (cuando interactúan con detectores, por ejemplo) como ondas (cuando experimentan fenómenos de interferencia y difracción).

Interacciones Electromagnéticas: Los fotones son responsables de las interacciones electromagnéticas entre partículas cargadas eléctricamente. Por ejemplo, en la teoría cuántica del electromagnetismo, las interacciones entre electrones y fotones son fundamentales para comprender fenómenos como la absorción y emisión de luz por átomos y moléculas.

Fotones en la Teoría Cuántica: Los fotones son esenciales en la formulación de la teoría cuántica del campo electromagnético, conocida como la electrodinámica cuántica (QED). Esta teoría cuántica describe cómo los fotones interactúan con partículas cargadas eléctricamente y es una de las teorías más exitosas y precisas en la física moderna.

Aplicaciones Prácticas: Los fotones tienen muchas aplicaciones prácticas, desde la tecnología de comunicación y las cámaras hasta la medicina y la investigación científica. Las propiedades cuánticas de los fotones también se aprovechan en tecnologías como la criptografía cuántica.

En resumen, el fotón es una partícula fundamental que desempeña un papel esencial en la teoría cuántica del electromagnetismo y es fundamental para nuestra comprensión de la luz y las interacciones electromagnéticas en el mundo subatómico.

Higgs: El bosón de Higgs es una partícula subatómica que está relacionada con la interacción entre otras partículas y les da masa. Su descubrimiento en 2012 confirmó la existencia de este mecanismo y su importancia en la física de partículas.

El bosón de Higgs es una partícula subatómica que desempeña un papel fundamental en la física de partículas y en la teoría del Modelo Estándar.

Importancia Teórica: El bosón de Higgs es una partícula postulada por el físico británico Peter Higgs en la década de 1960. Según la teoría propuesta, el bosón de Higgs es responsable de conferir masa a otras partículas elementales en el universo.

Campo de Higgs: El bosón de Higgs está relacionado con el campo de Higgs, un campo teórico que permea todo el espacio. Las partículas interactúan con este campo y obtienen masa a través de esta interacción. Las partículas más masivas, como los quarks y los electrones, tienen una interacción más fuerte con el campo de Higgs.

Descubrimiento: El bosón de Higgs fue una partícula hipotética durante décadas, pero su existencia se confirmó en 2012 mediante experimentos en el Gran Colisionador de Hadrones (LHC) en el CERN. Se realizó una intensa búsqueda y se observaron signos estadísticamente significativos de la partícula, lo que llevó a su descubrimiento.

Masas de Partículas: La interacción con el campo de Higgs es lo que da masa a las partículas en el Modelo Estándar de la física de partículas. Sin esta interacción, todas las partículas serían masivas y el universo se comportaría de manera muy diferente.

Bosón Portador: El bosón de Higgs es el portador de esta interacción. Su detección experimental confirmó la existencia del campo de Higgs y su importancia en la teoría de las partículas elementales.

Masa del Bosón de Higgs: El bosón de Higgs en sí mismo tiene una masa que se midió en el LHC. Su masa se encuentra en el rango de aproximadamente 125 GeV/c^2 (giga-electrón-voltios sobre la velocidad de la luz al cuadrado).

Premio Nobel: El descubrimiento del bosón de Higgs llevó a la concesión del Premio Nobel de Física en 2013 a François Englert y Peter Higgs por sus contribuciones teóricas a este campo.

El bosón de Higgs es una partícula fundamental que está relacionada con el mecanismo por el cual otras partículas obtienen su masa. Su descubrimiento fue un hito importante en la física de partículas y confirmó una parte fundamental de la teoría del Modelo Estándar.

Leptones: Los leptones son partículas subatómicas que incluyen electrones, muones y taones, junto con sus correspondientes neutrinos. Son partículas fundamentales que no experimentan interacción fuerte y tienen diversas aplicaciones en física de partículas y astrofísica.los leptones son partículas subatómicas fundamentales que desempeñan un papel importante en la física de partículas y en nuestra comprensión del universo.

Leptones Cargados: Los leptones cargados incluyen el electrón (e^-), el muón (μ^-) y el tau (τ^-), cada uno de los cuales tiene una carga eléctrica negativa de -1 unidad elemental de carga. Estas partículas son conocidas por su ligereza en comparación con otras partículas subatómicas.

Neutrinos: Cada uno de los leptones cargados tiene un neutrino asociado. Estos son el neutrino electrónico (ve), el neutrino muónico ($v\mu$) y el neutrino tauónico (ντ). Los neutrinos son partículas neutras y extremadamente ligeras que apenas interactúan con la materia y son difíciles de detectar.

Interacción Electromagnética y Débil: Los leptones interactúan principalmente a través de las fuerzas electromagnética y débil. La fuerza débil es responsable de ciertos tipos de desintegraciones nucleares y tiene un alcance muy limitado en comparación con la fuerza electromagnética.

Estabilidad y Leptones: Los leptones son partículas estables en el sentido de que no se desintegran en partículas más ligeras en ausencia de interacciones. Los electrones, por ejemplo, no se descomponen en partículas más ligeras. Esta estabilidad es importante para la formación de la materia en el universo.

Rol en el Modelo Estándar: Los leptones desempeñan un papel crucial en el Modelo Estándar de la física de partículas, que es la teoría que describe las partículas elementales y sus interacciones fundamentales. Ellos son parte de la familia de fermiones, que incluye también a los quarks.

Aplicaciones en Astrofísica: Los leptones, especialmente los neutrinos, son importantes en astrofísica. Los neutrinos pueden ser producidos en procesos nucleares en el interior de estrellas y otros eventos cósmicos. La detección de neutrinos es una herramienta valiosa para estudiar procesos astrofísicos.

Descubrimiento: Los leptones, incluido el electrón, fueron descubiertos en experimentos a principios del siglo XX y desempeñaron un papel crucial en la formulación del Modelo Estándar.

Los leptones son partículas fundamentales en la física de partículas y en nuestra comprensión de la estructura del universo. Su estabilidad y sus propiedades únicas los hacen relevantes en diversos campos de la física y la astrofísica.

Estas son solo algunas de las partículas subatómicas que componen la materia y juegan un papel crucial en la física de partículas, la química y nuestra comprensión del mundo subatómico. Su estudio ha llevado a importantes avances en el campo de la física y la tecnología.

18.Física en la vida cotidiana: Desde los deportes hasta los electrodomésticos.

La física es una parte fundamental de la vida cotidiana y se encuentra en todas partes, desde los deportes hasta los electrodomésticos.

Deportes:

Gravedad: La ley de la gravedad de Newton afecta a todos los deportes. Por ejemplo, en el salto de altura, un atleta debe superar la gravedad para elevarse sobre la barra.

La influencia de la gravedad en los deportes es un aspecto fundamental de la física que afecta a prácticamente todas las disciplinas deportivas.

Salto de altura y salto con pértiga: En el salto de altura, los atletas deben superar la gravedad para elevarse sobre la barra. La gravedad tira hacia abajo de sus cuerpos, y deben generar suficiente fuerza vertical con sus piernas para vencer esta fuerza y elevarse a alturas cada vez mayores. En el salto con pértiga, los atletas también deben superar la gravedad, pero lo hacen utilizando una pértiga que les proporciona un impulso adicional.

Salto largo y triple salto: En estos eventos, los atletas deben superar la gravedad para saltar distancias largas o realizar una secuencia de saltos. La fuerza que aplican al suelo para propulsarse hacia adelante debe ser lo suficientemente grande para vencer la resistencia gravitatoria y maximizar su distancia de salto.

Lanzamientos en atletismo: En lanzamientos como el lanzamiento de peso o el lanzamiento de martillo, los atletas deben contrarrestar la gravedad para elevar el objeto lanzado a la mayor distancia posible. La fuerza y la técnica aplicadas para vencer la gravedad son cruciales en estos eventos.

Deportes de equipo y de pelota: En deportes como el fútbol, el baloncesto o el béisbol, la gravedad influye en la trayectoria de la pelota y en cómo los jugadores deben ajustar su velocidad y ángulo de tiro para superar la influencia de la gravedad y anotar puntos.

La gravedad es una fuerza constante y omnipresente que afecta a todos los objetos y a todas las actividades en la Tierra, incluidos los deportes. Los atletas deben comprender y aprovechar la gravedad para lograr un rendimiento óptimo en sus respectivas disciplinas deportivas. La física de la gravedad es fundamental para entender cómo los cuerpos se mueven en el espacio y cómo interactúan con la Tierra.

Leyes del movimiento de Newton: Estas leyes se aplican a cualquier deporte que implique movimiento, como el lanzamiento de un balón o la carrera de un corredor.

Las tres leyes del movimiento de Newton, conocidas como las leyes de Newton, son fundamentales en la física y se aplican a cualquier situación en la que haya movimiento, incluyendo deportes.

Primera Ley de Newton (Ley de la inercia): Esta ley establece que un objeto en reposo tiende a permanecer en reposo, y un objeto en movimiento tiende a permanecer en movimiento a una velocidad constante en línea recta, a menos que una fuerza externa actúe sobre él. En el contexto deportivo, esto significa que un balón en reposo no se moverá por sí solo, y un corredor seguirá corriendo a una velocidad constante a menos que una fuerza, como la fricción o la resistencia del aire, lo detenga o cambie su velocidad.

Segunda Ley de Newton (Ley de la Fuerza y la Aceleración): Esta ley establece que la aceleración de un objeto es directamente proporcional a la fuerza neta que actúa sobre él e inversamente proporcional a su masa. Esto se expresa matemáticamente como $F = ma$, donde F es la fuerza, m es la masa y a es la aceleración. En el deporte, esto significa que la fuerza aplicada determina la aceleración de un objeto. Por ejemplo, en el lanzamiento de una pelota, cuanto más fuerte se aplique la fuerza sobre la pelota, más rápido acelerará.

Tercera Ley de Newton (Ley de acción y reacción): Esta ley establece que por cada acción hay una reacción igual y opuesta. En el contexto deportivo, esto significa que cuando un deportista aplica una fuerza sobre una superficie (como un corredor al empujar el suelo hacia atrás con sus pies), la superficie ejerce una fuerza igual y opuesta que impulsa al deportista hacia adelante. Esta ley es fundamental en deportes como la carrera, el patinaje y muchos otros en los que se requiere el movimiento de un cuerpo en una dirección específica.

Las leyes del movimiento de Newton son fundamentales en la física y tienen una aplicación directa en los deportes. Estas leyes ayudan a explicar cómo los objetos se mueven y cómo las fuerzas actúan sobre ellos, lo que es esencial para comprender y mejorar el rendimiento en deportes que implican movimiento y fuerzas.

Fricción: La fricción entre un balón y el suelo influye en su velocidad y trayectoria en deportes como el fútbol o el tenis.

La fricción es una fuerza fundamental en la física que tiene un papel importante en deportes como el fútbol, el tenis y otros que involucran la interacción entre un balón y el suelo.

Fútbol:

Fricción entre el balón y el suelo: Cuando un jugador patea un balón de fútbol, la fricción entre el balón y el suelo es una fuerza que actúa en la dirección opuesta al movimiento. Esto significa que la fricción ralentiza el balón. La cantidad de fricción depende de factores como la rugosidad del suelo y la presión del balón.

Efecto en la trayectoria del balón: La fricción también puede influir en la trayectoria del balón. Por ejemplo, un jugador puede aplicar efectos a la pelota (como efecto curva) al golpearla de cierta manera. La fricción con el aire y el suelo juega un papel en la forma en que el balón se desplaza y gira.

Tenis:

Fricción en la superficie de la cancha: En el tenis, la fricción entre la pelota y la superficie de la cancha afecta la velocidad y la dirección de la pelota. La elección de la superficie (césped, arcilla, cancha dura, etc.) influye en la cantidad de fricción experimentada.

Efectos y derrapes: Los jugadores de tenis a menudo ajustan su juego teniendo en cuenta la fricción. Pueden aplicar efectos a la pelota para cambiar su trayectoria o usar derrapes controlados al deslizar los pies sobre la cancha para detenerse o cambiar de dirección.

La fricción es una fuerza que puede ser tanto beneficiosa como desafiante en deportes que involucran un balón y un suelo. Los jugadores deben comprender cómo la fricción afecta el movimiento de la pelota y adaptar sus estrategias y técnicas en consecuencia para optimizar la velocidad, la dirección y la trayectoria de juego. Además, la elección de calzado y la superficie de juego también son consideraciones importantes en relación con la fricción en estos deportes.

Aerodinámica: En deportes como el ciclismo o el béisbol, la aerodinámica influye en la resistencia al aire y la velocidad.

La aerodinámica desempeña un papel significativo en deportes como el ciclismo y el béisbol, donde la resistencia al aire puede influir en la velocidad y el rendimiento.

Ciclismo:

Resistencia al aire: Cuando un ciclista se mueve a través del aire, experimenta una resistencia aerodinámica que se opone a su avance. Esta resistencia al aire depende de factores como la velocidad, la forma del ciclista y la bicicleta, y la posición del cuerpo.

Posición del cuerpo: La posición del ciclista en la bicicleta es crítica para reducir la resistencia al aire. Los ciclistas profesionales adoptan posturas aerodinámicas para minimizar la resistencia, como agacharse y mantener la cabeza baja.

Diseño de la bicicleta: Las bicicletas de competición están diseñadas para ser aerodinámicas, con cuadros y ruedas optimizados para reducir la resistencia. También se utilizan cascos y trajes ajustados al cuerpo para mejorar la aerodinámica.

Béisbol:

Resistencia del aire en lanzamientos: En el béisbol, la velocidad y el control del lanzamiento son cruciales. La aerodinámica influye en la trayectoria de la pelota cuando un lanzador la lanza. La costura de la pelota puede generar efectos aerodinámicos, como curvas y deslizamientos, que son fundamentales para engañar a los bateadores.

Resistencia del aire en bateo: Cuando un bateador golpea la pelota, la resistencia del aire puede afectar la distancia y la trayectoria de la bola. La aerodinámica es un factor importante en cómo una pelota viaja a través del aire y cómo responde a los movimientos del bateador.

La aerodinámica es esencial en deportes como el ciclismo y el béisbol, ya que puede influir en la velocidad y la precisión. Tanto los ciclistas como los jugadores de béisbol deben considerar la resistencia al aire y aplicar técnicas y equipos que les ayuden a minimizar estos efectos y maximizar su rendimiento. En el ciclismo, esto implica mantener una posición aerodinámica y utilizar bicicletas diseñadas para la velocidad. En el béisbol, se trata de comprender cómo la aerodinámica afecta el vuelo de la pelota y cómo los lanzadores y bateadores pueden aprovecharla a su favor.

Electrodomésticos:

Electromagnetismo: Los electrodomésticos como las neveras, lavadoras y secadoras utilizan imanes y corriente eléctrica para funcionar.

El electromagnetismo es una rama de la física que se centra en la interacción entre campos magnéticos y corrientes eléctricas. En la vida cotidiana, los electrodomésticos como las neveras, lavadoras y secadoras hacen uso de principios de electromagnetismo en sus operaciones.

Neveras:

Compresor y motor del ventilador: La mayoría de las neveras utilizan un compresor que comprime un gas refrigerante y un motor de ventilador para distribuir el aire frío. Tanto el compresor como el motor del ventilador dependen de motores eléctricos que funcionan mediante la interacción de campos magnéticos y corrientes eléctricas. El compresor comprime el refrigerante mediante un motor que contiene bobinas de alambre que generan campos magnéticos al pasar corriente a través de ellas.

Lavadoras:

Motor de la lavadora: Las lavadoras modernas suelen utilizar motores eléctricos que funcionan mediante la interacción de campos magnéticos y corrientes eléctricas. Estos motores son más eficientes y duraderos que los motores convencionales. La inversión de la dirección de la corriente en el motor genera un giro bidireccional que permite el lavado y el centrifugado.

Secadoras:

Elemento calefactor y motor del ventilador: Las secadoras utilizan un elemento calefactor para calentar el aire que circula a través del tambor de la secadora. Este elemento calefactor funciona mediante la resistencia eléctrica, que genera calor al pasar una corriente a través de un alambre, y un motor del ventilador que hace circular el aire caliente por la ropa. Ambos dependen de la generación de calor y movimiento a través de corrientes eléctricas y campos magnéticos.

El electromagnetismo es fundamental en el funcionamiento de muchos electrodomésticos modernos, ya que permite la conversión de energía eléctrica en energía mecánica o térmica a través de motores y resistencias. Esta aplicación de los principios electromagnéticos es esencial para la operación eficiente y efectiva de electrodomésticos como neveras, lavadoras y secadoras.

Termodinámica: Los sistemas de calefacción y refrigeración utilizan principios termodinámicos para controlar la temperatura en el hogar.

La termodinámica es una rama de la física que se enfoca en el estudio de la energía térmica y sus transformaciones. Los sistemas de calefacción y refrigeración en el hogar dependen en gran medida de los principios termodinámicos para controlar la temperatura de manera eficiente. Aquí te explico cómo se aplican estos principios en sistemas de calefacción y refrigeración:

Calefacción:

Principio de conservación de la energía: En la calefacción del hogar, se utiliza energía (generalmente eléctrica o de combustibles como gas o aceite) para generar calor. El principio de conservación de la energía, que es uno de los fundamentos de la termodinámica, se aplica para garantizar que la energía consumida se convierta en calor útil.

Transferencia de calor: La termodinámica también se relaciona con los procesos de transferencia de calor. En los sistemas de calefacción, el calor se transfiere desde una fuente de calor (como una caldera, radiadores o una resistencia eléctrica) al ambiente interior. La termodinámica estudia cómo ocurre esta transferencia de calor y cómo se puede controlar para mantener una temperatura deseada.

Control de temperatura: Los termostatos en los sistemas de calefacción utilizan principios termodinámicos para medir la temperatura ambiente y ajustar la producción de calor según sea necesario. Esto implica retroalimentación y control para mantener la temperatura del hogar en un rango deseado.

Refrigeración:

Ciclo de refrigeración: Los sistemas de refrigeración, como aires acondicionados y neveras, funcionan según un ciclo termodinámico llamado ciclo de refrigeración. Este ciclo implica la compresión, condensación, expansión y evaporación de un refrigerante para transferir calor desde el interior del espacio a enfriar hacia el exterior.

Ley cero de la termodinámica: Esta ley establece que si dos sistemas están en equilibrio térmico con un tercer sistema, entonces están en equilibrio térmico entre sí. En el contexto de la refrigeración, esto se aplica a la transferencia de calor entre el espacio interior y el refrigerante, y cómo se mantiene la temperatura deseada.

Eficiencia energética: La termodinámica también se utiliza para evaluar y mejorar la eficiencia energética de los sistemas de refrigeración. Los sistemas de refrigeración modernos se diseñan para ser más eficientes, lo que ayuda a reducir el consumo de energía y los costos.

En resumen, los sistemas de calefacción y refrigeración en el hogar dependen en gran medida de los principios de la termodinámica para controlar la temperatura de manera eficiente. Estos sistemas aplican conceptos termodinámicos para la transferencia de calor, el control de temperatura y la eficiencia energética, lo que contribuye al confort y ahorro energético en los hogares.

Electricidad y circuitos: La electricidad es esencial en la operación de electrodomésticos, desde tostadoras hasta televisores. Los circuitos eléctricos permiten el flujo de energía para realizar diversas tareas.

La electricidad y los circuitos eléctricos son fundamentales en la operación de una amplia variedad de electrodomésticos en nuestros hogares.

Generación y distribución de electricidad: La electricidad que alimenta nuestros hogares se genera en centrales eléctricas y se distribuye a través de redes eléctricas. La generación de electricidad puede realizarse a partir de diversas fuentes, como centrales nucleares, plantas de energía térmica, energía hidroeléctrica, energía eólica y energía solar. Esta electricidad se transporta a nuestros hogares a través de líneas de transmisión y se distribuye a través de circuitos eléctricos locales.

Circuitos eléctricos en electrodomésticos: Cada electrodoméstico contiene un circuito eléctrico diseñado para realizar tareas específicas. Los componentes clave de un circuito eléctrico incluyen fuentes de energía (como baterías o la red eléctrica), cables conductores, interruptores, resistencias, capacitores, inductores y otros dispositivos electrónicos. Estos componentes se ensamblan en un circuito que permite el flujo controlado de corriente eléctrica.

Funcionamiento de electrodomésticos: Los circuitos eléctricos en los electrodomésticos permiten realizar diversas funciones. Por ejemplo, en una tostadora, el circuito controla la temperatura de calentamiento y el tiempo que dura el proceso. En una lavadora, el circuito controla el llenado de agua, la agitación, el enjuague y el centrifugado. En una televisión, el circuito controla la fuente de video y audio, la iluminación de la pantalla, etc.

Eficiencia energética: La eficiencia energética es un aspecto importante en la operación de electrodomésticos. Los circuitos eléctricos de dispositivos modernos se diseñan para ser eficientes y minimizar el consumo de energía. Esto ayuda a reducir los costos de energía y a mitigar el impacto ambiental.

Seguridad eléctrica: Es fundamental garantizar que los electrodomésticos estén diseñados y mantidos de manera segura. Los circuitos eléctricos deben protegerse contra sobrecargas y cortocircuitos para evitar riesgos eléctricos.

La electricidad y los circuitos eléctricos son componentes esenciales en la operación de electrodomésticos en nuestros hogares. Estos circuitos permiten controlar y utilizar la energía eléctrica de manera eficiente para realizar diversas tareas cotidianas, desde cocinar alimentos hasta ver televisión, lavar ropa y más. La comprensión de los conceptos básicos de electricidad y circuitos es esencial para el uso seguro y efectivo de los electrodomésticos en nuestra vida cotidiana.

Óptica: La óptica se utiliza en dispositivos como televisores, cámaras y lentes de aumento en lecturas.

La óptica es una rama de la física que se ocupa del estudio de la luz y su comportamiento, y desempeña un papel crucial en muchos dispositivos y tecnologías que utilizamos en la vida cotidiana.

Televisores:

Pantalla y visualización: Los televisores modernos utilizan tecnologías de pantalla que se basan en la óptica para mostrar imágenes. Por ejemplo, los televisores LCD (pantallas de cristal líquido) utilizan filtros de colores y retroiluminación para controlar la luz que se muestra en la pantalla y producir imágenes nítidas y coloridas. Los televisores OLED (diodos emisores de luz orgánica) también dependen de principios ópticos para emitir luz y crear imágenes.

Cámaras:

Lentes y enfoque: Las cámaras utilizan lentes ópticas para enfocar la luz en el sensor de imagen o película. La óptica permite controlar la apertura del diafragma para ajustar la cantidad de luz que entra en la cámara y la profundidad de campo de la imagen. La calidad de las lentes ópticas influye en la nitidez y la calidad de las fotografías.

Lentes de aumento en lecturas:

Lentes convergentes: Las lentes de aumento se utilizan para corregir la visión de cerca en personas con problemas de presbicia o vista cansada. Estas lentes son convergentes y tienen la capacidad de enfocar la luz de manera que los objetos cercanos se vean con claridad. La óptica de estas lentes permite enfocar la luz en el punto correcto de la retina para mejorar la visión de cerca.

Gafas de sol y lentes protectoras:

Filtros y polarización: Las gafas de sol y las lentes protectoras a menudo incorporan tecnología óptica para filtrar o polarizar la luz. Esto reduce el deslumbramiento y protege los ojos de la radiación ultravioleta dañina, al tiempo que mejora la comodidad y la visión en condiciones de iluminación intensa.

Proyectores y cámaras de video:

Lentes de proyección y objetivos de cámaras: Tanto los proyectores como las cámaras de video utilizan lentes ópticas para controlar la dirección y el enfoque de la luz. Las lentes de proyección permiten la creación de imágenes en pantallas grandes, mientras que las lentes de las cámaras de video capturan imágenes nítidas y claras.

La óptica es esencial en dispositivos como televisores, cámaras y lentes de aumento, ya que permite el control y la manipulación de la luz para lograr una variedad de fines, desde la visualización de imágenes en alta definición hasta la corrección de la visión y la protección ocular. Los principios ópticos son fundamentales para mejorar nuestra experiencia en una amplia gama de aplicaciones tecnológicas y de la vida cotidiana.

Transporte:

Mecánica de fluidos: En los automóviles, aviones y barcos, la física de los fluidos es esencial para entender la aerodinámica y la hidrodinámica que afectan la eficiencia y el rendimiento.

La mecánica de fluidos es una rama de la física que se enfoca en el estudio del comportamiento de los fluidos, que incluyen líquidos y gases. Esta área de la física es esencial en la comprensión de la aerodinámica y la hidrodinámica, que influyen en la eficiencia y el rendimiento de vehículos como automóviles, aviones y barcos de las siguientes maneras:

Automóviles:

Aerodinámica automovilística: La mecánica de fluidos se utiliza para analizar la forma y el diseño de los automóviles con el objetivo de reducir la resistencia del aire y mejorar la eficiencia. El diseño de carrocería, los alerones, los faldones y otros componentes se optimizan para minimizar la resistencia aerodinámica y aumentar la velocidad y la eficiencia del combustible.

Refrigeración del motor: La mecánica de fluidos también es relevante en el sistema de refrigeración de los automóviles. Se encarga de la circulación del líquido refrigerante a través del motor para mantener una temperatura óptima y evitar el sobrecalentamiento.

Aviones:

Aerodinámica aeronáutica: La aerodinámica es fundamental en la industria de la aviación. La mecánica de fluidos se aplica para diseñar perfiles de alas, superficies de control, motores y otras partes del avión de manera que minimicen la resistencia aerodinámica y permitan el despegue, el vuelo y el aterrizaje eficientes.

Control de vuelo: Los principios de la mecánica de fluidos se utilizan para diseñar sistemas de control de vuelo, como alerones y flaps, que permiten a los pilotos ajustar la sustentación y la dirección del avión en diferentes condiciones.

Barcos:

Hidrodinámica marítima: La mecánica de fluidos también es esencial en la construcción naval. Los cascos de los barcos se diseñan teniendo en cuenta la hidrodinámica para minimizar la resistencia del agua y permitir una navegación eficiente.

Estabilidad y maniobrabilidad: Los principios de la mecánica de fluidos se aplican en la determinación de la estabilidad y la maniobrabilidad de los barcos, lo que es esencial para la navegación segura y eficiente en diferentes condiciones del mar.

La mecánica de fluidos es esencial en la aerodinámica y la hidrodinámica de vehículos como automóviles, aviones y barcos. Estos principios permiten el diseño y la operación eficientes de estos vehículos, optimizando la resistencia al aire o al agua y mejorando su rendimiento general. La comprensión de la física de los fluidos es crucial en la ingeniería y el diseño de sistemas de transporte.

Dinámica de vehículos: La física se aplica para determinar la velocidad, aceleración y frenado de vehículos, así como la estabilidad en las curvas.

La dinámica de vehículos es una rama de la física que se enfoca en el estudio del movimiento de vehículos, incluyendo automóviles, camiones, motocicletas, aviones y más. La aplicación de los principios de la física en la dinámica de vehículos es esencial para comprender y predecir el comportamiento de los vehículos en movimiento, y se utiliza en numerosos aspectos, como la velocidad, la aceleración, el frenado y la estabilidad en las curvas.

Velocidad y aceleración: La física de la cinemática se utiliza para describir cómo cambia la velocidad de un vehículo en función del tiempo. La velocidad es la tasa de cambio de la posición, y la aceleración es la tasa de cambio de la velocidad. La comprensión de estos conceptos es esencial para calcular tiempos de viaje, distancias recorridas y la respuesta de un vehículo a las fuerzas que actúan sobre él.

Frenado: La física se aplica para entender cómo un vehículo se detiene o desacelera. Esto implica el análisis de las fuerzas de frenado, la fricción entre los neumáticos y el pavimento, y la distancia necesaria para detener el vehículo a una velocidad dada. Los sistemas de frenos, como los frenos de disco y los frenos antibloqueo (ABS), se diseñan para optimizar la capacidad de frenado y la seguridad.

Estabilidad en las curvas: La dinámica lateral se encarga de estudiar cómo los vehículos se comportan al girar en curvas. La fuerza centrífuga, la inclinación del vehículo y las características de los neumáticos son factores que influyen en la estabilidad del vehículo al tomar una curva a una velocidad determinada. Los vehículos se diseñan para mantener una trayectoria estable en condiciones de giro.

Distribución de peso y equilibrio: La distribución del peso es crucial para la estabilidad y el rendimiento de un vehículo. Los principios de la física se aplican para determinar cómo se distribuye el peso entre las ruedas, lo que afecta la tracción, el centro de gravedad y la respuesta del vehículo al conducir en diversas condiciones.

Aerodinámica en vehículos terrestres y aéreos: La aerodinámica se utiliza en la optimización de la resistencia al aire en vehículos terrestres (como automóviles) y aéreos (como aviones y cohetes). La física de la aerodinámica influye en la eficiencia y la velocidad de estos vehículos.

La dinámica de vehículos es una disciplina interdisciplinaria que aplica los principios de la física para entender y mejorar el rendimiento, la seguridad y la eficiencia de los vehículos en movimiento. La comprensión de estos conceptos es crucial tanto en el diseño de vehículos como en la conducción segura y efectiva.

Energía y combustibles: La conversión de energía en movimiento en vehículos depende de los principios de termodinámica y mecánica.

La conversión de energía en movimiento en vehículos es un proceso fundamental que se rige por los principios de la termodinámica y la mecánica. Estos principios son esenciales para entender cómo los vehículos transforman diversas formas de energía en movimiento útil.

Termodinámica en motores de combustión interna:

Los motores de combustión interna, como los motores de gasolina y diésel, funcionan mediante la aplicación de los principios de la termodinámica. La energía química contenida en el combustible se libera a través de la combustión y se convierte en energía térmica en forma de calor.

El calor generado expande el gas en el cilindro, lo que impulsa un pistón. La mecánica de este movimiento se basa en las leyes de la termodinámica, específicamente en la ley de los gases ideales y la transformación adiabática.

Mecánica en la transmisión y las ruedas:

La mecánica se aplica en la transmisión y las ruedas para convertir el movimiento lineal del pistón en movimiento rotativo que impulsa las ruedas del vehículo. La transmisión y el diferencial son componentes mecánicos esenciales en este proceso.

Las leyes del movimiento de Newton son fundamentales en la mecánica de vehículos, ya que describen cómo se aplican las fuerzas para acelerar y frenar el vehículo y mantenerlo en movimiento en condiciones de variación de velocidad y dirección.

Eficiencia energética y pérdidas:

Los principios de la termodinámica también se aplican en la consideración de la eficiencia energética en los vehículos. Los motores de combustión interna no son 100% eficientes, y una parte de la energía se disipa en forma de calor no aprovechado, lo que se conoce como pérdidas por fricción y calor.

Las mejoras en la eficiencia de los motores, la aerodinámica, la transmisión y otros aspectos del diseño del vehículo buscan reducir estas pérdidas y aumentar la cantidad de energía útil que se convierte en movimiento.

Combustibles y almacenamiento de energía:

Los combustibles, ya sean líquidos como la gasolina o el diésel, o energías alternativas como la electricidad o el hidrógeno, representan diferentes formas de almacenar y liberar energía. La elección del combustible y el sistema de almacenamiento depende de diversos factores, como la eficiencia, la disponibilidad y las consideraciones ambientales.

En la conversión de energía en movimiento en vehículos es un proceso altamente complejo que involucra la aplicación de los principios de la termodinámica y la mecánica. Comprender cómo se aplican estos principios es esencial para el diseño, la operación y la mejora de la eficiencia de los vehículos y es fundamental en la ingeniería de vehículos y sistemas de propulsión.

Comunicación:

Ondas electromagnéticas: La comunicación a larga distancia, como la radio, la televisión y la telefonía móvil, se basa en la transmisión de ondas electromagnéticas.

Las ondas electromagnéticas desempeñan un papel fundamental en la comunicación a larga distancia, como la radio, la televisión y la telefonía móvil. Estas ondas son una forma de energía que se propaga a través del espacio en forma de campos eléctricos y magnéticos oscilantes.

Radio:

La radiodifusión utiliza ondas electromagnéticas para transmitir señales de audio a larga distancia. En una estación de radio, un transmisor convierte las señales de audio en ondas electromagnéticas, que se emiten a través de una antena. Estas ondas se propagan a través del espacio y son recogidas por antenas en radios receptores, donde se demodulan para reproducir el audio original. Diferentes estaciones de radio utilizan diferentes frecuencias para evitar interferencias.

Televisión:

La transmisión de televisión también se basa en ondas electromagnéticas. Los canales de televisión transmiten señales de video y audio mediante ondas electromagnéticas de diferentes frecuencias. Los receptores de televisión, como las antenas o los sistemas de cable, capturan estas ondas y las convierten en señales de video y audio que se muestran en la pantalla.

Telefonía móvil:

Los sistemas de telefonía móvil utilizan ondas electromagnéticas para la comunicación inalámbrica. Los teléfonos móviles transmiten señales de voz y datos a través de ondas de radiofrecuencia a estaciones base. Estas estaciones base, a menudo ubicadas en torres de telecomunicaciones, retransmiten las señales a través de la red hasta llegar al destinatario. Las ondas electromagnéticas permiten la comunicación inalámbrica a larga distancia entre dispositivos móviles y estaciones base.

Comunicaciones por satélite:

Los satélites de comunicación también juegan un papel importante en la transmisión de señales a larga distancia. Los satélites actúan como repetidores de señales, capturando señales electromagnéticas de la Tierra y retransmitiéndolas a otras ubicaciones en la Tierra. Esto permite la comunicación global y la transmisión de datos, voz y video a través de largas distancias.

Las ondas electromagnéticas son esenciales en la comunicación a larga distancia en una variedad de aplicaciones, desde la radiodifusión hasta la telefonía móvil y las comunicaciones por satélite. Estas ondas permiten la transmisión de información a través del espacio y son la base de la comunicación inalámbrica moderna. La elección de frecuencias y la modulación de las ondas electromagnéticas son factores clave para la transmisión y recepción exitosas de señales.

Óptica y fibra óptica: Las señales de internet y las comunicaciones telefónicas a menudo utilizan tecnología de fibra óptica para transmitir información a través de la reflexión de la luz.

La tecnología de fibra óptica es una aplicación importante de la óptica en las comunicaciones y se utiliza para transmitir información a través de la reflexión de la luz. Las fibras ópticas son delgados filamentos de vidrio o plástico que actúan como guías de ondas para la luz. Aquí se explica cómo funciona y se aplica la tecnología de fibra óptica en las comunicaciones, incluyendo internet y las comunicaciones telefónicas:

Transmisión de señales:

En las fibras ópticas, la información se transmite en forma de pulsos de luz. Las señales eléctricas que llevan información se convierten en señales de luz que se transmiten a través de la fibra óptica.

La luz se refleja internamente en las paredes de la fibra, lo que permite que la información viaje a largas distancias con una pérdida mínima de intensidad. Este fenómeno se basa en el principio de la reflexión total interna de la óptica.

Transmisión de datos digitales y analógicos:

La fibra óptica se utiliza tanto para transmitir datos digitales como analógicos. En el caso de internet, los datos digitales se transmiten a través de impulsos de luz que representan unos y ceros. En las comunicaciones telefónicas, las señales de voz se convierten en señales analógicas de luz y luego se transmiten a través de la fibra.

Velocidad y capacidad de transmisión:

Las fibras ópticas tienen la ventaja de transmitir información a una velocidad extremadamente alta y con una gran capacidad. Pueden transportar grandes volúmenes de datos en un período de tiempo muy corto, lo que es esencial en las comunicaciones modernas, incluyendo la transmisión de video en alta definición, la telefonía de alta calidad y la conectividad a internet de alta velocidad.

Ventajas sobre los cables metálicos:

Las fibras ópticas presentan ventajas sobre los cables metálicos tradicionales, como los cables de cobre, que sufren de atenuación (pérdida de señal) a lo largo de distancias largas. Las fibras ópticas tienen menos pérdida de señal y son menos susceptibles a interferencias electromagnéticas.

Aplicaciones en telecomunicaciones y redes:

Las fibras ópticas se utilizan en infraestructuras de telecomunicaciones y redes, como las redes de fibra óptica de larga distancia y las redes de fibra óptica en el hogar. También se emplean en la interconexión de centros de datos, comunicaciones submarinas, transmisión de televisión por cable y más.

La tecnología de fibra óptica, basada en principios ópticos, es esencial en las comunicaciones modernas. Proporciona una manera eficiente y de alta velocidad de transmitir datos, lo que ha revolucionado la forma en que utilizamos internet y las comunicaciones telefónicas. La fibra óptica ha permitido un aumento significativo en la capacidad de transmisión y ha contribuido a la creación de una infraestructura de comunicaciones global de alto rendimiento.

19.Gravitación: La fuerza que mantiene a los planetas en órbita.

La gravitación es una de las fuerzas fundamentales en la física que actúa en la atracción mutua de dos objetos con masa. Esta fuerza es la responsable de mantener a los planetas en órbita alrededor del Sol y, en general, de mantener los cuerpos celestes en sus trayectorias en el espacio. La teoría de la gravitación más conocida es la Ley de Gravitación Universal de Isaac Newton.

La Ley de Gravitación Universal establece que cualquier objeto con masa ejerce una fuerza de atracción gravitatoria sobre cualquier otro objeto con masa. La magnitud de esta fuerza de atracción depende de las masas de los objetos y la distancia entre ellos. la Ley de Gravitación Universal de Isaac Newton es una teoría fundamental en la física que describe la fuerza de atracción gravitatoria entre dos objetos con masa. Esta ley fue propuesta por Sir Isaac Newton en el siglo XVII y es una de las contribuciones más significativas en la historia de la ciencia. La ley establece que cualquier objeto con masa ejerce una fuerza de atracción gravitatoria sobre cualquier otro objeto con masa, y esta fuerza es directamente proporcional al producto de las masas de los objetos e inversamente proporcional al cuadrado de la distancia entre ellos.

La fórmula matemática que representa la Ley de Gravitación Universal es:

$F = r2G \cdot (m1 \cdot m2)$

Donde:

F es la fuerza de atracción gravitatoria entre los dos objetos.

G es la constante de gravitación universal.

m1 y m2 son las masas de los dos objetos.

r es la distancia entre los centros de masa de los objetos.

Esta ley es aplicable a una amplia gama de situaciones y se utiliza para explicar no solo el movimiento de los planetas en el sistema solar, sino también el comportamiento de cualquier objeto con masa en el universo. La Ley de Gravitación Universal fue una de las contribuciones más significativas de Newton a la física y sentó las bases para la comprensión de la gravedad y la dinámica de los cuerpos celestes.

la Ley de Gravitación Universal de Isaac Newton fue una de sus contribuciones más significativas a la física y a nuestra comprensión de la gravedad y la dinámica de los cuerpos celestes. Esta ley, formulada en el siglo XVII, revolucionó la forma en que entendemos cómo los objetos con masa interactúan y cómo los cuerpos celestes, como planetas y estrellas, se mueven en el universo. Las razones por las que esta ley fue tan significativa incluyen:

Universalidad: La Ley de Gravitación Universal se aplica universalmente a cualquier par de objetos con masa en el universo. Esto significa que es una ley que rige todas las interacciones gravitatorias, desde la caída de un objeto en la Tierra hasta el movimiento de los planetas en el sistema solar y la interacción entre las estrellas en las galaxias.

uno de los aspectos más destacados de la Ley de Gravitación Universal de Isaac Newton es su universalidad. Esto significa que esta ley se aplica a cualquier par de objetos con masa en el universo y rige todas las interacciones gravitatorias sin importar su escala.

Caída de objetos en la Tierra: La Ley de Gravitación Universal se aplica a la caída de objetos en la superficie de la Tierra. La aceleración debida a la gravedad en la superficie de la Tierra es aproximadamente 9.8 m/s^2, y esta ley se utiliza para calcular la velocidad y la posición de un objeto en caída libre.

Órbita de planetas alrededor del Sol: La misma ley que describe la caída de un objeto en la Tierra también se aplica a los planetas en el sistema solar. La gravedad del Sol ejerce una fuerza que mantiene a los planetas en órbita a su alrededor, siguiendo las leyes de Kepler y la mecánica celeste.

Interacciones entre cuerpos celestes: La Ley de Gravitación Universal se extiende a la interacción de objetos más grandes, como estrellas en una galaxia o galaxias en el universo. Esta ley juega un papel fundamental en la determinación de la estructura y el movimiento de los sistemas estelares y galaxias.

Satélites en órbita terrestre: La gravedad de la Tierra actúa sobre los satélites en órbita terrestre, y esta ley se utiliza para calcular las trayectorias y la velocidad necesarias para mantener satélites en órbita alrededor de nuestro planeta.

Mareas: La Ley de Gravitación Universal también se aplica a la interacción entre la Luna, la Tierra y el Sol, lo que da lugar a las mareas oceánicas. La atracción gravitatoria de la Luna y el Sol provoca las mareas en los océanos de la Tierra.

La universalidad de la Ley de Gravitación Universal significa que esta ley es una herramienta poderosa y aplicable a una amplia variedad de situaciones en el universo, desde la caída de un objeto en la Tierra hasta las órbitas planetarias, las interacciones estelares y galácticas, y fenómenos como las mareas. Es una de las leyes fundamentales de la física que ha demostrado su utilidad a lo largo de la historia de la ciencia.

Simplicidad y precisión: La ley es relativamente simple y se puede expresar mediante una fórmula matemática concisa. A pesar de su simplicidad, ofrece predicciones precisas y coherentes en una amplia gama de situaciones, lo que la convierte en una herramienta poderosa para el estudio de la física y la astronomía.

La simplicidad y precisión de la Ley de Gravitación Universal son aspectos que la hacen excepcional y fundamental en la física y la astronomía.

Simplicidad:

La fórmula matemática de la Ley de Gravitación Universal, $F = r2G \cdot (m1 \cdot m2)$, es relativamente simple y concisa. Esta simplicidad matemática facilita su aplicación y comprensión en una amplia variedad de situaciones.

La simplicidad de la ley se debe en parte a la proporcionalidad inversa con el cuadrado de la distancia entre los objetos y a la dependencia directa del producto de sus masas. Esto significa que la fuerza gravitatoria disminuye con el cuadrado de la distancia y aumenta con la masa de los objetos, lo que facilita los cálculos.

Predicciones precisas:

A pesar de su simplicidad, la Ley de Gravitación Universal ofrece predicciones precisas y coherentes en una amplia gama de situaciones. Esto se debe a la precisión con la que Newton estableció la constante de gravitación universal G) y a la precisión con la que la ley describe las interacciones gravitatorias.

Las predicciones precisas de esta ley han sido confirmadas y verificadas a lo largo de la historia a través de observaciones y experimentos. Por ejemplo, las órbitas de los planetas en el sistema solar coinciden con las predicciones de esta ley de manera notable.

Aplicación en astronomía:

La simplicidad y precisión de la Ley de Gravitación Universal la convierten en una herramienta poderosa para la astronomía. Los astrónomos utilizan esta ley para calcular las órbitas de planetas, satélites, asteroides y cometas, así como para predecir eventos astronómicos como eclipses y tránsitos.

Además, esta ley es esencial en la búsqueda y el estudio de planetas y sistemas estelares fuera de nuestro sistema solar (exoplanetas), ya que permite estimar las masas y distancias de estos objetos.

Simplicidad en la enseñanza y la divulgación científica:

La Ley de Gravitación Universal es una de las leyes fundamentales que se enseñan en la educación científica básica. Su simplicidad matemática la convierte en un concepto accesible para estudiantes y facilita su divulgación en la enseñanza de la física y la astronomía.

La simplicidad y precisión de la Ley de Gravitación Universal la convierten en una de las herramientas más poderosas en la física y la astronomía. Aunque existen situaciones en las que la relatividad general de Einstein es necesaria para describir con precisión la gravedad, la ley de Newton sigue siendo una aproximación excepcionalmente útil en la mayoría de las aplicaciones cotidianas y astronómicas.

Bases para la mecánica clásica: La Ley de Gravitación Universal desempeñó un papel crucial en el desarrollo de la mecánica clásica, que es la rama de la física que se centra en el movimiento de los objetos. Junto con las leyes del movimiento de Newton (las leyes de Newton), esta ley sentó las bases para la física clásica y permitió a los científicos y matemáticos posteriores desarrollar teorías y cálculos para comprender el movimiento de los cuerpos en el espacio.

La mecánica clásica es la rama de la física que se enfoca en el movimiento de los objetos y es una parte fundamental de la física que describe el comportamiento de los objetos a velocidades mucho más bajas que la velocidad de la luz. La Ley de Gravitación Universal de Newton, junto con las leyes del movimiento de Newton, conocidas como las "leyes de Newton", sentó las bases para la mecánica clásica y permitió a los científicos y matemáticos posteriores desarrollar teorías y cálculos para comprender el movimiento de los cuerpos en el espacio. Aquí hay algunas razones por las cuales la Ley de Gravitación Universal es esencial en este contexto:

Leyes de Newton: Las leyes del movimiento de Newton son un conjunto de tres leyes fundamentales que describen cómo los objetos se mueven cuando se someten a fuerzas. Estas leyes son la base de la mecánica clásica y son aplicables a una amplia variedad de situaciones. La Ley de Gravitación Universal proporciona una de las fuerzas fundamentales que actúan sobre los objetos, lo que permite la aplicación de las leyes de Newton al estudio del movimiento bajo la influencia de la gravedad.

Órbitas planetarias: La Ley de Gravitación Universal fue esencial para explicar y predecir las órbitas de los planetas en el sistema solar. Sir Isaac Newton, utilizando su ley de gravitación, pudo demostrar que las órbitas planetarias elípticas descubiertas por Johannes Kepler se podían derivar a partir de su teoría, lo que confirmó su validez y permitió una comprensión precisa de cómo los planetas se mueven alrededor del Sol.

Predicciones precisas: La Ley de Gravitación Universal proporciona predicciones precisas para una amplia gama de situaciones, desde el lanzamiento de proyectiles hasta la caída de objetos en la Tierra y las órbitas de los satélites. Estas predicciones se pueden verificar experimentalmente y se utilizan en la ingeniería, la navegación espacial y muchas otras aplicaciones prácticas.

Modelo de fuerza central: La Ley de Gravitación Universal también sirvió como modelo para otras interacciones de fuerza central en la mecánica clásica, como la fuerza eléctrica en la teoría electromagnética de Coulomb. Esto contribuyó a la unificación y comprensión más amplia de las fuerzas fundamentales en la física clásica.

La Ley de Gravitación Universal de Newton, en combinación con las leyes del movimiento de Newton, desempeñó un papel fundamental en el desarrollo de la mecánica clásica y permitió a los científicos y matemáticos desarrollar una teoría coherente para comprender y predecir el movimiento de los objetos en el espacio, desde el movimiento de los planetas hasta el lanzamiento de cohetes y mucho más. Esta teoría sentó las bases para la física clásica y sigue siendo un enfoque esencial en situaciones donde las velocidades son mucho menores que la velocidad de la luz.

Impacto en la astronomía: La ley ayudó a explicar y predecir los movimientos de los planetas en el sistema solar y contribuyó significativamente al desarrollo de la astronomía. Fue clave en la predicción de las órbitas planetarias y la comprensión de los fenómenos astronómicos, como las mareas.

El impacto de la Ley de Gravitación Universal en la astronomía ha sido profundo y fundamental. Esta ley no solo ayudó a explicar y predecir los movimientos de los planetas en el sistema solar, sino que también contribuyó significativamente al desarrollo de la astronomía.

Predicción de órbitas planetarias: Una de las contribuciones más notables de la Ley de Gravitación Universal fue su capacidad para predecir con precisión las órbitas de los planetas en el sistema solar. Sir Isaac Newton utilizó su ley para demostrar que las órbitas elípticas descubiertas por Johannes Kepler podían derivarse de sus principios de gravedad. Esto proporcionó una base sólida para la mecánica celeste y permitió a los astrónomos calcular las posiciones futuras de los planetas con gran precisión.

Comprensión de las mareas: La Ley de Gravitación Universal también fue fundamental para la comprensión de los fenómenos de marea en la Tierra. La atracción gravitatoria de la Luna y el Sol sobre la Tierra es lo que da lugar a las mareas oceánicas. La ley permitió a los científicos explicar por qué las mareas varían a lo largo del día y cómo las fuerzas gravitatorias afectan a los océanos.

Descubrimiento de nuevos cuerpos celestes: La capacidad de predecir con precisión las órbitas de los planetas permitió a los astrónomos buscar y descubrir nuevos cuerpos celestes en el sistema solar, como asteroides y cometas. Además, la ley desempeñó un papel clave en el descubrimiento de Neptuno, el octavo planeta del sistema solar, cuya existencia se predijo a partir de desviaciones en la órbita de Urano debido a la gravedad.

Unificación de la mecánica celeste: La Ley de Gravitación Universal también ayudó a unificar la mecánica celeste al proporcionar una explicación precisa y coherente para el movimiento de los cuerpos celestes. Esta ley permitió a los astrónomos comprender mejor las leyes que rigen el sistema solar y, en última instancia, contribuyó a la consolidación de una teoría unificada de la gravedad.

Aplicación en la observación y la exploración espacial: La capacidad de predecir órbitas y el movimiento de cuerpos celestes es esencial en la observación astronómica y la exploración espacial. Los cálculos basados en la Ley de Gravitación Universal se utilizan para planificar misiones espaciales, establecer la órbita de satélites y realizar observaciones astronómicas precisas.

La Ley de Gravitación Universal desempeñó un papel fundamental en la astronomía al proporcionar una teoría coherente y precisa para entender los movimientos de los cuerpos celestes. Su capacidad para predecir órbitas y fenómenos astronómicos ha sido esencial para la exploración y comprensión del sistema solar y más allá.

Legado duradero: Aunque la teoría de la relatividad general de Albert Einstein refinó nuestra comprensión de la gravedad y proporcionó una descripción más precisa en situaciones extremas, la Ley de Gravitación Universal de Newton sigue siendo una aproximación válida y útil en muchas aplicaciones prácticas.

El legado duradero de la Ley de Gravitación Universal de Newton es un punto clave en la historia de la física y la astronomía. A pesar de los avances posteriores, como la teoría de la relatividad general de Albert Einstein, la Ley de Gravitación Universal sigue siendo una aproximación válida y extremadamente útil en muchas aplicaciones prácticas.

Precisión en escalas cotidianas: La Ley de Gravitación Universal es altamente precisa para la mayoría de las situaciones cotidianas y para muchas aplicaciones prácticas, como la navegación, la ingeniería y la planificación de misiones espaciales. Las correcciones relativistas solo se vuelven significativas a velocidades cercanas a la velocidad de la luz o en campos gravitatorios extremadamente fuertes, que están más allá del alcance de la mayoría de las aplicaciones terrestres.

Simplicidad y facilidad de uso: La fórmula matemática de la ley es simple y fácil de aplicar en comparación con la complejidad de las ecuaciones de la relatividad general. Esto la convierte en una herramienta práctica para resolver problemas de mecánica y astronomía en situaciones comunes.

Aplicaciones en astronomía: La Ley de Gravitación Universal sigue siendo una herramienta esencial en astronomía para predecir órbitas planetarias, calcular las posiciones de satélites y describir interacciones gravitatorias en el sistema solar y más allá. Es ampliamente utilizada en la observación astronómica y la exploración espacial.

Enseñanza y divulgación científica: La ley sigue siendo una parte fundamental de la enseñanza de la física y la divulgación científica debido a su simplicidad y al hecho de que proporciona una base sólida para comprender la gravedad y el movimiento de los objetos. Ayuda a los estudiantes a comprender conceptos clave de la física.

Referencia en aplicaciones prácticas: En aplicaciones de la vida diaria, como la navegación por GPS, la ingeniería de satélites, la aviación y la navegación marítima, la Ley de Gravitación Universal se utiliza con éxito para calcular órbitas y trayectorias. La precisión de estas aplicaciones cotidianas demuestra la efectividad de la ley.

La Ley de Gravitación Universal de Newton ha dejado un legado duradero en la física y la astronomía. A pesar de los avances teóricos posteriores, esta ley sigue siendo una herramienta invaluable en muchas aplicaciones prácticas y sigue siendo esencial para comprender y predecir fenómenos gravitatorios en la mayoría de las situaciones en la Tierra y en el sistema solar.

La Ley de Gravitación Universal de Newton fue un hito en la historia de la física que sentó las bases para nuestra comprensión de la gravedad y la dinámica de los cuerpos celestes. Su simplicidad y aplicabilidad universal la convierten en una de las leyes fundamentales más influyentes en la ciencia.

Aunque posteriormente la teoría de la relatividad general de Albert Einstein proporcionó una descripción más completa y precisa de la gravedad, la Ley de Gravitación Universal de Newton sigue siendo una aproximación útil en muchas situaciones cotidianas. La teoría de la relatividad general de Albert Einstein, formulada en el siglo XX, proporcionó una descripción más completa y precisa de la gravedad en comparación con la Ley de Gravitación Universal de Newton.

la teoría de la relatividad general de Albert Einstein, formulada a principios del siglo XX, revolucionó nuestra comprensión de la gravedad y proporcionó una descripción más completa y precisa que la Ley de Gravitación Universal de Newton en ciertas situaciones específicas. La relatividad general se basa en dos conceptos fundamentales: la relatividad especial y la idea de que la gravedad es una manifestación de la curvatura del espacio-tiempo causada por la presencia de masa y energía. Aquí hay algunos puntos clave que distinguen la relatividad general de la ley de Newton:

La curvatura del espacio-tiempo: Según la relatividad general, en lugar de actuar a través de una "fuerza a distancia" como en la ley de Newton, la gravedad se interpreta como la curvatura del espacio-tiempo alrededor de un objeto masivo. Los objetos en movimiento siguen trayectorias a lo largo de esta curvatura, que aparece como una "fuerza gravitatoria" en la descripción clásica.

Uno de los conceptos más revolucionarios introducidos por la teoría de la relatividad general de Albert Einstein es la idea de que la gravedad no es una "fuerza a distancia" como se describe en la Ley de Gravitación Universal de Newton, sino más bien una manifestación de la curvatura del espacio-tiempo. Esto implica un cambio fundamental en nuestra comprensión de cómo la gravedad funciona en el universo. Aquí hay una explicación más detallada de este concepto:

Curvatura del espacio-tiempo: Según la relatividad general, la presencia de masa y energía en el universo curva el espacio-tiempo a su alrededor. Imagina el espacio-tiempo como una especie de tela elástica en la que los objetos masivos, como planetas y estrellas, crean depresiones o curvaturas en la tela.

Trayectorias de objetos en movimiento: En lugar de experimentar una "fuerza" gravitatoria directa, los objetos en movimiento siguen trayectorias a lo largo de las curvaturas del espacio-tiempo. Estas trayectorias son influenciadas por la geometría curvada del espacio-tiempo y son lo que percibimos como órbitas o movimientos bajo la influencia de la gravedad.

Efecto de fuerza gravitatoria aparente: A nivel práctico, esta curvatura del espacio-tiempo se manifiesta como una "fuerza gravitatoria" aparente en la descripción clásica. En otras palabras, los objetos siguen una trayectoria influenciada por la curvatura del espacio-tiempo, y esta trayectoria se asemeja a lo que consideramos una "fuerza gravitatoria" en la física newtoniana. Sin embargo, en realidad, no hay una fuerza directa actuando a distancia; es la geometría del espacio-tiempo la que guía el movimiento.

Ejemplo visual: Un ejemplo visual comúnmente utilizado para ilustrar este concepto es el de una bola rodando sobre la superficie de una cama elástica. La bola sigue una trayectoria curvada debido a la depresión creada por la presencia de un objeto masivo en el espacio-tiempo, lo que es análogo al movimiento de los planetas alrededor del Sol.

Este enfoque de la gravedad como curvatura del espacio-tiempo ha sido confirmado a través de observaciones y experimentos, como el famoso experimento de Eddington durante un eclipse solar en 1919, que demostró que la luz de las estrellas se curva al pasar cerca del Sol, respaldando así la predicción de la relatividad general. La comprensión de la gravedad en términos de curvatura del espacio-tiempo ha llevado a una descripción más precisa y completa de la gravedad, especialmente en situaciones donde las velocidades son cercanas a la velocidad de la luz o en campos gravitatorios extremadamente fuertes, como cerca de agujeros negros.

Efectos relativistas: La relatividad general predice una serie de efectos relativistas, como la dilatación del tiempo y la contracción de la longitud, que se manifiestan a velocidades cercanas a la velocidad de la luz o en campos gravitatorios extremadamente fuertes. Estos efectos son inapreciables a escalas y velocidades cotidianas, pero se han confirmado experimentalmente en situaciones extremas, como la navegación por satélite y la observación de agujeros negros.

La teoría de la relatividad general de Albert Einstein predice una serie de efectos relativistas que son significativos en situaciones extremas, como velocidades cercanas a la velocidad de la luz o campos gravitatorios extremadamente fuertes. Estos efectos son inapreciables en escalas y velocidades cotidianas, pero se han confirmado experimentalmente en situaciones extremas y han tenido un impacto significativo en la física y la astronomía.

Dilatación del tiempo: La relatividad general predice que el tiempo pasa de manera diferente en lugares con diferentes campos gravitatorios. En un campo gravitatorio fuerte, como cerca de un agujero negro, el tiempo pasa más lentamente en comparación con un lugar con un campo gravitatorio más débil. Este efecto se llama dilatación del tiempo gravitacional y se ha sido confirmado experimentalmente mediante observaciones de relojes atómicos en satélites GPS, que experimentan una dilatación del tiempo debido a la gravedad de la Tierra.

Contraer la longitud: La relatividad especial de Einstein predice que la longitud de un objeto se contraerá en la dirección del movimiento cuando se acerque a la velocidad de la luz. Este efecto se llama contracción de la longitud y se vuelve significativo solo a velocidades cercanas a la velocidad de la luz, lo que se ha confirmado experimentalmente en aceleradores de partículas con partículas subatómicas.

Precesión de la órbita: La relatividad general también predice la precesión de la órbita de objetos en campos gravitatorios fuertes, como la órbita de Mercurio alrededor del Sol. La precesión es un cambio en la orientación de la órbita que no puede explicarse completamente con la ley de gravitación de Newton. Einstein predijo correctamente la cantidad de precesión adicional que debería ocurrir debido a la relatividad general, y esta predicción coincidió con las observaciones de Mercurio.

Lente gravitacional: La relatividad general predice que la gravedad de un objeto masivo puede curvar la luz de las estrellas que están detrás de él. Este efecto se llama lente gravitacional y ha sido confirmado por observaciones astronómicas. Se utiliza en la astrofísica para estudiar objetos distantes y es una prueba importante de la relatividad general.

Agujeros negros: La relatividad general predice la existencia de agujeros negros, regiones del espacio donde la curvatura del espacio-tiempo es tan fuerte que nada, ni siquiera la luz, puede escapar. La existencia de agujeros negros ha sido confirmada por observaciones astronómicas y es uno de los aspectos más impactantes de la relatividad general.

Los efectos relativistas predichos por la relatividad general de Einstein han sido confirmados por observaciones y experimentos en situaciones extremas y han tenido un impacto profundo en la física y la astronomía. Estos efectos proporcionan una comprensión más precisa de cómo la gravedad y el espacio-tiempo funcionan en condiciones extremas y son esenciales en la descripción de fenómenos como la precesión de Mercurio, las lentes gravitacionales y la existencia de agujeros negros.

Predicciones precisas en situaciones extremas: La relatividad general es esencial para describir fenómenos como la curvatura de la luz al pasar cerca de objetos masivos (lente gravitacional), la existencia de agujeros negros, la expansión del universo y la evolución de estrellas masivas. En estas situaciones extremas y precisas, la relatividad general ofrece una descripción más precisa que la ley de Newton.

Es cierto que la relatividad general de Albert Einstein es esencial para describir y predecir fenómenos en situaciones extremas y precisas que van más allá de la capacidad de la Ley de Gravitación Universal de Newton.

Lente gravitacional: La lente gravitacional es un efecto en el que la gravedad de un objeto masivo curva la luz que pasa cerca de él. La relatividad general proporciona una descripción precisa de este fenómeno, lo que ha llevado a la detección y estudio de lentes gravitacionales en la astronomía. Estas lentes se utilizan para amplificar la luz de objetos distantes y estudiarlos en detalle.

Agujeros negros: La existencia de agujeros negros, regiones del espacio donde la curvatura del espacio-tiempo es tan fuerte que nada, ni siquiera la luz, puede escapar, es una predicción de la relatividad general. La Ley de Gravitación Universal de Newton no puede explicar la formación y el comportamiento de agujeros negros. La relatividad general, por otro lado, proporciona una descripción precisa de su existencia y propiedades.

Expansión del universo: La relatividad general es esencial para describir la expansión del universo. Esta teoría proporciona las ecuaciones de Friedmann-Lemaître-Robertson-Walker (FLRW) que modelan la expansión del universo en función del tiempo. Esto es fundamental en la cosmología y nos permite entender la evolución del cosmos a gran escala.

Evolución de estrellas masivas: En el contexto de la evolución estelar, la relatividad general desempeña un papel crucial en la descripción de estrellas masivas que han agotado su combustible nuclear y colapsan bajo la influencia de su propia gravedad para formar objetos compactos como estrellas de neutrones y agujeros negros. La relatividad general es necesaria para comprender el colapso gravitatorio en estas condiciones extremas.

La relatividad general de Einstein es fundamental en situaciones extremas y precisas, como la lente gravitacional, la existencia de agujeros negros, la expansión del universo y la evolución de estrellas masivas. En estas situaciones, la relatividad general ofrece una descripción más precisa y completa que la Ley de Gravitación Universal de Newton, que es una aproximación válida en situaciones cotidianas pero no puede dar cuenta de los efectos extremos de la gravedad y la curvatura del espacio-tiempo.

Aplicación en el espacio y cosmología: La relatividad general es fundamental para la predicción de órbitas planetarias, la navegación de naves espaciales y la comprensión de la expansión del universo. También es crucial para la descripción de las propiedades de agujeros negros y la estructura del espacio-tiempo en el cosmos.

La relatividad general de Albert Einstein desempeña un papel fundamental en una amplia gama de aplicaciones en el espacio y la cosmología. Su influencia se extiende a la predicción de órbitas planetarias, la navegación de naves espaciales, la comprensión de la expansión del universo, la descripción de las propiedades de agujeros negros y la estructura del espacio-tiempo en el cosmos.

Predicción de órbitas planetarias: La relatividad general es esencial para predecir con precisión las órbitas de los planetas en el sistema solar. A través de sus ecuaciones de campo, la relatividad general proporciona una descripción precisa de cómo los planetas se mueven en respuesta a la gravedad del Sol. Esto es crucial en la planificación de misiones espaciales y la navegación de sondas interplanetarias.

Navegación de naves espaciales: La navegación de naves espaciales, especialmente en misiones interplanetarias, requiere una comprensión precisa de la gravedad y la curvatura del espacio-tiempo. La relatividad general es fundamental para calcular las trayectorias de naves espaciales y corregir sus órbitas para alcanzar objetivos específicos, como la órbita de Marte o el encuentro con cometas.

Expansión del universo: La relatividad general proporciona las ecuaciones de Friedmann-Lemaître-Robertson-Walker (FLRW) que describen la expansión del universo. Estas ecuaciones son esenciales en la cosmología y han llevado a la comprensión de la expansión acelerada del universo, un descubrimiento que le valió a los investigadores el Premio Nobel de Física en 2011.

Agujeros negros: La relatividad general es la teoría que describe con precisión las propiedades de los agujeros negros. Define las fronteras de los agujeros negros (horizonte de eventos), las singularidades en su interior y las órbitas de objetos cercanos a ellos. La observación de agujeros negros y su comportamiento confirma la precisión de la relatividad general.

Cosmología y estructura del espacio-tiempo: La relatividad general es la base de la teoría de la relatividad cosmológica, que describe la evolución del universo en su conjunto. También se utiliza para estudiar la estructura a gran escala del cosmos, incluida la distribución de la materia y la formación de cúmulos de galaxias.

La relatividad general es una teoría fundamental que se aplica en una variedad de campos relacionados con el espacio y la cosmología. Su precisión en la descripción de la gravedad y la curvatura del espacio-tiempo la convierte en una herramienta esencial en la exploración espacial, la observación del universo y la comprensión de fenómenos cósmicos como la expansión del universo y los agujeros negros.

A pesar de las mejoras y las ampliaciones en nuestra comprensión de la gravedad proporcionadas por la relatividad general, la Ley de Gravitación Universal de Newton sigue siendo una aproximación altamente precisa y útil en la mayoría de las aplicaciones prácticas. En la mayoría de las situaciones de la vida cotidiana y en muchas aplicaciones astronómicas, la ley de Newton proporciona resultados prácticamente idénticos a los de la relatividad general. Por lo tanto, ambas teorías son importantes en diferentes contextos y escalas.

La relatividad general extendió y refinó nuestra comprensión de la gravedad al incorporar conceptos como la curvatura del espacio-tiempo. Sin embargo, a pesar de esta mejora en nuestra comprensión, la Ley de Gravitación Universal de Newton sigue siendo una aproximación útil y precisa en muchas situaciones cotidianas.

La razón principal por la que la Ley de Gravitación Universal de Newton sigue siendo válida en la mayoría de las circunstancias es que, en la mayoría de las escalas y velocidades humanas, los efectos relativistas son extremadamente pequeños y apenas perceptibles. La relatividad general se vuelve significativa en situaciones de alta gravedad, como cerca de agujeros negros o durante la medición precisa de órbitas planetarias. En el entorno cotidiano, como la Tierra y su sistema solar, los cálculos basados en la ley de Newton proporcionan resultados prácticamente idénticos a los de la relatividad general.

Por lo tanto, la Ley de Gravitación Universal de Newton es una herramienta eficaz para calcular la gravedad en la mayoría de las aplicaciones terrestres y astronómicas, como la planificación de misiones espaciales, la predicción de órbitas de satélites y la navegación aérea y marítima. La relatividad general es fundamental para situaciones extremas y precisas, pero en la mayoría de las situaciones comunes, los cálculos basados en la ley de Newton son suficientes y mucho más simples de aplicar.

En el contexto de los planetas en el sistema solar, esta fuerza de gravedad actúa como una fuerza centrípeta que mantiene a los planetas en órbita alrededor del Sol. La velocidad y la distancia de un planeta al Sol están equilibradas de tal manera que el planeta sigue una órbita elíptica alrededor del Sol, siguiendo las leyes de Kepler.

La gravitación también es responsable de la atracción entre la Luna y la Tierra, lo que da lugar a las mareas, y es una fuerza esencial en la formación y la evolución de sistemas estelares y galaxias. Además, la teoría de la relatividad general de Albert Einstein proporciona una comprensión más profunda de la gravedad al describirla como una curvatura del espacio-tiempo causada por la presencia de masa y energía, lo que explica una serie de fenómenos observados en el universo. En resumen, la gravitación es una fuerza universalmente importante que gobierna el movimiento de los cuerpos celestes y desempeña un papel clave en la estructura y la evolución del universo.

20.Física nuclear: De qué se trata la fisión y la fusión.

La fisión nuclear y la fusión nuclear son dos procesos nucleares que involucran la liberación o absorción de energía a partir de núcleos atómicos. Aquí se explica en qué consisten ambas:

Fisión nuclear:

Definición: La fisión nuclear es un proceso en el cual el núcleo de un átomo se divide en dos o más núcleos más pequeños, liberando una gran cantidad de energía en forma de calor y radiación.

La fisión nuclear es un proceso en el que el núcleo de un átomo se divide en dos o más núcleos más pequeños, lo que resulta en la liberación de una gran cantidad de energía en forma de calor y radiación. Este proceso es fundamental en la generación de energía en reactores nucleares y también se ha utilizado en aplicaciones militares en forma de armas nucleares. La fisión nuclear es un ejemplo de reacción nuclear en la que se rompen enlaces nucleares, liberando una parte de la masa del núcleo en forma de energía, de acuerdo con la famosa ecuación $E=mc^2$ de Albert Einstein. la fisión nuclear es un ejemplo clásico de reacción nuclear en la que se rompen los enlaces nucleares, lo que conduce a la liberación de una parte de la masa del núcleo en forma de energía, de acuerdo con la famosa ecuación $E=mc^2$ de Albert Einstein. Esta ecuación establece que la energía (E) es igual a la masa (m) multiplicada por la velocidad de la luz al cuadrado (c^2), y muestra la equivalencia entre la masa y la energía. En el contexto de la fisión nuclear, una pequeña cantidad de masa se convierte en una gran cantidad de energía, y esta energía se libera en forma de calor y radiación, lo que la hace valiosa para la generación de energía y otros propósitos.

Ejemplo más común: Un ejemplo común de fisión nuclear ocurre en los reactores nucleares, donde núcleos pesados, como el uranio-235 o el plutonio-239, se dividen en núcleos más pequeños, liberando calor. Este calor se utiliza para producir vapor, que impulsa turbinas y genera electricidad en centrales nucleares. En los reactores nucleares, se utiliza la fisión de núcleos pesados, como el uranio-235 o el plutonio-239, como fuente de energía. Cuando estos núcleos pesados absorben un neutrón, se vuelven inestables y se dividen en núcleos más pequeños, liberando una gran cantidad de energía en forma de calor.

Este calor resultante se aprovecha para producir vapor a partir de agua, y el vapor generado se utiliza para impulsar turbinas. Las turbinas, a su vez, están conectadas a generadores que convierten la energía cinética de las turbinas en electricidad. De esta manera, la fisión nuclear se utiliza para generar electricidad de manera eficiente y es una fuente de energía importante en muchas partes del mundo.

Es importante señalar que en las centrales nucleares, se toman precauciones y se utilizan sistemas de seguridad para garantizar que el proceso de fisión nuclear se lleve a cabo de manera controlada y segura, y para gestionar adecuadamente los desechos radiactivos resultantes.

Cadena de reacciones en cascada: La fisión nuclear es a menudo parte de una cadena de reacciones en cascada, donde una fisión libera neutrones que pueden inducir la fisión de otros núcleos en una reacción en cadena. Esto es lo que permite la liberación de grandes cantidades de energía.

La fisión nuclear a menudo forma parte de una cadena de reacciones en cascada. Este concepto es fundamental para comprender cómo se libera una gran cantidad de energía en un reactor nuclear.

Fisión nuclear inicial: En un reactor nuclear, un núcleo pesado, como el uranio-235, absorbe un neutrón adicional y se divide en dos o más núcleos más pequeños, liberando una gran cantidad de energía en forma de calor y radiación. Además de la energía liberada, se liberan varios neutrones en el proceso.

Absorción de un neutrón: En un reactor nuclear, un núcleo pesado, como el uranio-235, es bombardeado por un neutrón adicional. Este núcleo pesado es llamado "núcleo fisible". Cuando el núcleo fisible absorbe el neutrón adicional, se vuelve inestable.

Fisión nuclear: La inestabilidad del núcleo fisible provoca su división en dos o más núcleos más pequeños, junto con la liberación de una gran cantidad de energía en forma de calor y radiación. Los productos de la fisión pueden variar según el isótopo de uranio involucrado y las condiciones específicas del reactor.

Liberación de neutrones: Además de la liberación de energía, la fisión nuclear también libera varios neutrones adicionales. Estos neutrones pueden ser absorbidos por otros núcleos fisionables presentes en el reactor, dando lugar a más fisión nuclear y liberando más energía.

Este proceso de fisión en cadena es fundamental para la generación de energía en un reactor nuclear. Los neutrones liberados en cada reacción de fisión continúan desencadenando reacciones de fisión adicionales en otros núcleos fisionables, lo que resulta en una liberación continua de energía. La energía liberada en forma de calor se utiliza para calentar agua y producir vapor, que luego se utiliza para generar electricidad en las turbinas.

Reacciones en cadena: Estos neutrones liberados pueden a su vez ser absorbidos por otros núcleos de uranio-235 presentes en el reactor, provocando que estos núcleos se dividan y liberen más energía y, lo que es crucial, más neutrones. Esto crea una reacción en cadena, ya que los neutrones liberados en una fisión provocan más fisión en otros núcleos, liberando aún más energía y más neutrones. La liberación de neutrones adicionales como resultado de la fisión nuclear es un elemento crucial en la generación de una reacción en cadena.

Un núcleo fisible, como el uranio-235, absorbe un neutrón y se divide en dos o más núcleos más pequeños, liberando energía y varios neutrones.

Estos neutrones recién liberados pueden ser absorbidos por otros núcleos de uranio-235 presentes en el reactor.

Cuando un núcleo fisible absorbe un neutrón adicional, se vuelve inestable y se divide, liberando más energía y liberando aún más neutrones.

Estos nuevos neutrones pueden, a su vez, ser absorbidos por otros núcleos fisionables, repitiendo el proceso.

Este ciclo de absorción de neutrones, fisión y liberación de más neutrones se repite una y otra vez, creando una reacción en cadena autosostenida. Es esta reacción en cadena la que permite liberar grandes cantidades de energía de manera controlada en un reactor nuclear. Para evitar que la reacción en cadena se vuelva incontrolable, se utilizan materiales de control de neutrones, como las barras de control mencionadas anteriormente, para regular la velocidad de la reacción y mantenerla dentro de límites seguros.

Control de la reacción: Para evitar una reacción en cadena descontrolada y potencialmente peligrosa, se utilizan materiales de control, como barras de control de neutrones, que pueden absorber neutrones y regular la velocidad de la reacción en cadena. Al ajustar la posición de estas barras de control, los operadores del reactor pueden controlar la cantidad de energía liberada y mantener el proceso en un nivel seguro y estable.

El control de la reacción en una central nuclear es de suma importancia para mantener la seguridad y evitar una reacción en cadena descontrolada. Las barras de control de neutrones son un componente esencial en este proceso.

Barras de control de neutrones: Estas barras están hechas de materiales que son eficaces para absorber neutrones, como el boro o el cadmio. Cuando se insertan completamente en el núcleo del reactor, absorben una cantidad significativa de neutrones, reduciendo así la densidad de neutrones disponibles para inducir más fisión.

Regulación de la reacción: Al ajustar la posición de las barras de control, los operadores del reactor pueden controlar la cantidad de neutrones disponibles para mantener la reacción en cadena. Si se insertan por completo, la reacción de fisión se ralentiza o se detiene por completo, lo que disminuye la liberación de energía. Por otro lado, si se retiran parcial o completamente, se permite que más neutrones estén disponibles, lo que aumenta la tasa de fisión y, por lo tanto, la producción de energía.

Control de la temperatura: La capacidad de ajustar la cantidad de energía liberada es crucial para mantener una temperatura segura en el reactor. Si la temperatura del reactor aumenta demasiado, podría haber problemas de seguridad, como el sobrecalentamiento. Al usar las barras de control, se puede regular la temperatura y evitar que alcance niveles peligrosos.

Mantenimiento de la reacción en estado estable: La habilidad de los operadores para controlar la reacción de fisión en un estado estable y seguro es esencial para la operación segura y eficiente de una central nuclear.

Las barras de control de neutrones son una herramienta crítica para regular la reacción en cadena de fisión nuclear en un reactor y garantizar que se mantenga a niveles seguros y controlados. El control de la reacción es un aspecto esencial de la seguridad en las centrales nucleares, y los operadores están capacitados para gestionar cuidadosamente este proceso.

Generación de energía: La energía liberada en forma de calor se utiliza para calentar agua y producir vapor. Este vapor impulsa turbinas que generan electricidad. De esta manera, la energía liberada durante la fisión nuclear se convierte en energía eléctrica que se puede utilizar para alimentar hogares, industrias y otros consumidores.

La generación de energía a partir de la fisión nuclear implica la conversión de la energía liberada en forma de calor en electricidad. El proceso se lleva a cabo de la siguiente manera:

Producción de calor: La fisión nuclear libera una gran cantidad de energía en forma de calor. Este calor se utiliza para calentar agua en un sistema de refrigeración primaria. El agua en el sistema de refrigeración primaria nunca entra en contacto directo con los productos de la fisión y se mantiene en un circuito cerrado.

Generación de vapor: El agua calentada en el sistema de refrigeración primaria se convierte en vapor a alta presión. Este vapor se transporta a un segundo circuito, conocido como el sistema de vapor o ciclo secundario.

Turbina y generador: El vapor de alta presión se dirige hacia una turbina, que es una máquina con palas giratorias. Cuando el vapor fluye sobre las palas de la turbina, su presión disminuye y su energía cinética aumenta, haciendo que la turbina gire.

Generación de electricidad: La turbina está conectada a un generador eléctrico. A medida que gira la turbina, hace girar el generador, que convierte la energía mecánica en energía eléctrica. De esta manera, la energía liberada por la fisión nuclear se convierte en electricidad.

Condensación y recirculación: El vapor que sale de la turbina se enfría y condensa nuevamente en agua en el sistema de condensación. Luego, este agua condensada se recircula de nuevo al sistema de refrigeración primaria para comenzar el proceso nuevamente.

Entrega de electricidad: La electricidad generada se entrega a la red eléctrica, donde se distribuye a hogares, industrias y otros consumidores para su uso.

Este proceso de generación de electricidad a partir de la fisión nuclear es eficiente y proporciona una fuente de energía constante y confiable. Además, la energía liberada por la fisión nuclear no produce emisiones de gases de efecto invernadero, lo que la convierte en una opción atractiva desde el punto de vista de la mitigación del cambio climático. Sin embargo, también conlleva desafíos, como la gestión segura de los desechos radiactivos y la seguridad operativa de las centrales nucleares.

Este control de la reacción en cadena es crítico para garantizar que la fisión nuclear se produzca de manera segura y eficiente en una central nuclear. Además, los materiales utilizados en el reactor, como el uranio-235, deben estar enriquecidos para que haya suficientes núcleos fisibles presentes para mantener la reacción en cadena. La capacidad de mantener una reacción en cadena controlada es lo que permite a los reactores nucleares generar grandes cantidades de energía.

Aplicaciones militares: Además de su uso en la generación de energía, la fisión nuclear también se ha utilizado en armas nucleares, donde se libera una gran cantidad de energía en una explosión nuclear.

Las armas nucleares, comúnmente conocidas como bombas atómicas, se basan en el principio de la fisión nuclear para liberar una enorme cantidad de energía en forma de una explosión nuclear. Aquí hay algunos puntos clave relacionados con las aplicaciones militares de la fisión nuclear:

Armas nucleares: Las bombas atómicas funcionan al provocar una reacción en cadena de fisión nuclear en su núcleo. Esto implica la utilización de un material fisible, como el uranio-235 o el plutonio-239, en condiciones controladas para lograr una explosión altamente destructiva. Las armas nucleares han sido utilizadas en conflictos militares, como los bombardeos atómicos de Hiroshima y Nagasaki durante la Segunda Guerra Mundial.

Potencia destructiva: La fisión nuclear en una bomba atómica puede liberar una cantidad de energía enormemente superior a la de cualquier explosivo convencional. Esta potencia destructiva hace que las armas nucleares sean un tema de preocupación global debido a su capacidad para causar devastación masiva.

No proliferación nuclear: Dada la potencial amenaza que representan las armas nucleares, la no proliferación nuclear se ha convertido en un objetivo internacional clave. Tratados y acuerdos, como el Tratado de No Proliferación Nuclear (TNP), buscan controlar la expansión de armas nucleares y promover el desarme nuclear.

Diferenciación entre usos civiles y militares: La comunidad internacional distingue claramente entre las aplicaciones civiles de la fisión nuclear, como la generación de energía en centrales nucleares, y las aplicaciones militares, como las armas nucleares. Los acuerdos internacionales buscan asegurar un uso responsable de la tecnología nuclear y prevenir su desviación con fines militares.

Es importante destacar que el uso de armas nucleares plantea graves preocupaciones humanitarias, medioambientales y éticas. El objetivo primordial es prevenir su uso y avanzar hacia un mundo más seguro y libre de armas nucleares. La no proliferación y el desarme son objetivos clave en la comunidad internacional para abordar los riesgos asociados con la fisión nuclear en contextos militares.

Fusión nuclear:

Definición: La fusión nuclear es un proceso en el cual dos núcleos ligeros se combinan para formar un núcleo más pesado, liberando una inmensa cantidad de energía en el proceso. La fusión nuclear es un proceso en el cual dos núcleos ligeros se combinan para formar un núcleo más pesado, liberando una inmensa cantidad de energía en el proceso. Esta es la fuente de energía que alimenta al Sol y otras estrellas, y también es un enfoque de investigación para la generación de energía en la Tierra a través de la fusión controlada. La fusión nuclear es una reacción en la que la masa de los núcleos ligeros combinados es ligeramente menor que la masa de los núcleos iniciales, y la diferencia se convierte en energía de acuerdo con la famosa ecuación $E=mc^2$ de Albert Einstein. De acuerdo con la ecuación $E=mc^2$ de Albert Einstein, la fusión nuclear implica una conversión de masa en energía. Cuando dos núcleos ligeros se combinan para formar un núcleo más pesado, la masa del núcleo resultante es ligeramente menor que la masa total de los núcleos iniciales. La diferencia de masa se convierte en una inmensa cantidad de energía de acuerdo con la ecuación $E=mc^2$, donde "E" representa la energía, "m" la diferencia de masa y "c" es la velocidad de la luz, que es una constante muy grande.

Esta conversión de masa en energía es lo que hace que la fusión nuclear sea una fuente de energía potencialmente inagotable y altamente eficiente. La fusión es la fuente de energía que impulsa al Sol y a otras estrellas, y su replicación controlada en la Tierra es un objetivo importante en la investigación de la energía de fusión para la generación de electricidad.

Ejemplo más conocido: El ejemplo más conocido de fusión nuclear es la que ocurre en el núcleo del Sol, donde los núcleos de hidrógeno se fusionan para formar helio. Este proceso libera una enorme cantidad de energía en forma de luz y calor.En el núcleo del Sol, un proceso continuo de fusión nuclear tiene lugar, donde los núcleos de hidrógeno se combinan para formar helio. Este proceso es la fuente principal de energía que alimenta al Sol y, a su vez, proporciona luz y calor a nuestro sistema solar.

La fusión nuclear en el núcleo del Sol involucra principalmente la conversión de hidrógeno en helio a través de una serie de reacciones nucleares, liberando una inmensa cantidad de energía en forma de radiación electromagnética, incluida la luz y el calor. Esta energía es la que sustenta la vida en la Tierra y proporciona el ambiente adecuado para la existencia de la vida tal como la conocemos.

La investigación en la fusión nuclear controlada en la Tierra busca aprovechar este mismo proceso para generar energía en forma de electricidad, ofreciendo la promesa de una fuente de energía limpia y casi inagotable, similar a la del Sol. Sin embargo, replicar la fusión nuclear controlada en la Tierra es un desafío técnico significativo y requiere condiciones extremadamente altas de temperatura y presión para que los núcleos ligeros se fusionen, lo que es objeto de investigaciones en curso en el campo de la energía de fusión.

Reacciones de fusión controlada: En la Tierra, la fusión nuclear es un objetivo de investigación para la generación de energía. Los científicos están tratando de desarrollar reactores de fusión controlada, donde se imita el proceso de fusión del Sol para generar electricidad de manera más limpia y segura que la fisión nuclear. Uno de los enfoques es el reactor de fusión ITER en construcción en Francia. Es uno de los proyectos más conocidos y significativos en el campo de la fusión nuclear controlada es el reactor ITER (International Thermonuclear Experimental Reactor), que se encuentra en construcción en Cadarache, Francia. ITER es una colaboración internacional que involucra a 35 países, incluidos muchos de los principales actores en la investigación de la fusión nuclear.

El objetivo principal de ITER es demostrar la viabilidad de la fusión nuclear como una fuente de energía práctica y sostenible. El reactor ITER tiene como objetivo alcanzar condiciones de alta temperatura y presión que permitan la fusión de deuterio y tritio, generando una cantidad significativa de energía en el proceso. Se espera que el reactor demuestre la producción neta de energía a partir de la fusión, un paso crucial en el camino hacia la futura generación de electricidad mediante fusión nuclear.

La construcción y operación de ITER son un esfuerzo colosal y se considera uno de los proyectos científicos e ingenieriles más ambiciosos de la historia. Su éxito podría abrir el camino para el desarrollo de reactores de fusión más grandes y eficientes que tengan el potencial de proporcionar una fuente de energía limpia, segura y prácticamente inagotable para el futuro.

Dado su alcance internacional y su importancia en la investigación de la fusión nuclear, ITER es un proyecto que se sigue de cerca en la comunidad científica y energética de todo el mundo.

La fusión nuclear controlada en la Tierra es un objetivo importante de investigación en el campo de la energía. Los científicos están trabajando en el desarrollo de reactores de fusión controlada con el objetivo de aprovechar la energía de fusión como una fuente de electricidad más limpia y segura en comparación con la fisión nuclear. Aquí hay algunas características clave de la fusión controlada:

Reactores de fusión: Los reactores de fusión controlada buscan recrear las condiciones extremas de temperatura y presión necesarias para que los núcleos ligeros, como los isótopos de hidrógeno, se fusionen y formen helio, liberando una gran cantidad de energía en el proceso.

Los reactores de fusión controlada buscan recrear las condiciones extremas de temperatura y presión necesarias para que los núcleos ligeros, como los isótopos de hidrógeno (deuterio y tritio), se fusionen y formen helio, liberando una gran cantidad de energía en el proceso.

Combustible de fusión: Los reactores de fusión utilizan isótopos de hidrógeno, como el deuterio y el tritio, como combustible. Estos isótopos son abundantes y seguros de manejar.

Condiciones extremas: Para que la fusión ocurra, se requieren condiciones extremas de temperatura y presión, similares a las que existen en el núcleo del Sol. Se necesita una temperatura del orden de millones de grados Celsius para superar la repulsión electrostática entre los núcleos positivamente cargados y permitir que se fusionen.

Ventajas de la fusión: Los reactores de fusión prometen numerosas ventajas, como la abundancia de combustible, la falta de residuos radiactivos a largo plazo y la seguridad inherente, ya que cualquier perturbación en el proceso de fusión resulta en su cese inmediato.

Control y sostenibilidad: A diferencia de la fisión nuclear, que se basa en la división de núcleos pesados, la fusión nuclear se considera más segura y sostenible, y no presenta los mismos riesgos de fusión descontrolada que las armas nucleares.

Investigación y desarrollo en curso: A pesar de sus ventajas, los reactores de fusión todavía enfrentan desafíos técnicos significativos, como la creación y el mantenimiento de las condiciones necesarias para la fusión controlada. La investigación y el desarrollo continúan en todo el mundo para hacer que la energía de fusión sea una realidad práctica.

El desarrollo exitoso de reactores de fusión controlada podría revolucionar la producción de energía al proporcionar una fuente de energía prácticamente inagotable y limpia, contribuyendo a abordar desafíos energéticos y ambientales globales. Aunque la investigación en esta área es compleja, es un campo prometedor que ha generado un interés significativo a nivel internacional.

Combustible de fusión: El combustible principal para los reactores de fusión es el deuterio y el tritio, que son isótopos de hidrógeno. Estos isótopos son abundantes y seguros de manejar. La fusión de deuterio y tritio es una de las reacciones de fusión más fáciles de lograr en términos de condiciones necesarias.

El combustible principal para los reactores de fusión controlada es una combinación de deuterio y tritio, que son dos isótopos del hidrógeno. Estos isótopos son abundantes y seguros de manejar, lo que hace que la fusión de deuterio y tritio sea una de las reacciones de fusión más fáciles de lograr en términos de las condiciones necesarias.

Deuterio (2H): El deuterio es un isótopo del hidrógeno que contiene un protón y un neutrón en su núcleo en lugar del solo protón presente en el hidrógeno común. El deuterio es relativamente abundante y se encuentra en el agua, lo que lo convierte en un recurso accesible y seguro.

Tritio (3H): El tritio es otro isótopo del hidrógeno que contiene un protón y dos neutrones en su núcleo. El tritio no se encuentra en la naturaleza en cantidades significativas, pero se puede producir a partir del litio, que es un recurso ampliamente disponible. Sin embargo, el tritio es radiactivo y debe manejarse con precaución.

Fusión de deuterio y tritio: La reacción de fusión entre el deuterio y el tritio es una de las más prometedoras y ampliamente estudiadas en la investigación de la fusión controlada. Esta reacción requiere temperaturas extremadamente altas (del orden de millones de grados Celsius) para que los núcleos de deuterio y tritio superen la barrera de repulsión electrostática y se fusionen para formar helio y un neutrón, liberando una gran cantidad de energía en el proceso.

La elección de deuterio y tritio como combustible para los reactores de fusión se basa en su disponibilidad y facilidad relativa de manejo en comparación con otros isótopos de hidrógeno. La fusión de deuterio y tritio es una reacción de fusión eficiente y efectiva en términos de liberación de energía, lo que la convierte en una candidata destacada para la futura generación de electricidad mediante fusión nuclear controlada.

Ventajas de la fusión: La fusión nuclear controlada tiene varias ventajas importantes, incluida la disponibilidad de combustible en abundancia, la falta de generación de residuos radiactivos a largo plazo y la intrínseca seguridad en términos de evitar accidentes de fusión descontrolada. Además, no produce emisiones de gases de efecto invernadero.

Abundancia de combustible: Los isótopos de hidrógeno, como el deuterio y el tritio, que se utilizan como combustible en los reactores de fusión, son abundantes en la Tierra y se pueden obtener de manera sostenible. El deuterio se encuentra en el agua y el tritio se puede producir a partir del litio, que es ampliamente disponible.

Falta de residuos radiactivos a largo plazo: A diferencia de la fisión nuclear, que genera residuos radiactivos de larga duración, la fusión nuclear produce residuos radiactivos de corta vida, lo que reduce significativamente los problemas de gestión y almacenamiento a largo plazo de desechos nucleares.

Intrínseca seguridad: La fusión nuclear es inherentemente segura en términos de evitar accidentes de fusión descontrolada. Si se produce alguna perturbación en el proceso de fusión, la reacción se detiene de inmediato, en contraste con los riesgos asociados con la fisión nuclear.

Cero emisiones de gases de efecto invernadero: La fusión nuclear no produce emisiones de gases de efecto invernadero. Esto la convierte en una fuente de energía respetuosa con el medio ambiente y una solución potencial para abordar el cambio climático.

Potencial inagotable: Con suficiente combustible disponible, la fusión nuclear tiene el potencial de proporcionar una fuente de energía inagotable. La abundancia de deuterio y la posibilidad de obtener tritio de manera sostenible contribuyen a su capacidad de suministro a largo plazo.

A pesar de estas ventajas, es importante destacar que la fusión nuclear controlada todavía enfrenta desafíos técnicos significativos en términos de alcanzar y mantener las condiciones necesarias para la fusión, así como en la construcción de reactores prácticos y económicos. Sin embargo, la investigación en este campo continúa avanzando, y los esfuerzos internacionales como el reactor ITER están encaminados a hacer de la energía de fusión una realidad en el futuro.

Desafíos técnicos: A pesar de sus ventajas, la fusión nuclear controlada presenta desafíos técnicos significativos, especialmente en la creación y el mantenimiento de las condiciones de alta temperatura y presión requeridas. La investigación y el desarrollo continúan en todo el mundo para superar estos desafíos y lograr la viabilidad de la energía de fusión.

El desarrollo exitoso de la fusión nuclear controlada como fuente de energía podría ofrecer una solución importante para las necesidades energéticas globales y contribuir significativamente a la mitigación del cambio climático. Aunque aún se están superando obstáculos técnicos, la investigación en esta área continúa avanzando con el objetivo de lograr la generación de electricidad mediante fusión nuclear en el futuro.

Ventajas de la fusión: La fusión nuclear tiene varias ventajas sobre la fisión nuclear, incluida la abundancia de combustible (isótopos de hidrógeno), la producción de residuos mucho menos radiactivos y una mayor seguridad intrínseca.

Abundancia de combustible: La fusión utiliza isótopos de hidrógeno, como el deuterio y el tritio, que son abundantes y seguros de manejar. En contraste, la fisión a menudo involucra elementos pesados como el uranio o el plutonio, que son limitados y presentan riesgos radiactivos.

Menos residuos radiactivos: La fusión nuclear produce residuos radiactivos de corta vida, lo que facilita su gestión y eliminación en comparación con los residuos de larga vida producidos por la fisión nuclear.

Mayor seguridad intrínseca: Los reactores de fusión son inherentemente más seguros que los reactores de fisión. Cualquier perturbación en el proceso de fusión detiene la reacción de inmediato, a diferencia de la fisión, donde la pérdida de control puede conducir a accidentes graves.

Menos riesgo de proliferación nuclear: La fusión no involucra materiales fisionables que puedan ser utilizados en armas nucleares, lo que reduce el riesgo de proliferación nuclear en comparación con la fisión.

Menores requisitos de refrigeración: Los reactores de fusión no requieren sistemas de refrigeración de alta presión y grandes cantidades de agua, lo que disminuye el impacto ambiental en comparación con los reactores de fisión.

Cero emisiones de gases de efecto invernadero: La fusión nuclear no produce emisiones de gases de efecto invernadero, lo que la convierte en una fuente de energía amigable con el medio ambiente.

A pesar de estas ventajas, la fusión nuclear todavía presenta desafíos técnicos significativos, y se requiere una inversión continua en investigación y desarrollo para hacerla económicamente viable. Sin embargo, la promesa de una fuente de energía prácticamente inagotable y limpia hace que la fusión nuclear sea un objetivo importante en la búsqueda de soluciones energéticas sostenibles. La promesa de la fusión nuclear como una fuente de energía prácticamente inagotable y limpia la convierte en un objetivo clave en la búsqueda de soluciones energéticas sostenibles. Aquí hay algunas razones adicionales por las que la fusión nuclear es importante en el contexto de la sostenibilidad energética:

Sostenibilidad a largo plazo: Dado que los isótopos de hidrógeno, como el deuterio y el tritio, son abundantes y se pueden obtener de manera sostenible, la fusión nuclear podría proporcionar energía de manera ininterrumpida durante miles de años sin agotar recursos naturales.

Reducción de emisiones de carbono: La fusión nuclear no produce emisiones de gases de efecto invernadero, lo que la convierte en una fuente de energía clave en la lucha contra el cambio climático y la reducción de la dependencia de los combustibles fósiles.

Independencia energética: La capacidad de obtener deuterio del agua y tritio del litio brinda a las naciones la oportunidad de reducir su dependencia de las importaciones de combustibles fósiles y mejorar su seguridad energética.

Mitigación de riesgos nucleares: La fusión nuclear no presenta los mismos riesgos asociados con la fisión nuclear, como la proliferación nuclear y la posibilidad de accidentes nucleares graves, lo que contribuye a la seguridad global.

Versatilidad de aplicaciones: La fusión nuclear podría utilizarse para generar electricidad, pero también para producir calor de proceso industrial y proporcionar energía para aplicaciones espaciales, como la propulsión de naves espaciales.

A pesar de los desafíos técnicos que deben superarse, la investigación en la fusión nuclear está avanzando, y proyectos como ITER en Francia representan un paso importante hacia la demostración de la viabilidad de la fusión como fuente de energía.

La fisión nuclear implica la división de núcleos pesados en núcleos más ligeros y se utiliza en reactores nucleares para generar energía. La fusión nuclear involucra la fusión de núcleos ligeros para formar núcleos más pesados y es el proceso que alimenta al Sol y es una prometedora fuente de energía en la Tierra. Ambos procesos liberan cantidades masivas de energía, pero tienen diferentes aplicaciones y características.

21. Teoría de cuerdas: Un vistazo a la física más allá de lo común.

La teoría de cuerdas es una teoría física que se adentra en el mundo de lo extremadamente pequeño y desafía nuestras nociones convencionales de la realidad. Aquí hay un vistazo a esta teoría que va más allá de lo común:

Fundamentos: La teoría de cuerdas es una rama de la física teórica que busca unificar todas las fuerzas fundamentales de la naturaleza, incluida la gravedad, en un único marco teórico coherente. Propone que, en lugar de partículas puntuales, como electrones y quarks, la verdadera "materia prima" del universo son cuerdas unidimensionales vibrantes.

La idea central de esta teoría es unificar todas las fuerzas fundamentales de la naturaleza, incluyendo la gravedad, dentro de un marco teórico coherente. Esto se logra postulando que las partículas subatómicas no son partículas puntuales como se describen en la física de partículas convencional, sino cuerdas unidimensionales vibrantes.

Unificación de fuerzas: Una de las metas principales de la teoría de cuerdas es superar la fragmentación entre las cuatro fuerzas fundamentales conocidas: la gravedad, la electromagnética, la nuclear fuerte y la nuclear débil. La teoría de cuerdas ofrece una posible vía para unificar estas fuerzas en un solo marco matemático.

una de las metas más ambiciosas y atractivas de la teoría de cuerdas es la unificación de las cuatro fuerzas fundamentales conocidas de la naturaleza en un solo marco matemático coherente. Estas fuerzas son:

Gravedad: La fuerza gravitatoria, descrita por la relatividad general de Einstein, es responsable de la atracción mutua entre objetos masivos y rige los movimientos de los cuerpos celestes, como planetas y estrellas.

Electromagnética: La fuerza electromagnética gobierna la interacción entre partículas cargadas eléctricamente y es responsable de fenómenos como la electricidad y el magnetismo.

Nuclear fuerte: La fuerza nuclear fuerte es la que mantiene unidos los núcleos de los átomos y es responsable de la estabilidad de la materia nuclear.

Nuclear débil: La fuerza nuclear débil está involucrada en procesos de desintegración nuclear y en la interacción de partículas subatómicas, como neutrinos.

La unificación de estas fuerzas en un solo marco teórico es un objetivo profundamente deseado en la física teórica. La idea detrás de esta unificación es que, en condiciones extremas (por ejemplo, en el inicio del universo o en el interior de agujeros negros), todas estas fuerzas se comportarían de manera similar y estarían gobernadas por un conjunto unificado de principios. Esta unificación podría proporcionar una visión coherente de la naturaleza y resolver algunos de los problemas teóricos y conceptuales presentes en las teorías actuales.

La teoría de cuerdas ha sido una de las propuestas más prometedoras para lograr esta unificación, ya que ofrece un marco teórico que incorpora la gravedad y permite la coexistencia de las otras fuerzas. Sin embargo, es importante destacar que, hasta ahora, esta unificación sigue siendo una aspiración teórica y no se ha confirmado experimentalmente. La investigación en esta área continúa, y se exploran diversas formas en las que la teoría de cuerdas puede influir en nuestra comprensión de las fuerzas fundamentales y su unificación.

Cuerdas vibrantes: En lugar de considerar partículas como puntos sin estructura interna, la teoría de cuerdas propone que las partículas elementales son cuerdas unidimensionales extremadamente pequeñas. Estas cuerdas pueden vibrar en modos diferentes, y las vibraciones determinan las propiedades y el comportamiento de las partículas.

Una característica distintiva de la teoría de cuerdas es la idea de que las partículas elementales no son puntos sin estructura interna, como se asume en las teorías de partículas convencionales, sino cuerdas unidimensionales vibrantes.

Dimensiones extremadamente pequeñas: Las cuerdas en la teoría de cuerdas son objetos unidimensionales extremadamente pequeños, mucho más pequeños que cualquier partícula subatómica que conocemos. La escala típica de una cuerda es de la longitud de Planck, que es aproximadamente 10^{-35} metros.

Vibraciones y modos: La idea es que las cuerdas pueden vibrar en modos diferentes, y estas vibraciones determinan las propiedades y el comportamiento de las partículas. La vibración de una cuerda en un modo específico da lugar a una partícula con ciertas propiedades, como masa y carga.

Unificación de partículas: En la teoría de cuerdas, diferentes partículas elementales se interpretan como diferentes modos de vibración de una sola cuerda. Esto significa que las partículas que observamos en el universo pueden considerarse como variaciones de una entidad fundamental: la cuerda.

Una de las ideas fundamentales de la teoría de cuerdas es que diferentes partículas elementales se interpretan como diferentes modos de vibración de una sola entidad fundamental: la cuerda. Esto es un cambio revolucionario en la forma en que concebimos las partículas elementales y la unificación de las fuerzas fundamentales. Aquí tienes algunas implicaciones clave de esta idea:

Unificación de partículas: En la teoría de cuerdas, partículas que previamente se consideraban distintas, como electrones, quarks y fotones, son ahora interpretadas como diferentes modos de vibración de una cuerda. Esto significa que todas las partículas pueden entenderse como manifestaciones diferentes de una entidad subyacente.

Gravedad y cuerdas: La gravedad también se incorpora naturalmente en esta unificación. La gravedad emerge de las propiedades de las cuerdas y su forma de vibrar, lo que es un enfoque diferente en comparación con las teorías de partículas convencionales donde la gravedad se describe por separado a través de la relatividad general.

Resolución de problemas conceptuales: La teoría de cuerdas resuelve algunos problemas conceptuales presentes en las teorías de partículas convencionales. Por ejemplo, puede proporcionar una explicación de por qué algunas partículas tienen carga eléctrica y otras no.

Unificación de fuerzas: La teoría de cuerdas ofrece la posibilidad de unificar las cuatro fuerzas fundamentales de la naturaleza (gravedad, electromagnética, nuclear fuerte y nuclear débil) en un solo marco teórico coherente. Esto es uno de los objetivos más ambiciosos de la teoría de cuerdas.

Consistencia matemática: La unificación de partículas en una teoría de cuerdas también proporciona una consistencia matemática que puede ayudar a superar desafíos teóricos presentes en otras teorías de partículas.

Si la teoría de cuerdas se confirma y se establece como la descripción más precisa de la naturaleza en escalas fundamentales, cambiaría profundamente nuestra comprensión de la física y el universo. Sin embargo, es importante tener en cuenta que la teoría de cuerdas aún se encuentra en una fase de desarrollo y debate, y no ha sido confirmada experimentalmente. La investigación en esta área continúa, y se están explorando diversas implicaciones teóricas y matemáticas de esta teoría.

Gravedad y cuerdas: La teoría de cuerdas incorpora la gravedad de manera natural, ya que la gravedad emerge de las propiedades de las cuerdas vibrantes en el marco teórico. Esto la diferencia de las teorías de partículas convencionales, donde la gravedad a menudo se describe por separado.

Una de las características más notables de la teoría de cuerdas es que incorpora la gravedad de manera intrínseca y natural en su marco teórico. Esto es una diferencia fundamental con respecto a las teorías de partículas convencionales, donde la gravedad a menudo se describe por separado a través de la relatividad general de Einstein. Aquí hay algunos puntos clave sobre cómo la teoría de cuerdas trata la gravedad:

Unificación de fuerzas: La teoría de cuerdas busca unificar todas las fuerzas fundamentales de la naturaleza en un solo marco matemático. Esto incluye la unificación de la gravedad con las otras fuerzas conocidas, como la electromagnética, la nuclear fuerte y la nuclear débil.

Gravedad emergente: En la teoría de cuerdas, la gravedad emerge de manera natural de las propiedades de las cuerdas vibrantes. Las cuerdas vibran en modos diferentes, y uno de esos modos corresponde a la gravedad. En otras palabras, la gravedad es una consecuencia de cómo las cuerdas interactúan y vibran en el espacio-tiempo.

Resolución de problemas conceptuales: Esta incorporación de la gravedad en la teoría de cuerdas resuelve algunos problemas conceptuales presentes en las teorías de partículas convencionales. Por ejemplo, se supera la dificultad de combinar la relatividad general (teoría de la gravedad) con la mecánica cuántica, que es uno de los desafíos fundamentales de la física moderna.

Consistencia matemática: La unificación de todas las fuerzas en una teoría de cuerdas también proporciona una consistencia matemática que puede ayudar a superar desafíos teóricos y matemáticos presentes en otras teorías.

Si la teoría de cuerdas se confirma y se establece como la descripción más precisa de la naturaleza en escalas fundamentales, cambiaría nuestra comprensión de la gravedad y de cómo se relaciona con las otras fuerzas fundamentales. Sin embargo, es importante recordar que la teoría de cuerdas aún no ha sido confirmada experimentalmente, y la investigación en esta área continúa.

Coherencia teórica: Las cuerdas vibrantes resuelven algunos problemas conceptuales presentes en las teorías de partículas convencionales, como la cuestión de por qué algunas partículas tienen carga eléctrica y otras no.

La teoría de cuerdas proporciona una coherencia teórica que resuelve algunos problemas conceptuales presentes en las teorías de partículas convencionales. Aquí hay algunos ejemplos de cómo la teoría de cuerdas aborda ciertos problemas conceptuales:

Carga eléctrica: En las teorías de partículas convencionales, la cuestión de por qué algunas partículas tienen carga eléctrica (como electrones) y otras no (como neutrinos) es un misterio. En la teoría de cuerdas, esta diferencia en la carga eléctrica se puede atribuir a las diferentes formas de vibración de las cuerdas. En otras palabras, las partículas obtienen su carga eléctrica de la manera en que las cuerdas vibran, lo que proporciona una explicación más coherente de la existencia y la naturaleza de la carga eléctrica.

Unificación de fuerzas: La teoría de cuerdas busca unificar todas las fuerzas fundamentales, lo que incluye la unificación de la gravedad con las otras fuerzas conocidas. Esto resuelve el problema de la falta de una teoría cuántica de la gravedad en las teorías de partículas convencionales y supera la fragmentación entre diferentes teorías.

Naturaleza fundamental de las partículas: En las teorías de partículas convencionales, las partículas elementales se consideran "puntos" sin estructura interna. La teoría de cuerdas, en cambio, describe las partículas como diferentes modos de vibración de cuerdas unidimensionales. Esto proporciona una base más fundamental para la naturaleza de las partículas y cómo interactúan.

Energía de Planck: La teoría de cuerdas introduce la escala de energía de Planck como la escala fundamental de la física, que es mucho más alta que las escalas de energía alcanzadas por los aceleradores de partículas actuales. Esto ha hecho que la detección directa de cuerdas sea extremadamente difícil, lo que ha llevado a un enfoque en las implicaciones teóricas y matemáticas de la teoría.

Efectivamente, la escala de energía de Planck es una parte fundamental de la teoría de cuerdas. La teoría de cuerdas postula que la longitud de Planck (la escala de longitud más pequeña) y la energía de Planck (la escala de energía más alta) son las escalas fundamentales de la física. Estas escalas son extremadamente elevadas en comparación con las energías accesibles en los aceleradores de partículas actuales.

La energía de Planck es del orden de 10^{19} gigaelectronvoltios (GeV), lo que está mucho más allá de las energías que los aceleradores de partículas pueden alcanzar. Esto hace que la detección directa de cuerdas sea sumamente difícil, ya que las cuerdas vibrarían a energías de Planck, y actualmente no tenemos la capacidad tecnológica para alcanzar esas energías.

Dado este desafío experimental, la investigación en la teoría de cuerdas se ha centrado en implicaciones teóricas y matemáticas. Esto incluye la unificación de las fuerzas fundamentales, la resolución de problemas conceptuales en la física de partículas, la descripción de la gravedad en términos cuánticos y la exploración de dimensiones adicionales del espacio-tiempo.

A pesar de la dificultad de la detección directa de cuerdas, la teoría de cuerdas sigue siendo una de las teorías más prometedoras en la física teórica debido a su capacidad para unificar conceptos en la física fundamental y resolver cuestiones pendientes en la física moderna. La investigación en esta área continúa, y se buscan formas indirectas de encontrar evidencia de la teoría de cuerdas a través de efectos observables o predicciones específicas que puedan ser verificadas experimentalmente en el futuro.

La idea de que las partículas elementales son cuerdas unidimensionales vibrantes es un cambio fundamental en la forma en que concebimos la estructura de la materia y las fuerzas fundamentales. Aunque es una teoría matemáticamente atractiva, todavía enfrenta desafíos teóricos y experimentales para su confirmación definitiva.

Dimensiones adicionales: La teoría de cuerdas postula la existencia de dimensiones espaciales adicionales más allá de las tres dimensiones espaciales y una dimensión temporal que percibimos en nuestra realidad cotidiana. Estas dimensiones adicionales son fundamentales para que la teoría sea coherente, pero no las experimentamos directamente.

Gravitón y la gravedad: La teoría de cuerdas predice la existencia de una partícula llamada "gravitón", que sería el mediador de la fuerza gravitatoria. Esto representa un intento de unificar la gravedad, descrita por la relatividad general de Einstein, con las otras fuerzas del modelo estándar de la física de partículas.

Dificultades matemáticas: La teoría de cuerdas es matemáticamente compleja y requiere una formulación coherente en un espacio-tiempo de múltiples dimensiones. Esto la hace teóricamente desafiante y aún no ha sido confirmada experimentalmente.

La teoría de cuerdas es un intento ambicioso de proporcionar una descripción unificada de todas las fuerzas fundamentales y la materia en el universo, reemplazando las partículas puntuales con cuerdas vibrantes. Aunque es una teoría fascinante, aún enfrenta desafíos teóricos y experimentales, y su búsqueda de confirmación continua siendo un área activa de investigación en la física teórica.

Cuerdas en lugar de partículas: En lugar de tratar a las partículas elementales como puntos en el espacio-tiempo, la teoría de cuerdas sugiere que son cuerdas diminutas, más pequeñas que cualquier partícula subatómica, que vibran en diferentes modos y frecuencias. La vibración de una cuerda determina la partícula que representa.

La teoría de cuerdas postula que en lugar de considerar las partículas elementales como puntos sin estructura interna en el espacio-tiempo, estas son cuerdas unidimensionales extremadamente pequeñas que vibran en modos y frecuencias diferentes. La vibración de una cuerda determina la partícula que representa. Esto es un concepto fundamental en la teoría de cuerdas y tiene varias implicaciones importantes:

Unificación: Al tratar las partículas elementales como cuerdas vibrantes en lugar de partículas puntuales, la teoría de cuerdas proporciona un marco unificado para todas las partículas y fuerzas fundamentales. Las diferentes partículas se corresponden con diferentes modos de vibración de las cuerdas.

Espectro de partículas: La teoría de cuerdas predice un espectro de partículas más rico que el modelo estándar de la física de partículas, lo que incluye partículas conocidas, como electrones y quarks, pero también partículas hipotéticas.

Gravitón y la gravedad: La teoría de cuerdas también predice la existencia de una partícula llamada "gravitón", que sería la partícula mediadora de la fuerza gravitatoria. Esto es un intento de unificar la gravedad, descrita por la relatividad general, con las demás fuerzas del modelo estándar.

Explicación de la dualidad: La teoría de cuerdas incluye conceptos de dualidad, lo que significa que diferentes modos de vibración de las cuerdas pueden corresponder a diferentes teorías físicas, lo que ha llevado a una mayor comprensión de las conexiones entre diversas teorías en física.

Resolución de problemas teóricos: La teoría de cuerdas también resuelve algunas de las incoherencias y problemas teóricos presentes en el modelo estándar de la física de partículas, como la unificación de la gravedad con las fuerzas cuánticas.

La teoría de cuerdas es una teoría matemáticamente compleja y desafiante. Aunque es una teoría atractiva en términos de unificación y resolución de problemas, aún no ha sido confirmada experimentalmente y continúa siendo objeto de investigación activa y debate en la comunidad científica.

Unificación de las fuerzas: Uno de los objetivos principales de la teoría de cuerdas es unificar las cuatro fuerzas fundamentales de la naturaleza: la gravedad, la electromagnética, la fuerza nuclear fuerte y la fuerza nuclear débil en un solo marco teórico. Hasta ahora, la teoría de cuerdas es la única candidata que ofrece la posibilidad de hacerlo.uno de los objetivos más ambiciosos de la teoría de cuerdas es la unificación de las cuatro fuerzas fundamentales de la naturaleza en un solo marco teórico coherente. Estas cuatro fuerzas son:

Gravedad: La fuerza gravitatoria, descrita por la relatividad general de Einstein, es responsable de la atracción mutua entre objetos masivos y rige los movimientos de los cuerpos celestes, como planetas y estrellas.

Electromagnética: La fuerza electromagnética gobierna la interacción entre partículas cargadas eléctricamente y es responsable de fenómenos como la electricidad y el magnetismo.

Nuclear fuerte: La fuerza nuclear fuerte es la que mantiene unidos los núcleos de los átomos y es responsable de la estabilidad de la materia nuclear.

Nuclear débil: La fuerza nuclear débil está involucrada en procesos de desintegración nuclear y en la interacción de partículas subatómicas, como neutrinos.

La unificación de estas fuerzas en un solo marco teórico es un objetivo profundamente deseado en la física teórica, ya que proporcionaría una visión coherente de la naturaleza y resolvería algunos de los problemas teóricos y conceptuales presentes en las teorías actuales. La teoría de cuerdas es, hasta la fecha, uno de los enfoques más prometedores para lograr esta unificación.

Sin embargo, es importante destacar que la teoría de cuerdas aún se encuentra en una fase de desarrollo y debate, y no ha sido confirmada experimentalmente. A pesar de su atractivo potencial para la unificación, sigue siendo objeto de investigación y estudio en curso. Su comprensión y aceptación completa pueden requerir avances teóricos y experimentales adicionales en el futuro.

Dimensiones adicionales: La teoría de cuerdas postula la existencia de dimensiones adicionales más allá de las tres dimensiones espaciales y la dimensión temporal que experimentamos en la vida cotidiana. Estas dimensiones adicionales son necesarias para que la teoría sea coherente y, aunque no las percibimos directamente, son fundamentales en el mundo de las cuerdas.

Coherencia matemática: Las dimensiones adicionales son necesarias para hacer que la teoría de cuerdas sea matemáticamente coherente. En un espacio multidimensional, las cuerdas pueden vibrar y moverse de maneras que no son posibles en un espacio tridimensional.

Ocultas para nosotros: Aunque la teoría de cuerdas postula la existencia de dimensiones adicionales, no las percibimos directamente en nuestra experiencia cotidiana. Se cree que estas dimensiones adicionales están "compactificadas" o "enrolladas" en escalas extremadamente pequeñas, lo que significa que solo son relevantes en el nivel subatómico.

Interacciones a través de dimensiones ocultas: En la teoría de cuerdas, las partículas y las cuerdas pueden interactuar a través de estas dimensiones adicionales. Las diferentes vibraciones de las cuerdas pueden manifestarse en nuestro espacio tridimensional como partículas con diferentes masas y propiedades.

Conexión con la gravedad: La inclusión de la gravedad en la teoría de cuerdas también se beneficia de las dimensiones adicionales. La gravedad se comporta de manera diferente en un espacio multidimensional, y las dimensiones adicionales permiten una unificación más efectiva de la gravedad con las otras fuerzas fundamentales.

Desafíos conceptuales: La idea de dimensiones adicionales puede ser conceptualmente desafiante, ya que va más allá de nuestra experiencia intuitiva de espacio y tiempo. Sin embargo, es una parte integral de la teoría de cuerdas y ha llevado a un cambio en nuestra comprensión de la estructura del universo.

A pesar de la complejidad y la dificultad para visualizar estas dimensiones adicionales, su inclusión en la teoría de cuerdas es fundamental para su coherencia y su capacidad para abordar problemas en la física teórica. La investigación en esta área continúa, y se exploran diversas formas en las que las dimensiones adicionales pueden influir en nuestra comprensión del universo a nivel subatómico.

Supersimetría: La teoría de cuerdas también incorpora el concepto de supersimetría, que postula la existencia de partículas supersimétricas (superpartículas) para cada partícula conocida en la naturaleza. La supersimetría podría explicar la materia oscura y ayudar a resolver problemas teóricos en la física de partículas.

La supersimetría es un concepto importante que se incorpora en la teoría de cuerdas y que tiene implicaciones significativas en la física de partículas y la cosmología. La supersimetría es una simetría hipotética que postula la existencia de partículas supersimétricas o "superpartículas" para cada partícula conocida en la naturaleza. Estas superpartículas tendrían propiedades similares a las de las partículas conocidas, pero difieren en su espín (una propiedad cuántica fundamental) en una unidad de Planck.

Resolución de problemas teóricos: La supersimetría puede ayudar a resolver varios problemas teóricos en la física de partículas. Por ejemplo, puede proporcionar una explicación para la estabilidad del electrón y la desigualdad en las masas de las partículas fundamentales.

Materia oscura: Una implicación importante de la supersimetría es que algunas de las superpartículas podrían ser partículas que componen la materia oscura. La materia oscura es una forma de materia invisible que ejerce influencia gravitatoria en el universo y que no emite luz ni radiación detectable. La supersimetría podría proporcionar una solución a la búsqueda de la materia oscura.

Unificación de fuerzas: La supersimetría puede facilitar la unificación de las fuerzas fundamentales, ya que puede ayudar a igualar las interacciones de las partículas conocidas con sus supercompañeras.

Experimentación: La búsqueda de superpartículas es un objetivo importante en la física de partículas y se lleva a cabo en aceleradores de partículas como el Gran Colisionador de Hadrones (LHC) en busca de señales de supersimetría.

Si se demuestra experimentalmente que la supersimetría es una característica válida de la naturaleza, podría tener un impacto significativo en nuestra comprensión de la física de partículas y en la resolución de problemas fundamentales en el campo. Sin embargo, hasta ahora, la supersimetría sigue siendo una teoría hipotética y no se ha confirmado de manera concluyente.

Desafíos teóricos: Aunque la teoría de cuerdas es una idea fascinante, todavía enfrenta desafíos teóricos y experimentales significativos. Por ejemplo, no ha habido evidencia experimental directa de cuerdas, y la teoría es compleja y matemáticamente exigente.

Falta de evidencia experimental directa: Hasta la fecha, no ha habido evidencia experimental directa de la existencia de cuerdas o de las predicciones específicas de la teoría de cuerdas. La energía necesaria para investigar directamente las escalas en las que operan las cuerdas es mucho mayor de lo que los aceleradores de partículas actuales pueden alcanzar.

Complejidad matemática: La teoría de cuerdas es matemáticamente compleja y desafiante. Requiere un marco teórico que incorpore dimensiones adicionales y simetrías específicas. La naturaleza de la teoría la hace difícil de manejar y de aplicar a situaciones del mundo real.

Múltiples formulaciones: Existen múltiples formulaciones de la teoría de cuerdas, como la supercuerda tipo I, la supercuerda tipo IIA, la supercuerda tipo IIB, la heterotic-String, entre otras. Estas diferentes formulaciones a menudo no están relacionadas de manera obvia, lo que complica aún más la comprensión y la selección de la formulación "correcta".

Dimensiones adicionales y supersimetría: La incorporación de dimensiones adicionales y la supersimetría, aunque esencial para la coherencia de la teoría, también presenta desafíos conceptuales y teóricos.

Selección de una teoría viable: Dado que hay varias formulaciones y versiones de la teoría de cuerdas, seleccionar una teoría específica que sea físicamente viable y pueda relacionarse con el mundo observado es un desafío en sí mismo.

Energía de Planck y longitud de Planck: La escala de energía de Planck es la escala de energía más alta posible en la teoría de cuerdas y está fuera del alcance de la experimentación actual. La longitud de Planck, que representa la escala más pequeña, también está más allá de nuestra capacidad de medición actual.

A pesar de estos desafíos, la teoría de cuerdas sigue siendo objeto de estudio activo y debate en la comunidad científica debido a su atractivo potencial para unificar todas las fuerzas fundamentales y resolver problemas teóricos. La investigación en esta área continúa, y es posible que avances futuros en tecnología y teoría puedan proporcionar una comprensión más profunda de la teoría de cuerdas y sus implicaciones para la física y la naturaleza del universo.

Cosmología y teoría M: La teoría de cuerdas también ha influido en la cosmología, y ha dado lugar a conceptos como la teoría M, que unifica varias formulaciones diferentes de la teoría de cuerdas. Estas teorías tienen implicaciones sobre el origen y la evolución del universo.La teoría M es un desarrollo importante en el contexto de la teoría de cuerdas que busca unificar varias formulaciones diferentes de la teoría de cuerdas. El "M" en teoría M no tiene un significado específico y, a veces, se ha referido de manera humorística como "misteriosa" o "membrana" debido a la presencia de objetos llamados branas en la teoría.

Unificación de teorías de cuerdas: La teoría M se concibió como un intento de unificar todas las formulaciones diferentes de la teoría de cuerdas en un solo marco teórico coherente. Esto ayudaría a resolver problemas y desafíos teóricos asociados con las múltiples formulaciones de la teoría de cuerdas.

La teoría M, que se refiere a "teoría maestra" o "membranas," se concibió con el propósito de unificar todas las formulaciones diferentes de la teoría de cuerdas en un solo marco teórico coherente. La teoría M es una extensión de la teoría de cuerdas que busca incluir todos los objetos fundamentales, no solo cuerdas unidimensionales, como parte de su estructura.

Las diferentes formulaciones de la teoría de cuerdas, como la teoría de cuerdas tipo I, la teoría de cuerdas tipo IIA, la teoría de cuerdas tipo IIB y la heterótica, son variantes de la teoría de cuerdas que han surgido a lo largo del tiempo. Cada una de estas formulaciones tiene sus propias características y simetrías, y pueden parecer diferentes a primera vista. La teoría M busca proporcionar un marco unificador que englobe todas estas formulaciones y muestre que son manifestaciones diferentes de un solo principio subyacente.

Uno de los principales ingredientes de la teoría M son las "membranas" o "branas," que son objetos bidimensionales o de dimensiones superiores en contraste con las cuerdas unidimensionales. Estas branas son esenciales en la teoría M y ayudan a unificar las diferentes formulaciones de la teoría de cuerdas.

La unificación de las diferentes formulaciones de la teoría de cuerdas en la teoría M es un paso importante hacia la coherencia y la simplicidad teórica en la física de partículas y la física teórica en general. Sin embargo, es importante destacar que la teoría M también enfrenta desafíos teóricos y aún no ha sido confirmada experimentalmente. La investigación en esta área continúa y se exploran las implicaciones de esta teoría para nuestra comprensión de la física fundamental.

Branas y dimensiones adicionales: La teoría M incluye branas, que son objetos extendidos en un espacio con dimensiones adicionales. Estas branas desempeñan un papel importante en la teoría y pueden tener implicaciones para la cosmología.

Las branas son uno de los elementos fundamentales de la teoría M y juegan un papel importante en esta teoría. Las branas son objetos extendidos, bidimensionales o de dimensiones superiores, que existen en un espacio con dimensiones adicionales más allá de las tres dimensiones espaciales y la dimensión temporal que experimentamos en nuestra vida cotidiana.

Las branas en la teoría M pueden tener diversas dimensiones y características. Algunas de las implicaciones de las branas en la teoría M y la física teórica en general incluyen:

Unificación de formulaciones de cuerdas: Las branas permiten la unificación de las diferentes formulaciones de la teoría de cuerdas, lo que ayuda a simplificar y unificar la teoría en un solo marco coherente. Esto es importante para resolver problemas teóricos asociados con las diferentes formulaciones.

Cosmología y dimensiones adicionales: Las dimensiones adicionales permiten a las branas tener una variedad de configuraciones y geometrías. Esto tiene implicaciones para la cosmología y la estructura del espacio-tiempo en el universo. En la teoría M, las branas pueden representar diferentes regiones del espacio-tiempo o universos con dimensiones adicionales. Esto ha llevado a investigaciones sobre la posibilidad de que existan dimensiones adicionales en el cosmos.

Implicaciones para la gravedad y la física de partículas: Las branas también tienen implicaciones para la gravedad y la física de partículas. Pueden actuar como objetos que afectan la propagación de partículas y campos a su alrededor, lo que tiene consecuencias en términos de interacciones gravitatorias y otras interacciones fundamentales.

La teoría M, con su inclusión de branas y dimensiones adicionales, es una de las teorías más intrigantes en la física teórica. Aunque enfrenta desafíos teóricos y no ha sido confirmada experimentalmente, ha generado un gran interés debido a su potencial para unificar la física fundamental y abordar preguntas fundamentales sobre la naturaleza del espacio, el tiempo y las fuerzas fundamentales. La investigación en esta área continúa y busca respuestas a algunas de las cuestiones más profundas de la física.

Implicaciones cosmológicas: La teoría M y las ideas relacionadas con las branas han llevado a propuestas interesantes en cosmología. Por ejemplo, la teoría M ha sugerido la posibilidad de que nuestro universo sea una brana en un espacio de dimensiones más altas, lo que tiene implicaciones sobre el origen y la evolución del universo.

la teoría M y las ideas relacionadas con las branas han llevado a propuestas intrigantes en el campo de la cosmología. Una de las ideas que ha surgido es la posibilidad de que nuestro universo sea una brana inmersa en un espacio-tiempo de dimensiones más altas. Esta idea es conocida como el "escenario de las branas" o el "modelo de universos brana."

En este modelo, se postula que nuestro universo observable es una brana tridimensional inmersa en un espacio-tiempo de dimensiones más altas, que podría tener dimensiones adicionales no observables directamente en nuestra escala. Las fuerzas fundamentales, como la gravedad, podrían propagarse a lo largo de todas las dimensiones, mientras que las partículas y la materia ordinaria podrían estar restringidas a nuestra brana tridimensional.

Esta idea tiene varias implicaciones interesantes para la cosmología:

Origen del Big Bang: En el modelo de universos brana, el Big Bang podría ser interpretado como un evento de colisión entre dos branas en el espacio-tiempo multidimensional. Esta colisión habría dado lugar al inicio de nuestro universo observado y podría explicar su expansión desde ese momento.

Gravedad y dimensiones adicionales: La gravedad podría ser más fuerte en escalas subatómicas si se propaga a lo largo de dimensiones adicionales. Esto podría influir en la forma en que las galaxias y las estructuras cósmicas se forman y evolucionan a gran escala.

Energía oscura: Algunas variantes del modelo de universos brana han propuesto que la energía oscura, la misteriosa fuerza que impulsa la expansión acelerada del universo, podría estar relacionada con efectos gravitatorios en dimensiones adicionales.

Es importante destacar que el modelo de universos brana es una propuesta teórica fascinante, pero aún no ha sido confirmada experimentalmente. La investigación en cosmología y física teórica continúa explorando estas ideas y busca evidencia que respalde o refuta este tipo de modelos. El estudio de las branas y las dimensiones adicionales en el contexto de la teoría M es una parte emocionante de la física teórica actual.

Inflación cósmica: La teoría M también se ha relacionado con conceptos como la inflación cósmica, que es una hipótesis en cosmología que postula una rápida expansión del universo en sus primeras etapas. La teoría M puede proporcionar un marco teórico para comprender la inflación cósmica.

la teoría M y sus ideas relacionadas con las branas también se han relacionado con el concepto de inflación cósmica en cosmología. La inflación cósmica es una hipótesis que sugiere que durante las primeras etapas del universo, poco después del Big Bang, el universo experimentó una expansión extremadamente rápida y acelerada.

La teoría M puede proporcionar un marco teórico que ayuda a comprender la inflación cósmica de la siguiente manera:

Energía de vacío: La teoría M y las propiedades de las branas pueden estar relacionadas con la existencia de un campo de energía de vacío que podría haber impulsado la inflación cósmica. Este campo de energía de vacío tendría propiedades especiales que podrían desencadenar un período de expansión exponencial del universo.

Cambios en la topología del espacio-tiempo: Las branas y dimensiones adicionales en la teoría M pueden influir en la topología del espacio-tiempo. Durante la inflación cósmica, se postula que el espacio-tiempo experimentó cambios significativos en su estructura y expansión. Las propiedades de las branas podrían desempeñar un papel en estos cambios.

Generación de perturbaciones primordiales: La inflación cósmica es capaz de explicar la homogeneidad y isotropía observadas en el universo a gran escala, así como la generación de pequeñas fluctuaciones que eventualmente dieron lugar a la formación de estructuras como galaxias. La teoría M podría ofrecer un marco para comprender cómo se generaron estas perturbaciones primordiales durante la inflación.

Es importante destacar que la relación entre la teoría M y la inflación cósmica es una área de investigación activa y teórica, y no ha habido confirmación experimental directa de esta conexión. Sin embargo, la teoría M y su potencial para unificar la física fundamental ofrecen nuevas perspectivas y herramientas para abordar preguntas fundamentales en cosmología y la evolución temprana del universo.

Es importante destacar que, al igual que con la teoría de cuerdas en sí, la teoría M aún se encuentra en una fase de desarrollo y debate, y no ha sido confirmada experimentalmente. La cosmología y la física teórica continúan explorando las implicaciones de estas teorías y su relación con la naturaleza del universo.

La teoría de cuerdas es una de las teorías más intrigantes y desafiantes en la física teórica y ofrece una perspectiva radicalmente diferente de la naturaleza de la realidad. Aunque aún no ha sido confirmada experimentalmente y plantea preguntas profundas, continúa siendo una de las áreas de investigación más activas en la física contemporánea.

22.Principios de la mecánica cuántica: Dualidad onda-partícula.

Uno de los principios fundamentales de la mecánica cuántica es la "dualidad onda-partícula". Este principio se refiere a la idea de que las partículas subatómicas, como electrones y fotones, pueden exhibir tanto propiedades de partícula como propiedades de onda, dependiendo de cómo se las observe y mida. Esta dualidad es una característica fundamental de la mecánica cuántica y es uno de los conceptos más intrigantes de esta teoría.

Propiedades de partícula:

Cuando se observan las partículas subatómicas, como electrones, en ciertas condiciones experimentales, se comportan como partículas discretas con una ubicación definida en el espacio y una cantidad de movimiento (momento) bien definida.

Esto significa que pueden exhibir propiedades de partículas clásicas, como tener una masa, una carga eléctrica y una posición específica en un momento dado.

cuando se observan las partículas subatómicas en ciertas condiciones experimentales, como en experimentos de dispersión o detección de partículas, se comportan como partículas discretas con una ubicación definida en el espacio y una cantidad de movimiento bien definida. Esto significa que en esas condiciones particulares, las partículas subatómicas se comportan de manera similar a las partículas clásicas que estamos acostumbrados a observar en nuestra vida cotidiana.

Las partículas subatómicas pueden exhibir propiedades de partículas clásicas, como:

Ubicación definida: En el momento de la observación, se puede determinar con precisión la posición de la partícula en el espacio. Cuando se observa una partícula subatómica en ciertas condiciones experimentales, su posición en el espacio puede determinarse con una precisión relativa. Esto significa que es posible conocer la ubicación de la partícula en el momento de la observación con un alto grado de certeza. En el contexto de la mecánica cuántica, esta propiedad se conoce como la "ubicación definida" de la partícula en ese instante.

Sin embargo, es importante destacar que esta propiedad está relacionada con un conjunto específico de condiciones experimentales. La mecánica cuántica también establece el principio de incertidumbre de Heisenberg, que establece que no se puede conocer simultáneamente con precisión tanto la posición como el momento (cantidad de movimiento) de una partícula subatómica. Cuanto más precisa sea la determinación de la posición de la partícula en un momento dado, menos precisa será la determinación de su momento, y viceversa.

Este principio de incertidumbre es una característica fundamental de la mecánica cuántica y refleja una limitación intrínseca en nuestra capacidad para conocer ciertas propiedades de las partículas subatómicas. A medida que se intenta conocer con mayor precisión la posición de una partícula, se vuelve más incierto su momento, lo que es una manifestación de la dualidad onda-partícula y uno de los conceptos más importantes en la mecánica cuántica.

Cantidad de movimiento bien definida: También es posible medir con precisión la cantidad de movimiento de la partícula, que está relacionada con su velocidad y dirección.

Cuando se observa una partícula subatómica en ciertas condiciones experimentales, su cantidad de movimiento, que está relacionada con su velocidad y dirección, puede medirse con precisión. En otras palabras, es posible determinar con alta precisión cuánto movimiento tiene la partícula en un momento específico. Esta propiedad se conoce como "cantidad de movimiento bien definida."

Sin embargo, al igual que con la ubicación definida, esta propiedad está relacionada con un conjunto específico de condiciones experimentales y es parte de la dualidad onda-partícula de la mecánica cuántica. El principio de incertidumbre de Heisenberg establece que la precisión con la que se puede conocer simultáneamente la posición y la cantidad de movimiento de una partícula está limitada. Cuanto más precisa sea la determinación de la cantidad de movimiento, menos precisa será la determinación de la posición, y viceversa.

En ciertas condiciones experimentales, es posible medir con precisión tanto la posición como la cantidad de movimiento de una partícula subatómica, pero la mecánica cuántica impone una limitación intrínseca en cuán precisas pueden ser ambas medidas al mismo tiempo. Esta dualidad es una característica fundamental de la mecánica cuántica y desafía nuestra intuición basada en la física clásica.

Propiedades de partículas clásicas: Estas partículas pueden tener propiedades familiares, como una masa específica, una carga eléctrica conocida y una posición específica en un momento dado. En las condiciones adecuadas de observación, las partículas subatómicas pueden exhibir propiedades que se asemejan a las de las partículas clásicas que encontramos en la física clásica. Esto significa que, durante la observación en ciertas condiciones experimentales, estas partículas pueden mostrar características familiares, como:

Masa específica: Las partículas subatómicas pueden tener una masa específica, que se puede medir y caracterizar de manera similar a las partículas macroscópicas en la física clásica. La masa es una propiedad fundamental de las partículas y juega un papel importante en su comportamiento.

Las partículas subatómicas tienen una masa específica que se puede medir y caracterizar de manera análoga a las partículas macroscópicas en la física clásica. La masa es una propiedad fundamental de todas las partículas, y juega un papel esencial en su comportamiento y dinámica.

En la física clásica, la masa se considera una cantidad escalar que describe la cantidad de materia en un objeto y su resistencia a cambiar su estado de movimiento. Las partículas subatómicas, como electrones, protones y neutrones, también tienen masas específicas que se pueden medir con gran precisión. Estas masas son fundamentales para describir cómo estas partículas interactúan entre sí y con fuerzas como la gravedad.

Es importante destacar que las masas de las partículas subatómicas son significativamente más pequeñas en comparación con las masas de objetos macroscópicos, como automóviles o planetas. Sin embargo, estas masas siguen siendo propiedades cruciales en la descripción de los fenómenos a nivel subatómico y son fundamentales para la física de partículas y la mecánica cuántica.

Carga eléctrica conocida: Algunas partículas subatómicas, como electrones y protones, tienen carga eléctrica conocida y pueden comportarse en términos de atracción y repulsión eléctrica de manera análoga a las partículas macroscópicas cargadas. Algunas partículas subatómicas tienen una carga eléctrica conocida y se comportan en términos de atracción y repulsión eléctrica de manera similar a las partículas macroscópicas cargadas. Dos de las partículas subatómicas más comunes con carga eléctrica son los electrones y los protones:

Electrones: Los electrones tienen una carga eléctrica negativa, y esta carga es fundamental en la descripción de los fenómenos eléctricos y magnéticos a nivel subatómico. La interacción entre electrones y otras partículas cargadas, como protones, juega un papel crucial en la química y en la formación de enlaces químicos.

Protones: Los protones tienen una carga eléctrica positiva y, al igual que los electrones, desempeñan un papel esencial en la estructura atómica y en la interacción entre partículas cargadas. La atracción eléctrica entre protones y electrones mantiene unidos los átomos en las moléculas.

La carga eléctrica es una propiedad fundamental de las partículas subatómicas y es responsable de fenómenos eléctricos y magnéticos. Las leyes de la electrostática gobiernan la interacción entre partículas cargadas y son parte integral de la física de partículas y la física cuántica. La comprensión de las propiedades de carga eléctrica es esencial en campos como la electrónica, la electricidad y el magnetismo.

Posición específica en un momento dado: En las condiciones adecuadas, es posible conocer la posición de una partícula subatómica en un momento específico con una alta precisión.

En ciertas condiciones experimentales, es posible conocer la posición de una partícula subatómica en un momento específico con una alta precisión. Esta característica se relaciona con uno de los principios fundamentales de la mecánica cuántica conocido como el Principio de Complementariedad de

Heisenberg o el Principio de Incertidumbre de Heisenberg, formulado por el físico alemán Werner Heisenberg.

El Principio de Incertidumbre establece que existe un límite inherente en la precisión con la que se pueden conocer simultáneamente la posición y el momento (cantidad de movimiento) de una partícula. Cuanto más precisa sea la determinación de la posición de una partícula, menos precisa será la determinación de su momento, y viceversa. Esto significa que, en el nivel subatómico, no se puede conocer con absoluta certeza tanto la posición como el momento de una partícula al mismo tiempo.

Esta limitación implica que, en ciertas condiciones experimentales, cuando se realiza una medición precisa de la posición de una partícula, la incertidumbre en su momento aumenta y viceversa. Esto no es una limitación técnica de la tecnología utilizada para hacer las mediciones, sino una característica fundamental de la naturaleza subatómica de las partículas, lo que tiene implicaciones profundas en la mecánica cuántica y la interpretación de los fenómenos a nivel cuántico.

Estas propiedades familiares hacen que sea más fácil relacionar el mundo de la física cuántica con nuestra intuición basada en la física clásica. Sin embargo, es importante recordar que estas propiedades se manifiestan en condiciones específicas de observación y que las partículas subatómicas también pueden mostrar comportamientos cuánticos sorprendentes, como la interferencia y la superposición de estados, en otras condiciones experimentales. La dualidad onda-partícula y el principio de incertidumbre de Heisenberg son conceptos fundamentales que rigen la mecánica cuántica y limitan la precisión con la que podemos conocer simultáneamente ciertas propiedades de las partículas subatómicas.

Sin embargo, es importante tener en cuenta que esta descripción se aplica solo en ciertas condiciones específicas de observación. La dualidad onda-partícula implica que, en otras condiciones, estas mismas partículas pueden exhibir comportamientos completamente diferentes, comportándose como ondas y mostrando propiedades cuánticas, como la interferencia y la superposición de estados. Esto es lo que hace que la mecánica cuántica sea tan sorprendente y desafiante en comparación con la física clásica, ya que las partículas subatómicas pueden mostrar una variedad de comportamientos dependiendo de cómo se las observe y las condiciones del experimento.

Propiedades de onda:

Por otro lado, cuando no se observan directamente, las partículas subatómicas se comportan como ondas. Esto significa que tienen características de onda, como longitud de onda y frecuencia. En la mecánica cuántica, cuando las partículas subatómicas no se observan directamente, pueden comportarse como ondas, lo que significa que exhiben características ondulatorias, como longitud de onda y frecuencia. Este fenómeno se conoce como la dualidad onda-partícula y es uno de los conceptos fundamentales de la física cuántica.

La dualidad onda-partícula implica que las partículas subatómicas, como electrones y átomos, pueden exhibir comportamientos tanto de partículas puntuales (como partículas con una ubicación y momento definidos) como de ondas (como patrones de interferencia y difracción). La forma en que una partícula se comporta depende de las condiciones experimentales y de si se realiza una observación.

Cuando no se observan, las partículas subatómicas pueden extenderse y difractarse, lo que implica que tienen una longitud de onda y una frecuencia asociadas. Esto se manifiesta en fenómenos como la interferencia de electrones en experimentos de difracción de electrones, donde los electrones muestran patrones de interferencia como las ondas.

La dualidad onda-partícula es una de las características más sorprendentes de la física cuántica y desafía nuestra intuición basada en la física clásica. Demuestra que en el mundo subatómico, las partículas no se comportan de la misma manera que los objetos macroscópicos, y su comportamiento a menudo es más parecido al de las ondas. Esta dualidad es una parte fundamental de la teoría cuántica y ha llevado a la formulación de principios y experimentos que exploran estas propiedades únicas de las partículas subatómicas.

Cuando se considera la naturaleza ondulatoria de estas partículas, se pueden describir mediante funciones de onda que representan la probabilidad de encontrar la partícula en una ubicación particular en un momento dado. Cuando se considera la naturaleza ondulatoria de las partículas subatómicas, se utilizan funciones de onda para describirlas. Estas funciones de onda son una parte fundamental de la mecánica cuántica y se utilizan para representar la probabilidad de encontrar una partícula en una ubicación particular en un momento dado.

La función de onda de una partícula proporciona información sobre su estado cuántico, incluyendo su posición, momento, energía y otros parámetros. Sin embargo, en lugar de proporcionar valores precisos para estos parámetros, la función de onda da una distribución de probabilidad que describe la probabilidad de encontrar la partícula en diferentes estados.

La interpretación de la función de onda es fundamental en la mecánica cuántica. El módulo cuadrado de la función de onda (el cuadrado de su amplitud) en un punto dado representa la probabilidad de encontrar la partícula en esa ubicación. Esto significa que, en la mecánica cuántica, no se puede predecir con certeza la ubicación exacta de una partícula en un momento dado, pero se pueden hacer predicciones probabilísticas basadas en la función de onda.

La función de onda es una herramienta poderosa que ha demostrado ser efectiva en la descripción y predicción de fenómenos cuánticos. La mecánica cuántica ha tenido un gran éxito en la descripción de sistemas subatómicos y ha llevado al desarrollo de tecnologías avanzadas, como la electrónica cuántica y la computación cuántica.

La dualidad onda-partícula se manifiesta en el principio de incertidumbre de Heisenberg, que establece que no se puede conocer simultáneamente con precisión la posición y el momento de una partícula subatómica. Cuanto más precisamente se conoce una de estas propiedades, menos precisión se tiene sobre la otra.

la dualidad onda-partícula se relaciona directamente con el Principio de Incertidumbre de Heisenberg, formulado por el físico alemán Werner Heisenberg. Este principio es uno de los pilares fundamentales de la mecánica cuántica y establece que no es posible conocer con precisión simultáneamente tanto la posición como el momento (cantidad de movimiento) de una partícula subatómica.

El Principio de Incertidumbre de Heisenberg se expresa matemáticamente como una relación entre la incertidumbre en la posición (Δx) y la incertidumbre en el momento (Δp) de una partícula:

$$\Delta x * \Delta p \geq \hbar / 2$$

Donde Δx representa la incertidumbre en la posición, Δp representa la incertidumbre en el momento, y $\hbar$ (h barra) es la constante reducida de Planck, una constante fundamental en la mecánica cuántica.

Esta relación implica que, cuanto más precisa sea la medición de la posición de una partícula, mayor será la incertidumbre en su momento y viceversa. Esto no es una limitación tecnológica, sino una característica intrínseca de la naturaleza cuántica de las partículas. Cuanto menor sea la incertidumbre en una de las propiedades, mayor será la incertidumbre en la otra. Esto refleja la dualidad onda-partícula y muestra que, en el nivel cuántico, no podemos conocer ambas propiedades con precisión infinita al mismo tiempo.

El Principio de Incertidumbre de Heisenberg tiene implicaciones profundas en la mecánica cuántica y cambia nuestra comprensión del mundo subatómico en comparación con la física clásica.

Experimentos de interferencia:

Para ilustrar la dualidad onda-partícula, los experimentos de interferencia son un ejemplo clásico. En estos experimentos, se envían partículas individuales, como electrones o fotones, a través de una barrera con dos rendijas. Cuando no se observa el proceso, las partículas muestran un patrón de interferencia similar al de las ondas que pasan por las dos rendijas y se superponen. Esto demuestra su naturaleza ondulatoria.

Los experimentos de interferencia son ejemplos excelentes para ilustrar la dualidad onda-partícula y son fundamentales para comprender el comportamiento de las partículas subatómicas, como electrones y fotones.

En estos experimentos, se envían partículas individuales, una a la vez, a través de una barrera con dos rendijas. Cuando las partículas no se observan durante su paso por las rendijas, muestran un patrón de interferencia en una pantalla colocada más allá de la barrera. Este patrón de interferencia es similar al que se observa cuando las ondas pasan por las dos rendijas y se superponen.

Este resultado demuestra que las partículas, a pesar de ser partículas discretas, también tienen propiedades ondulatorias. En otras palabras, cada partícula individual no pasa necesariamente por una sola rendija o la otra, sino que muestra una interferencia como si estuviera pasando por ambas rendijas al mismo tiempo. Esto es una manifestación de la dualidad onda-partícula.

Cuando se realiza la observación de cuál rendija atraviesa cada partícula (es decir, se mide su trayectoria), el patrón de interferencia desaparece y las partículas se comportan más como partículas clásicas, pasando por una rendija o la otra sin interferencia. Este fenómeno ilustra cómo la observación o medición puede afectar el comportamiento de las partículas y resalta la dualidad onda-partícula en la mecánica cuántica.

Los experimentos de interferencia son fundamentales para comprender la física cuántica y demuestran que las partículas subatómicas no se comportan estrictamente como partículas clásicas o estrictamente como ondas, sino que exhiben ambas características, dependiendo de las condiciones experimentales y la observación.

Sin embargo, cuando se intenta observar a través de cuál rendija pasa cada partícula, el patrón de interferencia desaparece y las partículas se comportan más como partículas clásicas, lo que demuestra su naturaleza dual.

Cuando se intenta observar a través de cuál rendija pasa cada partícula, se produce un fenómeno conocido como la "degradación de la interferencia". En este caso, el patrón de interferencia desaparece y las partículas comienzan a comportarse más como partículas clásicas, es decir, pasan principalmente por una rendija o la otra sin interferencia.

Cuando se intenta observar a través de cuál rendija pasa cada partícula, el patrón de interferencia desaparece y las partículas se comportan de manera más similar a partículas clásicas en lugar de comportarse como ondas. Esto es un ejemplo claro de la dualidad onda-partícula en la mecánica cuántica.

La observación de la trayectoria de la partícula (es decir, cuál rendija atraviesa) implica la medición de una propiedad específica de la partícula en un momento dado. Esta medición reduce la incertidumbre en la posición de la partícula en ese momento, pero al mismo tiempo, aumenta la incertidumbre en su cantidad de movimiento. Esto es una manifestación del principio de incertidumbre de Heisenberg en acción.

El principio de incertidumbre de Heisenberg establece que no se puede conocer simultáneamente con precisión la posición y el momento de una partícula subatómica. Cuanto más precisamente se conoce la posición de una partícula (como en el caso de observar a través de cuál rendija pasa), menos precisión se tiene sobre su cantidad de movimiento, y viceversa.

La observación de la trayectoria de una partícula, que implica conocer su posición con precisión, afecta su comportamiento ondulatorio y elimina el patrón de interferencia. Esto ilustra cómo la dualidad onda-partícula es una característica fundamental de la mecánica cuántica y cómo la observación puede influir en el comportamiento de las partículas subatómicas.

Esto demuestra la influencia de la observación en el comportamiento de las partículas subatómicas y resalta la dualidad onda-partícula. Cuando no se observa, las partículas exhiben comportamiento ondulatorio y pasan por ambas rendijas simultáneamente, lo que da lugar a un patrón de interferencia en la pantalla de detección. Sin embargo, cuando se observa o se mide a través de cuál rendija pasa cada partícula, se obtiene información sobre la trayectoria de la partícula, y esto destruye la interferencia.

Este fenómeno es un ejemplo claro de cómo la mecánica cuántica desafía nuestras intuiciones de la física clásica. En el nivel subatómico, la observación misma puede afectar el comportamiento de las partículas, lo que hace que la dualidad onda-partícula sea una característica fundamental de la física cuántica. La dualidad onda-partícula es uno de los conceptos clave que distingue la mecánica cuántica de la física clásica y es fundamental para comprender el comportamiento de las partículas en el mundo subatómico.

La dualidad onda-partícula es una característica fundamental de la mecánica cuántica y es esencial para comprender el comportamiento de las partículas subatómicas. Esta dualidad desafía nuestra intuición basada en la física clásica y es una de las razones por las que la mecánica cuántica es tan diferente y sorprendente en comparación con la física clásica.

23.Relatividad y viajes espaciales: Explorando el espacio-tiempo.

La teoría de la relatividad de Albert Einstein, que incluye la relatividad especial y la relatividad general, ha tenido un profundo impacto en nuestra comprensión de la física del espacio-tiempo y ha influido en la exploración del espacio. Aquí hay una mirada a cómo la relatividad se relaciona con los viajes espaciales y la exploración del espacio-tiempo:

Relatividad especial: La relatividad especial, formulada por Einstein en 1905, cambió fundamentalmente nuestra comprensión del espacio y el tiempo. Introdujo la idea de que el espacio y el tiempo están interrelacionados y que la velocidad de la luz es una constante universal que no puede ser superada por ninguna partícula con masa. Esto llevó a la famosa ecuación $E=mc^2$, que relaciona la energía (E) y la masa (m) de una partícula.

la relatividad especial de Albert Einstein, formulada en 1905, revolucionó nuestra concepción del espacio y el tiempo. Aquí hay algunos de los conceptos clave de la relatividad especial:

Invariancia de la velocidad de la luz: Uno de los pilares de la relatividad especial es la idea de que la velocidad de la luz en el vacío, representada por "c" en la famosa ecuación $E=mc^2$, es una constante universal e invariable. Esto significa que la velocidad de la luz es la misma para todos los observadores, sin importar su velocidad relativa.

La invariancia de la velocidad de la luz es uno de los conceptos fundamentales de la relatividad especial de Einstein. Según esta teoría, la velocidad de la luz en el vacío es una constante universal, denotada como "c," y es igual para todos los observadores, independientemente de su velocidad relativa. Esto significa que ningún objeto puede alcanzar o superar la velocidad de la luz en el vacío.

La invariancia de la velocidad de la luz tiene varias implicaciones importantes:

La relatividad del tiempo: Debido a que la velocidad de la luz es constante, el tiempo se dilata o se contrae en relación con la velocidad relativa entre el observador y la fuente de luz. Esto da lugar al fenómeno de la dilatación del tiempo, donde los relojes en movimiento avanzan más lentamente en comparación con los relojes en reposo.

La contracción de la longitud: Del mismo modo, la invariancia de la velocidad de la luz conduce a la contracción de la longitud, donde los objetos en movimiento parecen más cortos en la dirección de su movimiento desde la perspectiva de un observador en reposo.

La teoría de la relatividad especial: La invariancia de la velocidad de la luz es uno de los principios fundamentales de la relatividad especial, y esta teoría proporciona un marco coherente para describir cómo los efectos relativistas afectan a los observadores en movimiento.

Implicaciones en la física y la tecnología: La invariancia de la velocidad de la luz tiene implicaciones en la física de partículas, la navegación espacial y la tecnología GPS, donde se deben tener en cuenta los efectos relativistas para obtener mediciones precisas.

En resumen, la invariancia de la velocidad de la luz es un principio central de la relatividad especial que ha transformado nuestra comprensión de la física y el espacio-tiempo al establecer que la velocidad de la luz es constante y universalmente invariable para todos los observadores.

Dilatación del tiempo: La relatividad especial predice que el tiempo no es absoluto, sino que es relativo a la velocidad del observador. Cuando un objeto se mueve a velocidades cercanas a la luz, el tiempo se dilata desde la perspectiva de un observador en reposo. Esto se conoce como la dilatación del tiempo y ha sido confirmado por experimentos.

La dilatación del tiempo es uno de los efectos más interesantes de la relatividad especial de Einstein. Según esta teoría, el tiempo no es absoluto, sino que es relativo a la velocidad del observador. Esto significa que el tiempo transcurre de manera diferente para objetos en movimiento en comparación con objetos en reposo.

Cuando un objeto se mueve a velocidades cercanas a la velocidad de la luz (c), el tiempo se dilata desde la perspectiva de un observador en reposo. En otras palabras, un reloj en movimiento avanzará más lentamente que un reloj en reposo. Este fenómeno se conoce como la dilatación del tiempo y ha sido confirmado por experimentos.

La dilatación del tiempo es especialmente relevante en la física de partículas y la navegación espacial. En la física de partículas, las partículas subatómicas llamadas muones, que son inestables y se desintegran rápidamente, pueden llegar a la Tierra desde la atmósfera superior debido a su alta velocidad. Sin la corrección de la dilatación del tiempo, no podrían alcanzar la superficie de la Tierra antes de desintegrarse. Esto proporciona una evidencia experimental de la dilatación del tiempo.

En la navegación espacial y en la tecnología GPS, también es necesario tener en cuenta la dilatación del tiempo debido a la relatividad especial para obtener mediciones precisas, ya que los satélites en órbita se mueven a velocidades significativas en relación con la Tierra.

En resumen, la dilatación del tiempo es un fenómeno real predicho por la relatividad especial, que implica que el tiempo se ralentiza para objetos en movimiento en comparación con objetos en reposo. Este efecto ha sido confirmado por experimentos y tiene aplicaciones prácticas en la física de partículas y la tecnología GPS.

Contracción de la longitud: La relatividad especial también predice la contracción de la longitud cuando un objeto se mueve a velocidades cercanas a la luz. Desde la perspectiva de un observador en movimiento, un objeto puede parecer más corto en la dirección de su movimiento.

La contracción de la longitud es otro fenómeno importante predicho por la relatividad especial de Einstein. Según esta teoría, cuando un objeto se mueve a velocidades cercanas a la velocidad de la luz, su longitud en la dirección de su movimiento parece más corta desde la perspectiva de un observador en reposo.

Este efecto se conoce como "contracción de Lorentz" o "contracción relativista". La fórmula que describe la contracción de la longitud es la siguiente:

$L = \gamma L0$

Donde:

L es la longitud aparente del objeto desde la perspectiva del observador en movimiento.

L0es la longitud propia del objeto, es decir, su longitud cuando está en reposo.

γ es el factor de Lorentz, que depende de la velocidad relativa entre el objeto y el observador y se calcula como $\gamma = 1 - c2v21$, donde v es la velocidad del objeto y c es la velocidad de la luz en el vacío.

Este efecto es especialmente relevante a velocidades cercanas a la de la luz, y aunque es imperceptible en la vida cotidiana a velocidades mucho más bajas, es fundamental en la física de partículas y la teoría de la relatividad. La contracción de la longitud y la dilatación del tiempo son dos de las predicciones más conocidas de la relatividad especial y han sido confirmadas por numerosos experimentos.

Teoría de la relatividad restringida: La relatividad especial se aplica a sistemas inerciales, es decir, aquellos que se mueven a velocidades constantes. Proporciona un marco teórico coherente para comprender cómo las leyes de la física se aplican en sistemas en movimiento. La relatividad especial, también conocida como la teoría de la relatividad restringida, se aplica a sistemas inerciales, es decir, sistemas que se mueven a velocidades constantes o en reposo. Fue formulada por Albert Einstein en 1905 y proporciona un nuevo marco teórico para comprender cómo las leyes de la física se aplican en sistemas en movimiento a velocidades cercanas a la velocidad de la luz.

Algunos de los conceptos fundamentales de la relatividad especial incluyen:

Invariancia de la velocidad de la luz: La velocidad de la luz en el vacío es constante e invariable, sin importar la velocidad del observador. Esto significa que la luz se comporta de la misma manera para todos los observadores, lo que lleva a resultados sorprendentes como la dilatación del tiempo y la contracción de la longitud.

Dilatación del tiempo: Cuando un objeto se mueve a velocidades cercanas a la velocidad de la luz, el tiempo transcurre más lentamente para un observador en movimiento en comparación con un observador en reposo. Esto ha sido confirmado experimentalmente y tiene implicaciones importantes para la física de partículas y la navegación por satélite.

Contracción de la longitud: Como mencionamos anteriormente, cuando un objeto se mueve a altas velocidades, su longitud en la dirección del movimiento se contrae desde la perspectiva de un observador en movimiento. Esto también ha sido confirmado por experimentos.

La relatividad especial revolucionó nuestra comprensión del espacio y el tiempo, y su formulación matemática es fundamental para la física moderna. Además de su importancia teórica, tiene muchas aplicaciones prácticas en tecnología y ciencia, como la navegación por satélite, la física de partículas y la teoría de la relatividad general de Einstein.

Efectos relativistas en la mecánica clásica: La relatividad especial no invalida las leyes de la mecánica clásica de Newton, sino que proporciona correcciones a velocidades relativistas. A velocidades mucho menores que la velocidad de la luz, las leyes de la mecánica clásica son una aproximación válida.

La relatividad especial no invalida las leyes de la mecánica clásica formuladas por Isaac Newton, sino que proporciona correcciones que son significativas solo a velocidades relativistas, es decir, a velocidades cercanas a la velocidad de la luz. A velocidades mucho menores que la velocidad de la luz, las leyes de la mecánica clásica son una aproximación válida y funcionan bien para describir el movimiento de los objetos en la vida cotidiana.

En situaciones en las que las velocidades son mucho menores que la velocidad de la luz, los efectos relativistas son prácticamente imperceptibles y las predicciones de la mecánica clásica son consistentes con las observaciones experimentales. Las correcciones relativistas se vuelven significativas solo cuando se alcanzan velocidades comparables a la velocidad de la luz o cuando se estudian fenómenos extremos, como la física de partículas en aceleradores de partículas o la navegación de satélites.

Por lo tanto, la relatividad especial no invalida la mecánica clásica, pero amplía nuestro conocimiento sobre cómo funcionan las leyes de la física a diferentes velocidades y bajo diferentes condiciones. La relatividad especial y la mecánica clásica son dos teorías que coexisten y se aplican en contextos específicos.

En resumen, la relatividad especial cambió nuestra comprensión del espacio y el tiempo al introducir conceptos como la relatividad del tiempo y la contracción de la longitud. Estos efectos se hacen evidentes a velocidades cercanas a la luz y tienen implicaciones significativas en la física y la tecnología, especialmente en campos como la física de partículas, la navegación espacial y la tecnología GPS.

Viajes a velocidades cercanas a la luz: La relatividad especial predice efectos interesantes cuando una nave espacial viaja a velocidades cercanas a la velocidad de la luz. Según la teoría, a medida que la velocidad de una nave se acerca a la velocidad de la luz, su masa efectiva aumenta, y el tiempo se dilata desde la perspectiva de un observador en reposo. Esto significa que un astronauta a bordo de la nave en movimiento envejecerá más lentamente que alguien en la Tierra.

Aumento de la masa efectiva: Según la relatividad especial, la masa efectiva de un objeto en movimiento aumenta a medida que su velocidad se acerca a la velocidad de la luz. Esto se debe a la famosa relación entre la energía (E), la masa (m) y la velocidad de la luz (c) expresada en la ecuación $E=mc^2$. A medida que una nave espacial acelera, su energía cinética aumenta, lo que a su vez se refleja en un aumento en su masa efectiva. Esto significa que se requerirá cada vez más energía para seguir acelerando la nave, y a medida que se acerque a la velocidad de la luz, su masa efectiva se aproximará al infinito.

Dilatación del tiempo: Otro efecto importante es la dilatación del tiempo. Cuando una nave espacial viaja a velocidades cercanas a la velocidad de la luz, el tiempo en su interior transcurre más lentamente desde la perspectiva de un observador en reposo en la Tierra. Esto significa que los astronautas a bordo de la nave en movimiento envejecerán más lentamente en comparación con las personas en la Tierra. Este fenómeno se ha confirmado mediante experimentos en aceleradores de partículas y se ha convertido en un concepto fundamental de la relatividad.

Estos efectos de la relatividad especial hacen que los viajes a velocidades cercanas a la velocidad de la luz planteen desafíos interesantes y tienen implicaciones en la ciencia de la física y la exploración espacial.

Paradoja de los gemelos: La dilatación del tiempo prevista por la relatividad especial se ilustra en la paradoja de los gemelos. Si un gemelo viajara al espacio a una velocidad cercana a la luz y regresara a la Tierra, sería más joven que su gemelo que se quedó en la Tierra. Este efecto se ha demostrado experimentalmente con partículas subatómicas aceleradas a velocidades cercanas a la luz.

La paradoja de los gemelos es un ejemplo clásico para ilustrar la dilatación del tiempo prevista por la relatividad especial. En esta paradoja, se plantea la siguiente situación hipotética: tenemos dos gemelos idénticos, uno de los cuales se queda en la Tierra (llamémoslo Gemelo A) mientras que el otro (Gemelo B) realiza un viaje espacial en una nave que se mueve a velocidades cercanas a la velocidad de la luz durante un período de tiempo significativo y luego regresa a la Tierra.

De acuerdo con la teoría de la relatividad especial de Einstein, debido a la dilatación del tiempo, el tiempo transcurre más lentamente para un observador en movimiento (Gemelo B en la nave espacial) en comparación con un observador en reposo (Gemelo A en la Tierra). Como resultado, cuando Gemelo B regrese a la Tierra después de su viaje espacial, habrá envejecido menos que Gemelo A. Esto se debe a que el tiempo en la nave espacial ha transcurrido más lentamente desde la perspectiva de Gemelo B.

La paradoja radica en la idea de que, según la relatividad especial, dos observadores pueden experimentar el tiempo de manera diferente debido a sus velocidades relativas. Si bien esta paradoja puede parecer desconcertante, ha sido confirmada experimentalmente mediante la observación de partículas subatómicas que se desplazan a velocidades cercanas a la velocidad de la luz y muestran una dilatación del tiempo.

En resumen, la paradoja de los gemelos ilustra uno de los conceptos más intrigantes de la relatividad especial: el tiempo no es absoluto y puede transcurrir de manera diferente para observadores en movimiento a velocidades relativamente cercanas a la velocidad de la luz.

Relatividad general: La relatividad general, formulada por Einstein en 1915, es una teoría de la gravedad que describe cómo la materia y la energía curvan el espacio-tiempo. Esto tiene implicaciones importantes para la exploración espacial, ya que los objetos en movimiento siguen trayectorias a lo largo de la geometría curvada del espacio-tiempo.

La relatividad general, formulada por Albert Einstein en 1915, es una teoría fundamental que revolucionó nuestra comprensión de la gravedad y la estructura del espacio-tiempo. Esta teoría describe cómo la materia y la energía influyen en la geometría del espacio-tiempo y cómo esta geometría curvada afecta el movimiento de los objetos en el universo. Aquí hay algunos conceptos clave relacionados con la relatividad general y su relevancia para la exploración espacial:

Espacio-tiempo curvo: Según la relatividad general, la presencia de masa y energía en el universo curva el espacio-tiempo que rodea a esos objetos. Esta curvatura se asemeja a lo que sucedería si pusieras una bola pesada en una hoja de goma, haciendo que la hoja se deforme alrededor de la bola. Los objetos en movimiento siguen trayectorias en esta geometría curvada.

Gravedad: La gravedad, según la relatividad general, no es una "fuerza" en el sentido clásico, sino una consecuencia de la curvatura del espacio-tiempo. Los objetos en movimiento en esta geometría curvada siguen lo que se conoce como "líneas geodésicas", que son trayectorias que representan el camino más corto (en términos de espacio-tiempo curvado) entre dos puntos.

Relevancia para la exploración espacial: La relatividad general es fundamental para la navegación y la predicción de las órbitas de satélites y naves espaciales. Los sistemas de posicionamiento global (GPS), por ejemplo, deben tener en cuenta la dilatación del tiempo y la gravedad de la Tierra para funcionar con precisión. Los satélites en órbita también siguen las geodésicas en el espacio-tiempo curvado, y su movimiento se describe mediante la relatividad general.

Efecto de dilatación del tiempo: La relatividad general predice efectos de dilatación del tiempo en presencia de campos gravitatorios fuertes. Esto significa que el tiempo transcurre más lentamente en regiones con gravedad intensa, como cerca de la Tierra o de objetos masivos como agujeros negros.

Este efecto tiene implicaciones prácticas en la sincronización de relojes en sistemas de navegación por satélite y en la corrección de las señales de GPS.

Estudios cosmológicos: La relatividad general también es fundamental para nuestra comprensión del cosmos a gran escala. Ha sido crucial para el desarrollo de modelos de expansión del universo y para la comprensión de fenómenos astronómicos, como agujeros negros, lentes gravitacionales y la radiación de fondo de microondas.

En resumen, la relatividad general es una teoría fundamental que ha tenido un impacto significativo en la exploración espacial y en nuestra comprensión del universo. Ha llevado a avances en la predicción y navegación de órbitas, y ha influido en nuestra comprensión de la gravedad y la estructura del espacio-tiempo en el contexto del espacio y el cosmos.

Curvatura del espacio-tiempo: La relatividad general predice que la gravedad no es una fuerza en el sentido clásico, sino que es el resultado de la curvatura del espacio-tiempo causada por la presencia de masa y energía. Esto significa que los objetos en órbita alrededor de un cuerpo masivo, como un planeta o una estrella, siguen trayectorias curvas en el espacio-tiempo en lugar de movimientos rectos.

La idea de la curvatura del espacio-tiempo es una de las piedras angulares de la relatividad general. En lugar de considerar la gravedad como una "fuerza" en el sentido clásico, Albert Einstein propuso que la gravedad se debe a la presencia de masa y energía que curva el tejido del espacio-tiempo que rodea a esos objetos.

Trayectorias curvas: Cuando un objeto masivo, como un planeta, estrella o incluso un agujero negro, está presente en el espacio-tiempo, crea una curvatura en ese espacio-tiempo. Los objetos que se mueven a través de este espacio-tiempo curvado siguen trayectorias curvas debido a la influencia de esta curvatura. Es como si los objetos estuvieran respondiendo a la "forma" del espacio-tiempo en su entorno.

Analogía de la tela elástica: Una analogía común para entender este concepto es imaginar una lámina de goma o una tela elástica extendida, donde una bola pesada, como una bola de bolos, crea una depresión en la tela. Si colocas una canica cerca de la bola de bolos, esta canica seguirá una trayectoria curva alrededor de la depresión, incluso si no hay una "fuerza" que actúe directamente sobre la canica.

Ley de la gravedad: La ley de la gravedad de Newton se convierte en una descripción aproximada de cómo los objetos responden a la curvatura del espacio-tiempo en situaciones donde las velocidades son mucho menores que la velocidad de la luz. En esta ley, la masa de un objeto crea la curvatura del espacio-tiempo y otros objetos responden moviéndose a lo largo de las trayectorias curvas creadas por esta curvatura.

Impacto en la astronomía y la exploración espacial: La comprensión de la gravedad como la curvatura del espacio-tiempo ha tenido un impacto significativo en la astronomía y la exploración espacial. Ha sido fundamental para predecir y entender el movimiento de planetas, satélites y naves espaciales en el sistema solar y más allá. También ha sido esencial para la identificación de agujeros negros y para el estudio de la expansión del universo.

La relatividad general es una teoría fundamental que ha resistido rigurosas pruebas experimentales y ha demostrado ser una descripción precisa de la gravedad y el espacio-tiempo en una amplia gama de situaciones, desde sistemas planetarios hasta agujeros negros y el universo en su conjunto.

Utilización de la relatividad en la navegación espacial: La relatividad es crucial en la navegación espacial, especialmente para sistemas de posicionamiento global (GPS). Los satélites GPS en órbita alrededor de la Tierra experimentan dilatación del tiempo debido a su velocidad, lo que debe tenerse en cuenta para que los receptores en la Tierra calculen con precisión su posición.

La relatividad tiene un papel esencial en la navegación espacial, y un ejemplo claro de esto es el funcionamiento de los sistemas de posicionamiento global (GPS). Aquí está cómo la relatividad, tanto la especial como la general, influye en la navegación espacial y la precisión del GPS:

Dilatación del tiempo: Como mencionaste anteriormente, la relatividad especial predice la dilatación del tiempo a velocidades relativistas. Los satélites GPS se mueven a velocidades significativas en órbita alrededor de la Tierra. Debido a esto, experimentan una dilatación del tiempo, lo que significa que el tiempo en los satélites se mueve ligeramente más lento en comparación con el tiempo en la superficie de la Tierra, según el marco de referencia de un observador en reposo. Esto es un efecto relativista bien documentado.

Generalización de la dilatación temporal: Además de la dilatación del tiempo de la relatividad especial debido a la velocidad, también entra en juego la relatividad general debido a la gravedad. Los satélites GPS se encuentran en una región donde la gravedad es ligeramente más débil en comparación con la superficie de la Tierra, debido a su mayor distancia del centro de la Tierra. La relatividad general predice que el tiempo se moverá ligeramente más rápido en una región de menor gravedad en comparación con una región de mayor gravedad. Esto también tiene un efecto en la sincronización de los relojes en los satélites GPS en comparación con los relojes en la Tierra.

Corrección de relojes: Para que el sistema GPS funcione con precisión, los relojes en los satélites se corrigen para tener en cuenta estos efectos de dilatación del tiempo. Sin estas correcciones, los errores en la ubicación calculada por los receptores GPS podrían ser significativos, en el orden de varios kilómetros.

Funcionamiento del GPS: Cada satélite GPS transmite señales con información de tiempo y ubicación. Los receptores GPS en la Tierra miden cuánto tiempo tardan estas señales en llegar a ellos desde varios satélites y utilizan esta información para calcular su propia ubicación. Debido a las correcciones de la relatividad, los receptores deben ajustar sus cálculos para que coincidan con el tiempo experimentado en los satélites.

La relatividad es fundamental para la precisión de los sistemas de posicionamiento global, como el GPS, y sus efectos deben ser tenidos en cuenta para garantizar que los receptores en la Tierra determinen ubicaciones precisas. Esto demuestra cómo las teorías de la relatividad de Einstein siguen siendo fundamentales incluso en aplicaciones tecnológicas cotidianas.

Agujeros de gusano y viajes en el tiempo: La relatividad general ha dado lugar a conceptos teóricos como los agujeros de gusano, que son soluciones de las ecuaciones de campo de Einstein. Si los agujeros de gusano existieran y fueran estables, podrían ser utilizados como atajos en el espacio-tiempo, lo que podría tener implicaciones para los viajes interestelares y la posibilidad de viajar en el tiempo.

Los agujeros de gusano son soluciones teóricas de las ecuaciones de campo de Einstein en el marco de la relatividad general. Se representan como estructuras topológicas que conectan dos regiones del espacio-tiempo, a menudo descritas como "bocas" del agujero de gusano. La idea detrás de los agujeros de gusano es que podrían servir como atajos o "puentes" a través del espacio-tiempo, lo que podría tener implicaciones fascinantes, incluyendo:

Viajes interestelares: Si los agujeros de gusano fueran estables y se pudieran encontrar o crear, podrían permitir viajar entre dos puntos distantes del universo de manera mucho más rápida que utilizando métodos convencionales. Esto abriría posibilidades emocionantes para la exploración espacial y la colonización de sistemas estelares distantes.

La posibilidad de utilizar agujeros de gusano estables para viajes interestelares es un concepto muy intrigante en la ciencia ficción y la teoría de la relatividad general. Si existieran y fueran estables, podrían servir como atajos a través del espacio-tiempo, lo que permitiría a las naves espaciales viajar entre sistemas estelares distantes de manera mucho más rápida de lo que sería posible con los métodos de propulsión convencionales.

Esto tendría enormes implicaciones para la exploración y colonización del espacio. Algunos de los beneficios potenciales incluirían:

Exploración más rápida del cosmos: Los agujeros de gusano permitirían a las naves espaciales explorar sistemas estelares lejanos en un tiempo mucho más corto. Esto aceleraría la investigación científica y la búsqueda de vida extraterrestre.

Colonización de exoplanetas: La colonización de exoplanetas y sistemas estelares distantes sería mucho más factible si existieran atajos en el espacio-tiempo. Las generaciones futuras podrían considerar la posibilidad de vivir en sistemas estelares alejados de la Tierra.

Intercambio cultural y comercial: Los agujeros de gusano permitirían un intercambio cultural y comercial entre sistemas estelares, lo que podría dar lugar a una mayor diversidad cultural y una expansión económica a nivel galáctico.

Sin embargo, es importante recordar que la existencia de agujeros de gusano estable es puramente teórica en la actualidad y no se ha demostrado experimentalmente. Además, incluso si fueran posibles, su estabilidad y su creación plantean desafíos científicos y tecnológicos significativos. La física necesaria para estabilizar y utilizar agujeros de gusano sería altamente avanzada y podría requerir formas exóticas de energía y materia.

En resumen, los agujeros de gusano como atajos para viajes interestelares son una idea emocionante, pero actualmente se encuentran en el reino de la ciencia ficción y la especulación teórica. La exploración del espacio interestelar todavía se basa en métodos convencionales de propulsión y misiones espaciales de larga duración.

Viajes en el tiempo: Una de las implicaciones teóricas de los agujeros de gusano es la posibilidad de viajar en el tiempo. Esto se debe a que los agujeros de gusano pueden conectar regiones del espacio-tiempo separadas en el tiempo, lo que plantea la cuestión de si podrían utilizarse como "máquinas del tiempo". Sin embargo, esta idea se basa en teoría y matemáticas complejas, y hay muchos desafíos y paradojas potenciales asociados con los viajes en el tiempo que aún no se han resuelto.

la posibilidad de utilizar agujeros de gusano para viajar en el tiempo es una idea intrigante que ha sido explorada en la ciencia ficción y en algunas teorías físicas. Esta idea se basa en la propiedad de los agujeros de gusano de conectar regiones del espacio-tiempo distantes.

Sin embargo, es importante tener en cuenta que hasta el momento, no se ha encontrado evidencia experimental que respalde la existencia de agujeros de gusano o su capacidad para permitir viajes en el tiempo. Además, la teoría de la relatividad general de Einstein plantea desafíos teóricos significativos para la estabilidad y utilidad de los agujeros de gusano para viajar en el tiempo. Esto incluye la necesidad de materia exótica con propiedades negativas de energía para mantener abiertos los agujeros de gusano, lo cual es altamente especulativo.

El tema de los viajes en el tiempo a través de agujeros de gusano sigue siendo una cuestión de debate en la física teórica, y no hay un consenso científico claro sobre su viabilidad. Hasta que se avance significativamente en la comprensión de la física de los agujeros de gusano y sus propiedades, los viajes en el tiempo seguirán siendo principalmente un tema de ciencia ficción y especulación teórica.

La idea de los viajes en el tiempo a través de agujeros de gusano es una cuestión de especulación teórica y una de las áreas más fascinantes y debatidas en la física y la ciencia ficción. Aquí hay algunas consideraciones clave:

Conexión espacio-tiempo: Los agujeros de gusano son soluciones de las ecuaciones de la relatividad general de Einstein que, en teoría, podrían conectar dos regiones del espacio-tiempo distantes. Esto plantea la posibilidad de que alguien o algo pueda atravesar un agujero de gusano y salir en un momento anterior o posterior en la historia del universo.

En la teoría de la relatividad general de Einstein, los agujeros de gusano son soluciones matemáticas que permiten la existencia de estructuras topológicas en el espacio-tiempo que podrían conectar dos regiones del universo separadas por grandes distancias. Esto ha llevado a la idea de que los agujeros de gusano podrían servir como atajos para viajar de un lugar a otro en el espacio-tiempo, lo que incluye la posibilidad de viajar en el tiempo.

Sin embargo, es importante enfatizar que la existencia real de agujeros de gusano y su viabilidad como medios de viaje en el tiempo es puramente teórica en este momento. Además, la física de los agujeros de gusano plantea desafíos significativos, incluida la necesidad de materia exótica con propiedades negativas de energía para mantenerlos estables y abiertos.

Aunque los agujeros de gusano son un concepto emocionante en la teoría de la relatividad general y la ciencia ficción, aún no se ha encontrado evidencia empírica de su existencia y su uso como "máquinas del tiempo" sigue siendo objeto de debate y especulación en la comunidad científica.

Paradojas de los viajes en el tiempo: La idea de los viajes en el tiempo a menudo lleva a paradojas lógicas, como la Paradoja del Abuelo. Imagina que viajas atrás en el tiempo y evitas que tu abuelo conozca a tu abuela; esto podría significar que tú nunca habrías nacido, lo que plantea una contradicción. La Paradoja del Abuelo es una de las paradojas más conocidas relacionadas con los viajes en el tiempo. Plantea una situación en la que una persona viaja atrás en el tiempo y realiza acciones que, en teoría, podrían evitar su propia existencia o cambiar el curso de eventos de una manera que genere contradicciones lógicas.

Esta paradoja, y otras similares, han sido objeto de mucho debate en la literatura científica y la ciencia ficción. La relatividad general de Einstein permite soluciones matemáticas que podrían permitir viajes en el tiempo, pero también presenta desafíos teóricos y paradojas que hacen que la noción de viajar en el tiempo sea compleja.

Una de las posibles resoluciones a estas paradojas es la idea de que cualquier acción que realices en el pasado simplemente se convertirá en parte del flujo de eventos y no cambiará drásticamente el futuro, lo que se conoce como el principio de autoconsistencia. Otra idea es que viajar en el tiempo podría generar múltiples líneas de tiempo o realidades alternativas, evitando así las paradojas.

En última instancia, la posibilidad y las implicaciones de los viajes en el tiempo siguen siendo un tema abierto y especulativo en la física y la ciencia ficción, y no hay consenso sobre su viabilidad o cómo podrían funcionar en la práctica.

Resolución de paradojas: Los físicos teóricos han propuesto diversas formas de resolver estas paradojas, como la idea de que el universo podría estar "protegido" contra tales paradojas, o que los eventos que alteras en el pasado simplemente crearían realidades alternativas en lugar de afectar tu línea temporal original.

Los físicos teóricos han propuesto varias formas de abordar las paradojas asociadas con los viajes en el tiempo.

Universo autoconsistente: Una idea es que el universo podría estar "protegido" contra las paradojas de los viajes en el tiempo, lo que significa que cualquier acción que una persona realice en el pasado ya está incluida en la línea de tiempo original. Esto implica que no puedes cambiar drásticamente el pasado ni evitar tu propia existencia.

Realidades alternativas: Otra hipótesis es que los viajes en el tiempo podrían generar realidades alternativas o líneas de tiempo separadas. Esto significa que si viajas al pasado y realizas cambios, esos cambios afectarían una realidad alternativa en lugar de tu línea de tiempo original. Esto evita las paradojas y mantiene la consistencia en tu propia realidad.

Convergencia temporal: Algunos argumentan que las paradojas de los viajes en el tiempo podrían resolverse de manera natural a través de la convergencia temporal. Esto implica que, incluso si intentas cambiar el pasado, tus acciones de alguna manera se acomodarían de manera que no cambien significativamente la línea de tiempo actual.

Teoría de cuerdas y física cuántica: Algunas propuestas relacionadas con la teoría de cuerdas y la física cuántica sugieren que las partículas y los campos podrían estar vinculados en formas que impidan cambios drásticos en la línea de tiempo.

Es importante tener en cuenta que estas son teorías y conceptos especulativos que se discuten en la física teórica y la ciencia ficción. No hay evidencia experimental sólida que respalde ninguna de estas ideas. La noción de viajar en el tiempo sigue siendo un tema controvertido y enigmático en la física y la filosofía, y su viabilidad práctica está lejos de estar resuelta.

Requisitos tecnológicos y energéticos: Incluso si los agujeros de gusano permitieran viajar en el tiempo, su estabilidad y creación requerirían tecnologías y energías que están mucho más allá de nuestra comprensión y capacidad tecnológica actual.

creación, estabilidad y uso de tales estructuras serían desafíos tecnológicos y energéticos enormes.

Energía exótica: Según las ecuaciones de la relatividad general, para mantener un agujero de gusano abierto y estable, se necesitaría una forma hipotética de energía exótica con propiedades negativas de energía y densidad. No sabemos si tal forma de energía es posible o cómo se podría generar.

. La idea de que se necesitaría energía exótica con propiedades negativas de energía y densidad para mantener un agujero de gusano estable se deriva de las ecuaciones de la relatividad general de Einstein. Estas ecuaciones describen cómo la gravedad se relaciona con la geometría del espacio-tiempo.

Para mantener la garganta (el túnel) de un agujero de gusano estable y evadir su colapso, se necesitaría esta energía exótica que contrarreste la tendencia natural de colapso debido a la gravedad. Sin embargo, el concepto de energía exótica con propiedades negativas de energía y densidad plantea cuestiones importantes:

Viabilidad teórica: No sabemos si es posible generar o recolectar esta forma de energía exótica, ya que no se ha observado en la naturaleza ni se ha logrado en laboratorios.

Propiedades desconocidas: Dado que la energía exótica con propiedades negativas de energía y densidad no se ha demostrado ni observado, no sabemos cómo se comportaría ni cómo podríamos generarla en la práctica.

Requerimientos tecnológicos: Incluso si fuera posible, la tecnología requerida para generar y manipular esta forma de energía estaría muy por encima de cualquier cosa que tengamos en la actualidad.

En resumen, la idea de la energía exótica es una de las muchas incertidumbres y desafíos asociados con la creación y estabilización de agujeros de gusano. Si bien es un concepto intrigante y teóricamente sugerido por la relatividad general, aún está lejos de la viabilidad práctica o tecnológica.

Estabilidad: Los agujeros de gusano podrían ser intrínsecamente inestables y colapsar antes de que se pudiera utilizar para viajar. Mantener un agujero de gusano estable requeriría tecnologías avanzadas más allá de nuestra comprensión actual.

La estabilidad de los agujeros de gusano es una preocupación significativa. Según la relatividad general de Einstein, los agujeros de gusano son soluciones matemáticas de las ecuaciones de campo, pero estas soluciones suelen ser inestables y colapsan rápidamente. Para mantener un agujero de gusano estable y usable, se necesitaría contrarrestar esa tendencia natural al colapso con una forma hipotética de energía exótica y densidad negativa, como mencionamos anteriormente. La estabilidad de los agujeros de gusano es uno de los desafíos teóricos y tecnológicos más importantes asociados con la posibilidad de viajes en el tiempo o entre puntos distantes del universo a través de agujeros de gusano.

Aunque los agujeros de gusano son fascinantes conceptos teóricos en la física y la ciencia ficción, su creación, estabilidad y viabilidad práctica presentan desafíos significativos y aún no se ha demostrado que sean posibles en la realidad.

Tecnología cuántica: Los efectos de la mecánica cuántica podrían interferir con la creación y el uso de agujeros de gusano. La tecnología cuántica podría ser esencial para superar estos desafíos. La mecánica cuántica, que rige el comportamiento de las partículas a escalas subatómicas, puede interferir con la estabilidad y creación de agujeros de gusano.

La tecnología cuántica está en constante desarrollo y tiene aplicaciones potenciales en la computación cuántica, la criptografía cuántica y la comunicación cuántica, entre otros campos. La computación cuántica, en particular, podría proporcionar la potencia de cálculo necesaria para abordar cálculos complejos asociados con la creación y estabilidad de los agujeros de gusano.

Sin embargo, es importante destacar que la tecnología cuántica aún está en sus primeras etapas de desarrollo y enfrenta desafíos técnicos significativos. La creación y el mantenimiento de agujeros de gusano estable requerirían una comprensión más profunda y aplicaciones más avanzadas de la mecánica cuántica.

La tecnología cuántica podría ser fundamental para superar los desafíos asociados con los agujeros de gusano, pero todavía estamos lejos de desarrollar tecnologías prácticas para crear y utilizar agujeros de gusano con fines de viaje en el tiempo o interespaciales.

Violación de causalidad: Los viajes en el tiempo plantean la posibilidad de violaciones de la causalidad, lo que significa que podríamos crear paradojas en las que el pasado afecta al futuro de una manera incoherente. Resolver estas paradojas o evitar su ocurrencia también sería un desafío importante.

la posibilidad de violaciones de la causalidad en los viajes en el tiempo es uno de los desafíos más intrigantes y debatidos en la física y la teoría de la relatividad. Resolver estas paradojas potenciales es un problema complejo y todavía no existe un consenso claro sobre cómo evitarlas o lidiar con ellas de manera coherente en el contexto de los viajes en el tiempo.

A lo largo de la historia, los físicos teóricos han propuesto diversas formas de abordar estas paradojas, como la hipótesis de que el universo podría estar "protegido" contra tales violaciones de la causalidad, o la idea de que cualquier acción en el pasado simplemente daría lugar a una realidad alternativa en lugar de afectar la línea temporal original. Sin embargo, estas propuestas son teóricas y aún no se ha llegado a una solución definitiva al problema.

La exploración de los viajes en el tiempo es un área emocionante de la física teórica que plantea preguntas profundas sobre la naturaleza del tiempo, la causalidad y los límites de nuestro conocimiento actual. A medida que la investigación avanza, es posible que obtengamos una comprensión más sólida de estos desafíos y cómo podrían resolverse o evitarse.

Ingeniería espacial avanzada: La construcción de agujeros de gusano requeriría una ingeniería espacial avanzada que esté más allá de nuestra tecnología actual. Estamos lejos de tener la capacidad de manipular el espacio-tiempo de esta manera.

La creación y estabilidad de agujeros de gusano son desafíos de ingeniería y tecnología que están actualmente fuera de nuestro alcance. La idea de utilizar agujeros de gusano como atajos en el espacio-tiempo o para viajar en el tiempo es una especulación teórica emocionante, pero no hay evidencia experimental de su existencia o de cómo podrían crearse y mantenerse con la tecnología actual.

La construcción de agujeros de gusano requeriría una comprensión completa de la relatividad general, una comprensión de la naturaleza de la energía exótica que sería necesaria para mantenerlos abiertos, y tecnologías que aún no existen. Además, tendríamos que superar desafíos relacionados con la estabilidad, la interferencia de la mecánica cuántica y la posible violación de la causalidad.

En resumen, mientras que los agujeros de gusano y los viajes en el tiempo son conceptos emocionantes de la física teórica, su realización práctica requeriría un nivel de tecnología e ingeniería que aún no hemos alcanzado. La exploración continua de la física y la teoría de la relatividad podría arrojar más luz sobre estas posibilidades en el futuro.

Los viajes en el tiempo a través de agujeros de gusano son una idea emocionante pero altamente especulativa en la ciencia y la ciencia ficción. Hasta ahora, no hemos desarrollado ni demostrado la viabilidad tecnológica ni la existencia de agujeros de gusano estables que podrían utilizarse para viajar en el tiempo. Por lo tanto, sigue siendo un concepto teórico intrigante pero no probado en la práctica.

En resumen, la posibilidad de viajar en el tiempo a través de agujeros de gusano es una idea apasionante, pero sigue siendo principalmente un tema de teoría y especulación. La física actual no ha proporcionado una solución definitiva a las paradojas asociadas con los viajes en el tiempo, y no hay evidencia experimental que respalde esta posibilidad. Hasta que se avance más en la comprensión de la física y la naturaleza de los agujeros de gusano, los viajes en el tiempo seguirán siendo un tema de ciencia ficción y debate científico.

Es importante destacar que, hasta la fecha, los agujeros de gusano siguen siendo puramente teóricos y no se ha encontrado evidencia experimental de su existencia. Además, incluso si fueran posibles desde un punto de vista teórico, su estabilidad y manipulación plantean problemas significativos. La energía y la materia exótica con propiedades negativas de densidad de energía serían necesarias para estabilizar un agujero de gusano.

Si bien la idea de los agujeros de gusano y los viajes en el tiempo es emocionante en la ciencia ficción, aún queda un largo camino para determinar si son posibles o si son simplemente conceptos interesantes dentro de las ecuaciones de la relatividad general. La investigación continua en cosmología y física teórica puede proporcionar más información sobre estas ideas en el futuro.

En resumen, la teoría de la relatividad de Einstein ha transformado nuestra comprensión del espacio y el tiempo, y sus efectos son fundamentales en la exploración del espacio y la navegación espacial. Desde la dilatación del tiempo en viajes a velocidades cercanas a la luz hasta la curvatura del espacio-tiempo alrededor de masas gravitacionales, la relatividad desafía nuestras intuiciones clásicas y nos brinda una visión más profunda del cosmos.

24.Física en la ciencia ficción: De Star Trek a Star Wars

La ciencia ficción ha sido un género literario y cinematográfico que ha explorado y especulado sobre conceptos y avances científicos mucho antes de que se convirtieran en realidad. En la ciencia ficción, la física a menudo se retuerce y se estira para crear mundos imaginarios y tecnologías avanzadas. Aquí hay algunos ejemplos de cómo la física se ha representado en dos de las franquicias de ciencia ficción más populares, "Star Trek" y "Star Wars":

"Star Trek":

Viaje a la velocidad de la luz: "Star Trek" introduce el concepto de propulsión a velocidades superlumínicas con el motor de curvatura, que permite a las naves viajar más rápido que la luz. Aunque esto desafía la relatividad, ha sido un elemento central en la franquicia y se basa en el concepto de distorsionar el espacio-tiempo.

En la serie "Star Trek", la tecnología del motor de curvatura, también conocido como warp drive, es una parte central de la trama y es responsable de permitir que las naves espaciales viajen a velocidades superlumínicas. Si bien esto es un elemento clave en el universo ficticio de "Star Trek", es importante recordar que la idea de viajar más rápido que la luz, tal como se representa en la serie, desafía los principios fundamentales de la relatividad de Einstein.

Según la relatividad especial, la velocidad de la luz en el vacío es una constante universal, y ningún objeto con masa puede viajar a una velocidad igual o superior a la velocidad de la luz. Además, la relatividad general de Einstein establece que la gravedad es el resultado de la curvatura del espacio-tiempo, lo que significa que los efectos gravitatorios de una estrella o un planeta son causados por su influencia en el espacio-tiempo circundante.

El motor de curvatura en "Star Trek" se basa en la idea de que las naves pueden distorsionar el espacio-tiempo, lo que les permite moverse a velocidades superlumínicas sin violar directamente la velocidad de la luz. Aunque esto es un concepto fascinante para la ciencia ficción, no hay evidencia científica de que tal tecnología sea posible según nuestra comprensión actual de la física.

En resumen, el concepto del motor de curvatura en "Star Trek" es un elemento de ciencia ficción que permite una narrativa emocionante y aventurera en el espacio, pero está en marcado contraste con la física tal como la conocemos en la actualidad. Aunque la ciencia ficción a menudo se basa en ideas y conceptos científicos, su objetivo principal es entretener y explorar posibilidades imaginativas, incluso si implica desafiar las limitaciones de la física establecida.

Teletransporte: En "Star Trek", se utiliza el teletransporte para mover a las personas de un lugar a otro. Aunque esto desafía principios cuánticos y físicos, es una característica icónica de la serie.

El teletransporte es una característica icónica de la serie "Star Trek" y se utiliza para mover a las personas y objetos de un lugar a otro instantáneamente. Aunque es una idea emocionante en la ciencia ficción y ha sido un elemento central de la franquicia, desafía varios principios cuánticos y físicos según nuestra comprensión actual de la ciencia.

En la serie, el teletransporte se basa en la tecnología del "sistema de teletransporte", que descompone a una persona o objeto en partículas subatómicas, las transporta a través de un canal de energía y las vuelve a ensamblar en su destino. Aunque esto es un concepto interesante desde el punto de vista narrativo y ha llevado a muchas tramas emocionantes, presenta varios desafíos desde la perspectiva de la física y la mecánica cuántica.

Uno de los desafíos clave es la cuestión de la "integridad cuántica". En la mecánica cuántica, el principio de incertidumbre de Heisenberg establece que no se puede conocer simultáneamente con precisión la posición y el momento de una partícula subatómica. El teletransporte requeriría conocer estas propiedades con una precisión extrema para descomponer y reconstruir a una persona o objeto. Además, el acto de medir estas propiedades en el punto de origen perturbaría la configuración de las partículas, lo que podría plantear problemas filosóficos y éticos sobre la continuidad de la conciencia y la identidad.

En resumen, el teletransporte, tal como se representa en "Star Trek", es una idea emocionante de la ciencia ficción que desafía los principios de la física cuántica y la mecánica cuántica. Aunque es una parte querida del universo de "Star Trek", actualmente no existe evidencia científica que respalde la viabilidad del teletransporte en el sentido en el que se muestra en la serie.

Dilatación del tiempo: La dilatación del tiempo, como se describe en la relatividad especial de Einstein, se menciona ocasionalmente en "Star Trek". Se ha utilizado para crear tramas interesantes en las que los personajes experimentan el paso del tiempo de manera diferente debido a la velocidad. La dilatación del tiempo, tal como se describe en la relatividad especial de Einstein, se ha mencionado ocasionalmente en "Star Trek" y ha sido utilizada como un elemento intrigante en varias tramas de la serie.

Esta es una forma en la que la ciencia de la relatividad se ha incorporado de manera creativa en la narrativa de la serie. En "Star Trek", los personajes a menudo se encuentran en situaciones en las que viajan a velocidades cercanas a la luz, lo que da lugar a la dilatación del tiempo. Esto se traduce en efectos interesantes, como la sincronización asimétrica de relojes o la diferencia de edades entre personajes que han estado en misiones espaciales prolongadas. Estos conceptos añaden profundidad a las tramas y permiten explorar las implicaciones de la relatividad en un contexto de ciencia ficción.

La dilatación del tiempo, un concepto central de la relatividad especial de Einstein, se ha mencionado ocasionalmente en "Star Trek" y se ha utilizado para crear tramas interesantes en la serie. Este fenómeno se basa en la idea de que, según la relatividad especial, el tiempo se dilata o se contrae dependiendo de la velocidad relativa entre observadores.

En "Star Trek", los personajes a menudo se encuentran viajando a velocidades cercanas a la luz o interactuando con objetos o fenómenos que se mueven a tales velocidades. Esto puede llevar a efectos de dilatación del tiempo, donde el tiempo transcurre de manera diferente para diferentes personajes o naves espaciales. Algunas tramas han involucrado situaciones en las que los personajes en una nave espacial viajan a velocidades relativistas y, al regresar, encuentran que ha pasado menos tiempo para ellos en comparación con los que quedaron en la Tierra o en otra ubicación. Esto puede llevar a dilemas emocionales y narrativos interesantes.

La dilatación del tiempo es un concepto científico real que ha sido confirmado experimentalmente y tiene aplicaciones en el mundo de la física, especialmente en la sincronización de relojes en sistemas de posicionamiento global (GPS) y en la teoría de la relatividad. Su inclusión en "Star Trek" agrega un elemento de realismo y complejidad a la serie, al tiempo que permite a los escritores explorar conceptos científicos de vanguardia en un contexto de ciencia ficción.

"Star Wars":

Velocidades de la luz más rápidas que la luz: A diferencia de "Star Trek", en "Star Wars" no se aborda la relatividad y las velocidades superlumínicas se dan por sentadas. Las naves pueden viajar a velocidades de la luz y, a menudo, la trama no se ve limitada por las limitaciones de la relatividad.

En el universo de "Star Wars", a diferencia de "Star Trek", no se abordan las implicaciones de la relatividad, y las velocidades más rápidas que la luz son una parte fundamental de la trama. Las naves espaciales en "Star Wars" tienen la capacidad de viajar a velocidades superlumínicas, lo que les permite moverse rápidamente a través de la galaxia y llevar a cabo emocionantes aventuras y batallas espaciales. A menudo, las limitaciones de la relatividad y la dilatación del tiempo no son factores que influyan en la narrativa de "Star Wars".

Este enfoque en la velocidad de la luz permite a "Star Wars" centrarse en la fantasía y la acción, y no se adentra en conceptos científicos y teorías de la relatividad. En lugar de eso, se enfoca en la épica batalla entre el bien y el mal, la Fuerza, los Jedi y los Sith, y una galaxia poblada por una variedad de especies y civilizaciones, creando una experiencia de ciencia ficción más cercana al género de aventuras y fantasía que a la ciencia especulativa. "Star Wars" ha sido apreciada por su enfoque en la narrativa heroica y mítica, y su capacidad para llevar a los espectadores a un emocionante viaje a través de una galaxia muy, muy lejana.

La Fuerza: Aunque no se ajusta a la física tal como la conocemos, "Star Wars" presenta la Fuerza, una fuerza mística que permite realizar hazañas sobrenaturales, como la telequinesis y la precognición. No se ofrece una explicación científica en la película.

La Fuerza es uno de los conceptos más emblemáticos y místicos en el universo de "Star Wars". Aunque no se ajusta a la física tal como la conocemos y no se ofrece una explicación científica en las películas, es una parte fundamental de la narrativa y la mitología de la franquicia. La Fuerza es una energía que impregna el universo y que otorga habilidades especiales a quienes la pueden sentir y utilizar, como los Jedi y los Sith. Estas habilidades incluyen la telequinesis, la precognición, la persuasión mental y una serie de poderes que desafían las leyes de la física convencional.

Aunque la Fuerza no tiene una base científica en el mundo real, ha sido un elemento central en la creación de una rica mitología y una narrativa épica en "Star Wars". Ha sido un factor clave en la lucha entre el bien y el mal en la galaxia, y ha influido en la formación de personajes y en el desarrollo de la trama. La Fuerza ha sido un tema de fascinación y discusión entre los fanáticos de "Star Wars" durante décadas y ha contribuido a la singularidad y popularidad duradera de la franquicia.

Láseres y blasters: "Star Wars" presenta armas de rayos láser y blasters que son disparados a la velocidad de la luz. Si bien esto no se alinea con la física actual, es un elemento icónico de la serie. En "Star Wars," las armas de rayos láser y blasters son tecnología estándar utilizada en combate. Aunque estas armas disparan rayos de energía a la velocidad de la luz, lo cual no se ajusta a la física tal como la conocemos, son elementos icónicos de la serie y contribuyen a la estética y la acción en la galaxia de "Star Wars." Estas armas han sido parte integral de la franquicia desde su inicio y son reconocibles en todo el mundo.

La inclusión de armas de rayos láser y blasters en "Star Wars" es parte de la ambientación y el género de ciencia ficción de la serie. Aunque no se adhieren a las leyes de la física, permiten emocionantes escenas de combate y son parte de la diversión y la espectacularidad de la saga. Estas armas son utilizadas por una variedad de personajes, desde soldados imperiales hasta los Jedi, y han contribuido a la mitología y el atractivo duradero de "Star Wars."

Tanto "Star Trek" como "Star Wars" han utilizado conceptos de la física de manera creativa para desarrollar sus mundos de ciencia ficción, pero a menudo han tomado libertades significativas con respecto a la física convencional para permitir una narración más emocionante y fantástica. La ciencia ficción sigue siendo una fuente de inspiración para la exploración y el desarrollo de conceptos científicos y tecnológicos, aunque a menudo se sitúa en el ámbito de la especulación y la imaginación.

Tanto "Star Trek" como "Star Wars" son ejemplos de cómo la ciencia ficción utiliza conceptos de la física de manera creativa para crear mundos imaginarios. Aunque ambas franquicias incorporan elementos basados en principios científicos, también se permiten una gran cantidad de licencias creativas para crear narrativas emocionantes y llenas de fantasía. La ciencia ficción a menudo se basa en ideas científicas reales y las lleva al extremo o explora posibilidades que actualmente están fuera del alcance de la ciencia.

En última instancia, estas franquicias se centran en contar historias y ofrecer entretenimiento, y no están limitadas por las restricciones de la física.

Estas franquicias de ciencia ficción han logrado cautivar a audiencias en todo el mundo a lo largo de las décadas debido a su capacidad para crear mundos ricos y atractivos a través de la imaginación y la creatividad. Si bien a menudo toman licencias con respecto a la física y la ciencia convencional, utilizan conceptos científicos y tecnológicos como punto de partida para desarrollar tramas emocionantes y personajes memorables. La ciencia ficción permite explorar posibilidades ilimitadas y plantear preguntas sobre el futuro y lo desconocido, lo que la convierte en un género apreciado tanto por su entretenimiento como por su capacidad para inspirar la reflexión. La ciencia ficción es como un laboratorio literario donde los escritores pueden mezclar ingredientes de lo posible y lo imposible para crear nuevas realidades. Al permitirnos explorar territorios aún no conquistados por la ciencia o la tecnología, nos invita a imaginar futuros alternativos y a cuestionarnos sobre la naturaleza de la realidad misma. A través de mundos futuristas, especulativos o incluso distópicos, la ciencia ficción no solo busca entretenernos con tramas emocionantes, sino también estimular nuestra mente, incitándonos a reflexionar sobre el impacto de la tecnología, los dilemas éticos y las posibilidades que el futuro podría tener para la humanidad. Así, este género se convierte en un vehículo poderoso tanto para la escapada creativa como para la contemplación profunda.

25.Problemas comunes de la física resueltos de manera sencilla.

La gravedad es la fuerza que hace que los objetos sean atraídos hacia otros objetos con masa. Cuanto más masivo sea un objeto, más fuerte será su gravedad. Por eso, la Tierra nos atrae y nos mantiene en el suelo. La manzana de Newton cayendo es un ejemplo clásico de cómo la gravedad funciona.

Leyes de Newton: Las leyes de Newton son reglas que describen cómo se mueven los objetos. La primera ley dice que un objeto en reposo tiende a quedarse en reposo, y un objeto en movimiento tiende a quedarse en movimiento a menos que una fuerza actúe sobre él. La segunda ley establece que la fuerza es igual a la masa por la aceleración ($F = ma$). La tercera ley afirma que "toda acción tiene una reacción igual y opuesta", lo que significa que si empujas algo, ese algo te empujará de vuelta.

Primera Ley de Newton (Ley de la Inercia): Un objeto en reposo tiende a permanecer en reposo, y un objeto en movimiento tiende a permanecer en movimiento a una velocidad constante en línea recta, a menos que una fuerza externa actúe sobre él. Esto significa que los objetos no cambian su estado de movimiento por sí mismos; requieren una fuerza para hacerlo.

Segunda Ley de Newton (Ley de Fuerza y Aceleración): La fuerza aplicada a un objeto es igual al producto de su masa y la aceleración que experimenta. Esto se puede expresar con la fórmula matemática $F = ma$. En otras palabras, cuanto más masivo sea un objeto y cuanto más rápido cambie su velocidad (es decir, cuanto mayor sea su aceleración), más fuerza se necesita para moverlo.

Tercera Ley de Newton (Ley de Acción y Reacción): Por cada acción, hay una reacción igual y opuesta. Esto significa que si aplicas una fuerza a un objeto (acción), el objeto ejercerá una fuerza igual y en la dirección opuesta sobre ti (reacción). Un ejemplo común es el impulso que sientes al caminar: tus pies empujan hacia atrás en el suelo (acción), y el suelo ejerce una fuerza hacia adelante sobre tus pies (reacción) que te permite moverte hacia adelante.

Estas leyes son fundamentales en la física y se aplican a una amplia gama de situaciones en el mundo real, desde el movimiento de los planetas en el espacio hasta el comportamiento de los objetos en la Tierra.

Energía: La energía es la capacidad de hacer trabajo. Puede tomar muchas formas, como energía cinética (la energía del movimiento) y energía potencial (la energía almacenada, como en un objeto en altura). La energía no se crea ni se destruye, solo se transforma de una forma a otra.

La energía es una propiedad fundamental de la naturaleza y es esencial en la descripción de cómo funciona el mundo que nos rodea. Aquí tienes algunos puntos clave:

Capacidad de hacer trabajo: La energía es la capacidad de realizar trabajo, lo que significa que puede causar cambios en el estado o la posición de los objetos.

Formas diversas: La energía puede manifestarse en diversas formas, incluyendo la energía cinética (asociada al movimiento de un objeto), la energía potencial (asociada al almacenamiento de energía, como la energía gravitatoria o elástica), la energía térmica (el calor), la energía química (almacenada en enlaces químicos), y muchas otras.

Conservación de la energía: El principio de conservación de la energía establece que la energía total en un sistema aislado permanece constante con el tiempo. Esto significa que la energía no se crea ni se destruye, solo se transforma de una forma a otra. Este principio es fundamental en la física y es conocido como la Ley de Conservación de la Energía.

La comprensión de la energía y cómo se transforma es esencial en una amplia gama de disciplinas, desde la física y la ingeniería hasta la biología y la química, y es clave para la resolución de problemas y el diseño de sistemas en muchas aplicaciones de la vida cotidiana.

Electricidad y Magnetismo: Los cargos opuestos se atraen, y los cargos iguales se repelen. Esto es lo que hace que los imanes se atraigan o repelan entre sí. La corriente eléctrica es el flujo de electrones a través de un conductor, como un cable.

el principio fundamental de que "los cargos opuestos se atraen y los cargos iguales se repelen" es esencial para comprender tanto la electricidad como el magnetismo. Aquí hay algunos puntos clave:

Cargas eléctricas: Los electrones tienen una carga negativa, mientras que los protones tienen una carga positiva. Según la Ley de Coulomb, las partículas con cargas opuestas se atraen, mientras que las partículas con cargas iguales se repelen.

Campo eléctrico: Las cargas eléctricas generan campos eléctricos a su alrededor. Un campo eléctrico ejerce una fuerza sobre otras partículas cargadas que interactúan con él. La fuerza eléctrica sigue la Ley de Coulomb y disminuye con la distancia.

Corriente eléctrica: La corriente eléctrica es el movimiento ordenado de cargas eléctricas, generalmente electrones, a través de un conductor. Se mide en amperios (A). La corriente eléctrica puede ser producida por una diferencia de potencial eléctrico (voltaje) a través de un circuito.

Magnetismo: El magnetismo es una propiedad relacionada con el movimiento de cargas eléctricas. Los electrones en movimiento, ya sea en átomos o en un alambre conductor, generan campos magnéticos. Los imanes, como los imanes permanentes o los electromagnéticos, tienen polos magnéticos norte y sur que se atraen o se repelen según las mismas reglas que las cargas eléctricas.

La comprensión de los principios de la electricidad y el magnetismo es fundamental en la tecnología moderna, incluyendo la generación y distribución de energía eléctrica, la electrónica, la comunicación y muchas otras aplicaciones.

Luz: La luz es una forma de energía electromagnética que se propaga en ondas. Se refleja en superficies, lo que nos permite ver objetos. Cuando pasa de un material a otro, como del aire al agua, puede cambiar de dirección, lo que da lugar a la refracción.

La luz es una forma de radiación electromagnética que se comporta tanto como partículas (fotones) como ondas. Aquí hay algunos puntos clave sobre la luz:

Naturaleza dual: La luz exhibe una dualidad onda-partícula. Como onda, puede experimentar fenómenos como reflexión, refracción, difracción e interferencia. Como partícula (fotón), transporta energía discretizada.

Reflexión: Cuando la luz incide en una superficie, puede reflejarse, lo que significa que rebota en la dirección opuesta a la que llegó. Esto es lo que nos permite ver objetos y reflejarnos en espejos.

Refracción: La refracción ocurre cuando la luz pasa de un medio a otro, como del aire al agua o al vidrio. La velocidad de la luz cambia en diferentes medios, lo que resulta en un cambio en la dirección de la luz. Esto es lo que hace que una pajita parezca doblarse cuando se sumerge en un vaso de agua.

Difracción: La difracción es la capacidad de la luz para doblarse o propagarse alrededor de obstáculos, lo que da lugar a patrones de interferencia y difracción. Es una propiedad que explica, por ejemplo, cómo funcionan las redes de difracción en espectroscopía.

Interferencia: La interferencia de la luz ocurre cuando dos o más ondas de luz se superponen. Dependiendo de si están en fase (crestas y valles coinciden) o fuera de fase, pueden combinarse constructiva o destructivamente, lo que da como resultado patrones de interferencia.

La comprensión de la naturaleza de la luz es fundamental en campos como la óptica, la fotografía, la astronomía, la óptica cuántica y muchas otras áreas de la ciencia y la tecnología.

Ondas: Las ondas son movimientos repetitivos que transportan energía sin transportar materia. Ejemplos de ondas incluyen las ondas sonoras (como el sonido) y las ondas electromagnéticas (como la luz y las ondas de radio).

Las ondas son un concepto fundamental en la física y se pueden dividir en varias categorías según su naturaleza. Aquí hay un resumen de algunas de las principales categorías de ondas:

Ondas Mecánicas: Estas son ondas que requieren un medio material para propagarse. Las ondas sonoras en el aire, las ondas en una cuerda y las ondas en el agua son ejemplos de ondas mecánicas. Transportan energía cinética y potencial a través de la vibración de partículas en el medio.

Ondas Electromagnéticas: Estas son ondas que no requieren un medio material y pueden propagarse a través del vacío. La luz visible, las microondas, las ondas de radio y los rayos X son ejemplos de ondas electromagnéticas. Transportan energía en forma de campos eléctricos y magnéticos oscilantes.

Ondas de Superficie: Estas ondas se propagan a lo largo de la superficie de un medio, como las ondas en la superficie del agua (olas) o las ondas de Rayleigh en la Tierra. Tienen un efecto significativo en la interacción entre la atmósfera y la Tierra.

Ondas Longitudinales y Ondas Transversales: Las ondas longitudinales se caracterizan por oscilar en la misma dirección en la que se propagan, como las ondas sonoras. Las ondas transversales oscilan perpendicularmente a la dirección de propagación, como las ondas en una cuerda.

Ondas Estacionarias: Estas son ondas que parecen estar en reposo, con nodos (puntos sin movimiento) y antinodos (puntos de movimiento máximo). Se forman a partir de la interferencia de ondas incidentes y reflejadas, y se encuentran en cuerdas vibrantes, tubos resonantes y más.

Ondas de Choque: Estas son ondas abruptas y discontinuas que se forman cuando un objeto se mueve a través de un medio a una velocidad mayor que la velocidad de propagación de las ondas. Los "sónicos" son un ejemplo de ondas de choque audibles.

Las ondas son un fenómeno común y se encuentran en muchas áreas de la física y la ingeniería, desde la acústica y la óptica hasta la geofísica y la electrónica. Su comprensión es esencial para el estudio de una amplia gama de fenómenos naturales y tecnológicos.

Fuerza Centrífuga: La fuerza centrífuga no es realmente una fuerza, sino la tendencia de un objeto en movimiento a alejarse de un centro de giro. La "fuerza centrífuga" es una ilusión que a menudo se percibe en objetos o personas que se mueven en una trayectoria circular. En realidad, no es una fuerza real, sino una consecuencia de la inercia. La Primera Ley de Newton, conocida como la Ley de la Inercia, establece que un objeto en movimiento tiende a permanecer en movimiento a menos que una fuerza actúe sobre él. Cuando un objeto se mueve en una trayectoria circular, en realidad está tratando de continuar en línea recta según esta ley de inercia.

La sensación de ser "empujado" hacia afuera en una curva se debe a que el objeto, ya sea un automóvil o una persona en una montaña rusa, está tratando de seguir una trayectoria en línea recta, pero está siendo forzado a girar en una dirección diferente. Esta desviación de la trayectoria recta es lo que da lugar a la sensación de una "fuerza centrífuga".

En realidad, lo que está ocurriendo es que estás experimentando una aceleración hacia el exterior debido a la curva, y esta aceleración es lo que percibes como la fuerza centrífuga. Esta aceleración no es el resultado de una fuerza que te empuje hacia afuera, sino más bien una consecuencia de tu inercia al seguir una trayectoria curva.

Teoría de la Relatividad de Einstein: La teoría de la relatividad de Einstein explica cómo el espacio y el tiempo están relacionados y cómo la gravedad afecta la trayectoria de los objetos en el espacio. Una idea clave es que la velocidad de la luz es constante para todos los observadores, sin importar su velocidad relativa.

la teoría de la relatividad de Einstein es una teoría fundamental en la física que consta de dos partes: la relatividad especial y la relatividad general.

Relatividad Especial: Fue formulada por Albert Einstein en 1905 y establece que las leyes de la física son las mismas para todos los observadores inerciales, es decir, observadores que no están acelerando. La teoría postula que la velocidad de la luz en el vacío, denotada por "c", es una constante universal e invariable, y que el espacio y el tiempo están interconectados en una entidad llamada espacio-tiempo. La relatividad especial predice fenómenos como la dilatación del tiempo y la contracción de la longitud a velocidades cercanas a la luz.

Relatividad General: Fue presentada por Einstein en 1915 y extiende la relatividad especial para incluir la influencia de la gravedad en el espacio-tiempo. En esta teoría, la presencia de masa y energía curva el espacio-tiempo, lo que da lugar a la gravedad. Los objetos en movimiento siguen trayectorias a lo largo de esta geometría curvada. La relatividad general ha sido confirmada por numerosos experimentos y observaciones, y es la base de nuestra comprensión actual de la gravedad.

Ambas teorías han tenido un profundo impacto en la física y han demostrado ser precisas en una amplia gama de situaciones, desde la física de partículas hasta la cosmología.

Mecánica Cuántica: La mecánica cuántica se ocupa del mundo de lo muy pequeño, como átomos y partículas subatómicas. En este reino, las partículas pueden comportarse como partículas o como ondas, y la probabilidad desempeña un papel importante en la predicción de eventos.la mecánica cuántica es la teoría fundamental que describe el comportamiento de las partículas a escala subatómica. Algunos de los principios clave de la mecánica cuántica incluyen:

Dualidad Onda-Partícula: Las partículas subatómicas, como electrones y fotones, pueden exhibir tanto propiedades de partículas como de ondas. En ciertas condiciones, se comportan como partículas discretas con una ubicación definida, pero también pueden mostrar características de onda, como la interferencia y la difracción.

Principio de Incertidumbre de Heisenberg: Esta es una de las ideas más conocidas de la mecánica cuántica. Establece que no se puede conocer simultáneamente con precisión la posición y el momento de una partícula subatómica. Cuanto más precisamente se conoce una de estas propiedades, menos precisión se tiene sobre la otra.

Funciones de Onda: En la mecánica cuántica, las partículas se describen mediante funciones de onda, que son representaciones matemáticas de la probabilidad de encontrar una partícula en una ubicación específica en un momento dado. Estas funciones de onda evolucionan en el tiempo y se utilizan para predecir el comportamiento de las partículas.

Superposición: La mecánica cuántica permite que las partículas se encuentren en múltiples estados simultáneamente, un fenómeno conocido como superposición. Esto es lo que permite la interferencia de las ondas cuánticas y es esencial en tecnologías como la computación cuántica.

La mecánica cuántica es una teoría altamente exitosa y precisa que ha demostrado su valía en la descripción y predicción del comportamiento de partículas subatómicas. Ha llevado al desarrollo de tecnologías como los transistores y láseres, y ha revolucionado campos como la química y la física de materiales.

Estas son explicaciones simplificadas de conceptos de física comunes, pero la física es una ciencia muy amplia y compleja. Cada uno de estos temas puede estudiarse con mucho más detalle y profundidad.

26.Física y tecnología: Cómo los avances tecnológicos dependen de la física.

Los avances tecnológicos a lo largo de la historia han dependido en gran medida de la física y de la comprensión de los principios fundamentales de la naturaleza. Aquí hay algunas formas en que la física y la tecnología están estrechamente relacionadas:

Electricidad y Electrónica: La electricidad y la electrónica son fundamentales en la tecnología moderna. Los principios de la física subyacen a la generación, transmisión y manipulación de la electricidad, lo que ha llevado a la invención de dispositivos como transistores, circuitos integrados, computadoras y dispositivos electrónicos en general.

Generación de Energía: La generación de electricidad es fundamental para la mayoría de las aplicaciones tecnológicas. La física de las máquinas eléctricas, como generadores y alternadores, permite convertir diversas formas de energía (como energía mecánica o energía química) en energía eléctrica utilizable.

Transmisión de Energía: La física de los circuitos eléctricos y la teoría de circuitos son esenciales para la transmisión eficiente de energía eléctrica a través de líneas de transmisión y cables. La electricidad se puede transportar a largas distancias con pérdidas mínimas debido a las propiedades conductivas de los materiales y la ingeniería de sistemas.

Electrónica: La electrónica se basa en la manipulación controlada de corriente y voltaje en circuitos. Los transistores, que son dispositivos electrónicos fundamentales, funcionan según principios físicos como la amplificación y la conmutación, lo que los hace esenciales para dispositivos como computadoras, teléfonos móviles y televisores.

Circuitos Integrados: La fabricación de circuitos integrados (chips) es un campo altamente sofisticado que combina la física y la ingeniería para crear dispositivos pequeños pero poderosos. Los chips contienen miles o millones de transistores y son la base de la electrónica moderna.

Tecnología de Comunicación: La electrónica es la base de la tecnología de comunicación, desde los circuitos en teléfonos móviles hasta las antenas y satélites utilizados para transmitir señales. La física de las ondas electromagnéticas es fundamental para la comunicación inalámbrica y por cable.

Dispositivos Electrónicos: La física de los semiconductores es crucial en la fabricación de dispositivos electrónicos, como diodos y LEDs (diodos emisores de luz), que se utilizan en aplicaciones que van desde la iluminación hasta la electrónica de consumo.

Computación Cuántica: La electrónica también está entrando en la era cuántica, donde los principios de la mecánica cuántica se aplican a la manipulación de información. Los bits cuánticos (qubits) permiten realizar cálculos que son inalcanzables para las computadoras clásicas.

En resumen, la electricidad y la electrónica son fundamentales para la tecnología moderna, y su desarrollo ha estado estrechamente relacionado con el conocimiento y la aplicación de la física. La comprensión de los principios físicos subyacentes ha permitido avances significativos en una amplia variedad de campos, desde la informática hasta las comunicaciones y la electrónica de consumo.

Óptica y Fotónica: La óptica es el estudio de la luz y su comportamiento. La comprensión de los fenómenos ópticos ha dado lugar a tecnologías como lentes, microscopios, cámaras y sistemas de comunicación óptica. La fotónica, una rama de la física que combina la óptica y la electrónica, ha permitido el desarrollo de láseres y dispositivos ópticos avanzados.

Óptica: La óptica se centra en el estudio de la luz y su comportamiento. Esto incluye la reflexión, la refracción, la difracción, la dispersión y otros fenómenos ópticos. Algunas aplicaciones notables de la óptica incluyen:

Lentes y Óptica de la Visión: Las lentes ópticas se utilizan en anteojos, microscopios, telescopios y cámaras para enfocar y mejorar la visión.

Microscopía: Los microscopios ópticos utilizan lentes para ampliar objetos pequeños y permitir la observación de estructuras a nivel microscópico.

Óptica de Precisión: La óptica se utiliza en instrumentos de medición de alta precisión, como interferómetros, que miden longitudes de onda de luz con gran exactitud.

Fibra Óptica: La transmisión de información a través de cables de fibra óptica se basa en la propagación de pulsos de luz y ha revolucionado las comunicaciones de larga distancia.

Fotónica: La fotónica es una disciplina que combina la óptica y la electrónica para desarrollar tecnologías que utilizan la luz y las propiedades ópticas para realizar tareas específicas. Algunos ejemplos notables de la fotónica incluyen:

Láseres: Los láseres son dispositivos que emiten luz coherente y se utilizan en una amplia gama de aplicaciones, como cirugía médica, comunicaciones ópticas, corte y soldadura de metales, y mediciones de alta precisión.

Comunicación Óptica: Las redes de comunicación óptica, como las utilizadas en fibra óptica, permiten la transmisión de datos a través de señales de luz, lo que permite velocidades de transmisión mucho más altas que las tecnologías convencionales.

Almacenamiento Óptico: Los dispositivos de almacenamiento óptico, como los discos compactos (CD) y los discos versátiles digitales (DVD), utilizan láseres para leer y escribir datos.

Sensores Ópticos: Los sensores basados en fotónica se utilizan en aplicaciones que van desde la detección de partículas en la investigación científica hasta la medición de distancias en la industria.

Ambos campos, la óptica y la fotónica, tienen aplicaciones significativas en áreas que van desde la medicina y la comunicación hasta la investigación científica y la tecnología de fabricación. La comprensión de los principios ópticos y el desarrollo de tecnologías basadas en la luz han transformado la forma en que vivimos y trabajamos.

Mecánica y Mecatrónica: Los principios de la mecánica clásica, como los estudios de fuerza, movimiento y energía, son esenciales para la ingeniería de máquinas y sistemas mecánicos. La mecatrónica, que combina mecánica y electrónica, es la base de la robótica y la automatización.

Mecánica: La mecánica es la rama de la física que se centra en el estudio del movimiento y las fuerzas que lo causan. Incluye los principios fundamentales establecidos por Sir Isaac Newton en sus leyes del movimiento y la ley de la gravitación universal. Algunas aplicaciones de la mecánica incluyen:

Ingeniería Mecánica: El diseño y análisis de máquinas, vehículos, estructuras y sistemas mecánicos dependen de los principios de la mecánica para garantizar su funcionamiento adecuado.

Dinámica de Vehículos: La mecánica se utiliza en la ingeniería de vehículos para comprender el movimiento de automóviles, aviones, cohetes y otros medios de transporte.

Diseño de Estructuras: La mecánica se aplica en la ingeniería civil y arquitectura para diseñar estructuras seguras y eficientes, como puentes y edificios.

Estática y Dinámica: La mecánica se divide en estática (el estudio de objetos en reposo) y dinámica (el estudio de objetos en movimiento).

Mecatrónica: La mecatrónica es una disciplina interdisciplinaria que combina la mecánica, la electrónica y la informática para diseñar y crear sistemas inteligentes y automatizados. Algunas aplicaciones y conceptos clave de la mecatrónica incluyen:

Robótica: La construcción de robots y sistemas robóticos que pueden realizar tareas autónomamente o bajo control humano.

Automatización Industrial: El diseño de sistemas automatizados para la producción y fabricación en la industria.

Control de Sistemas: La mecatrónica se centra en sistemas de control que pueden regular y supervisar el funcionamiento de sistemas mecánicos o eléctricos.

Sensores y Actuadores: Los dispositivos sensores y actuadores son componentes clave en sistemas mecatrónicos, ya que permiten la entrada y salida de información y acciones físicas.

Inteligencia Artificial: La mecatrónica a menudo incorpora técnicas de inteligencia artificial para mejorar la autonomía y la toma de decisiones de los sistemas.

La mecatrónica es esencial para campos como la robótica industrial, la automatización de procesos, la producción moderna y la tecnología de consumo. La combinación de mecánica, electrónica y control computacional ha dado lugar a sistemas sofisticados y eficientes que desempeñan un papel importante en la sociedad actual.

Física Cuántica: Aunque a menudo es un campo altamente abstracto, la física cuántica ha dado lugar a avances tecnológicos sorprendentes. Por ejemplo, la mecánica cuántica es fundamental para la operación de los transistores en los chips de computadoras y para el funcionamiento de los láseres.

La física cuántica es, sin duda, una de las teorías más fundamentales y asombrosas en la ciencia moderna. A pesar de su naturaleza altamente abstracta, ha tenido un impacto significativo en la tecnología y la innovación en muchas áreas.

Transistores: Los transistores son componentes fundamentales en la electrónica y la informática. Su funcionamiento se basa en los principios de la mecánica cuántica. La física cuántica permitió el desarrollo de transistores más pequeños y eficientes, lo que llevó a la miniaturización de los circuitos integrados y al aumento de la capacidad de procesamiento de los dispositivos electrónicos.

Láseres: La física cuántica es esencial para comprender cómo funcionan los láseres (amplificación de luz por emisión estimulada de radiación). Los láseres se utilizan en diversas aplicaciones, desde dispositivos médicos hasta comunicaciones ópticas y corte de materiales.

Resonancia Magnética Nuclear (RMN): La RMN es una técnica basada en principios cuánticos que se utiliza en medicina para obtener imágenes del interior del cuerpo. Es fundamental en la resonancia magnética, que es una herramienta de diagnóstico ampliamente utilizada.

Fotodetectores y Fotodiodos: Estos dispositivos cuánticos se utilizan en cámaras, sensores y sistemas de comunicación. Funcionan detectando la energía de los fotones incidentes y convirtiéndola en señales eléctricas.

Computación Cuántica: Aunque todavía se encuentra en sus primeras etapas, la computación cuántica se basa en los principios cuánticos y tiene el potencial de revolucionar la informática. Ofrece la posibilidad de realizar cálculos a una velocidad mucho mayor que las computadoras clásicas y resolver problemas complejos, como la factorización de números grandes, que son fundamentales en la criptografía.

Criptografía Cuántica: La criptografía cuántica utiliza los principios de la física cuántica para crear sistemas de comunicación seguros. Esto podría cambiar la forma en que protegemos la privacidad y la seguridad en las comunicaciones.

Microscopios Electrónicos y de Efecto Túnel: Los microscopios cuánticos permiten la observación de estructuras a escalas nanométricas y átomos individuales, lo que ha sido fundamental en la investigación en ciencia de materiales y biología.

La física cuántica, aunque desafiante desde el punto de vista conceptual, ha llevado a avances revolucionarios en tecnología y tiene el potencial de seguir transformando la forma en que vivimos y trabajamos en el futuro.

Termodinámica: Los principios de la termodinámica han sido fundamentales para el desarrollo de motores y sistemas de refrigeración. Estas tecnologías son cruciales en la industria del transporte y la refrigeración de alimentos y medicamentos.

La termodinámica es una rama de la física que se centra en el estudio de la energía y el calor, y ha tenido un profundo impacto en el desarrollo de tecnologías esenciales para la industria y la vida cotidiana.

Motores de Combustión Interna: Los motores de combustión interna, como los utilizados en automóviles, aviones y generadores eléctricos, se basan en los principios de la termodinámica. Estos motores convierten la energía química del combustible en trabajo mecánico, lo que permite la generación de energía y la propulsión de vehículos.

Refrigeración y Aire Acondicionado: Los sistemas de refrigeración y aire acondicionado utilizan ciclos termodinámicos para transferir el calor de un lugar a otro. Esto es crucial para mantener alimentos y medicamentos frescos, así como para proporcionar confort térmico en edificios y vehículos.

Centrales Eléctricas: Las centrales eléctricas utilizan turbinas de vapor o ciclos Brayton (como en las plantas de energía de gas) para convertir la energía térmica en electricidad. La eficiencia de estas plantas está determinada en gran medida por los principios termodinámicos.

Generación de Energía Solar y Eólica: La termodinámica es fundamental en la generación de energía solar y eólica, ya que rige la conversión de energía térmica o cinética en electricidad en paneles solares y turbinas eólicas.

Sistemas de Calefacción: Los sistemas de calefacción residencial e industrial, como las calderas y los radiadores, se basan en principios termodinámicos para transferir calor de un lugar a otro.

Optimización de Procesos Industriales: En la industria, los principios termodinámicos se utilizan para optimizar procesos de producción y mejorar la eficiencia energética.

Producción de Energía Nuclear: La termodinámica es fundamental en la generación de energía nuclear, ya que se utiliza para controlar el ciclo de vapor y convertir la energía térmica liberada por la fisión nuclear en electricidad.

Refrigeración de Equipos Electrónicos: La disipación del calor es un desafío importante en la electrónica moderna, y los principios termodinámicos se aplican en el diseño de sistemas de refrigeración para computadoras y otros equipos electrónicos.

Diseño de Materiales: La termodinámica es fundamental en la síntesis y el diseño de materiales, como polímeros y aleaciones, para aplicaciones específicas en la industria.

La termodinámica desempeña un papel crítico en numerosos aspectos de la tecnología moderna y en una amplia gama de industrias, desde la generación de energía hasta la refrigeración y la fabricación de productos. Sus principios son esenciales para comprender y optimizar los procesos que sustentan la vida cotidiana y la infraestructura tecnológica.

Energía y Medio Ambiente: La física es esencial en la producción y uso de energía. La energía nuclear, la energía solar y la energía eólica son solo algunos ejemplos en los que la física desempeña un papel importante. Además, la física es fundamental para comprender y abordar los desafíos medioambientales, como la mitigación del cambio climático.

La relación entre la energía y el medio ambiente es un campo interdisciplinario en el que la física desempeña un papel crucial en la producción y el uso de la energía, así como en la comprensión y mitigación de los impactos ambientales. Aquí hay algunos ejemplos de cómo la física se relaciona con la energía y el medio ambiente:

Energía Nuclear: La energía nuclear se basa en la fisión nuclear y la fusión nuclear, que son procesos altamente energéticos y dependen de la física nuclear. Aunque la energía nuclear es una fuente de energía baja en carbono, plantea desafíos ambientales relacionados con la gestión segura de residuos nucleares y la prevención de accidentes nucleares.

Energía Solar: Los paneles solares fotovoltaicos convierten la energía luminosa del sol en electricidad mediante efectos fotofísicos. La física de semiconductores y la óptica son fundamentales en el diseño y funcionamiento de los paneles solares. La energía solar es una fuente de energía limpia y renovable que contribuye a la reducción de las emisiones de gases de efecto invernadero.

Energía Eólica: Los aerogeneradores convierten la energía cinética del viento en electricidad, y la física del flujo de aire y la mecánica de los materiales son esenciales para su funcionamiento. La energía eólica es otra fuente de energía renovable que reduce las emisiones de carbono.

Eficiencia Energética: La física desempeña un papel fundamental en la mejora de la eficiencia energética de los edificios, los vehículos y los procesos industriales. La termodinámica y la mecánica de fluidos, entre otros principios físicos, se aplican para optimizar el uso de energía y reducir el desperdicio.

Cambio Climático: La física atmosférica y climatológica es esencial para comprender los fenómenos relacionados con el cambio climático. Esto incluye la absorción y emisión de radiación infrarroja por los gases de efecto invernadero, así como la física detrás de los modelos climáticos utilizados para proyectar el cambio climático.

Desarrollo de Tecnologías Verdes: La física es fundamental en el desarrollo de tecnologías verdes, como baterías de almacenamiento de energía, sistemas de captura y almacenamiento de carbono y procesos de generación de energía más limpios.

Conservación de la Energía: Los principios de conservación de la energía son fundamentales en la planificación y el diseño de sistemas de energía sostenible y en la identificación de formas de reducir el consumo de energía en la sociedad.

Energías Renovables y No Renovables: La física permite la evaluación de las ventajas y desventajas de diferentes fuentes de energía, ya sean renovables (como la solar y la eólica) o no renovables (como los combustibles fósiles), en términos de su disponibilidad, eficiencia y efectos ambientales.

En resumen, la física es un pilar fundamental en la producción y el uso de la energía y desempeña un papel esencial en la comprensión y la mitigación de los desafíos medioambientales. A medida que la sociedad se esfuerza por avanzar hacia una matriz energética más limpia y sostenible, la física seguirá siendo una disciplina central en la búsqueda de soluciones energéticas y medioambientales.

Tecnología de la Información y Comunicación: La teoría de la información y la teoría de las comunicaciones son campos de la física que han impulsado el desarrollo de la tecnología de la información y las telecomunicaciones. Desde la creación de Internet hasta la transmisión de datos a través de redes móviles, la física está en el corazón de la revolución digital.

la física es esencial en el campo de la Tecnología de la Información y Comunicación (TIC). Aquí hay algunas formas en las que la física influye en este campo:

Teoría de la Información: La teoría de la información, desarrollada por Claude Shannon en la década de 1940, es una rama de la física matemática que se ha convertido en la base de la teoría de la comunicación y la compresión de datos. Define conceptos como la entropía y la capacidad de un canal de comunicación, que son fundamentales para la transmisión eficiente de datos.

Telecomunicaciones: Las redes de telecomunicaciones, incluidos sistemas de telefonía fija y móvil, transmisión de datos y acceso a Internet, se basan en principios físicos como la modulación de señales, la propagación de ondas electromagnéticas y la teoría de la antena.

Electrónica y Circuitos: Los dispositivos electrónicos y circuitos integrados utilizados en equipos de comunicaciones, computadoras y dispositivos móviles se basan en principios físicos, como el comportamiento de los semiconductores, la conductividad eléctrica y la electrónica cuántica.

Óptica y Comunicación Óptica: La física de la óptica es fundamental en la transmisión de información a través de fibras ópticas. Las señales de comunicación se transmiten en forma de pulsos de luz, y la física óptica rige la propagación y la manipulación de estas señales.

Satélites de Comunicación: Los satélites de comunicación en órbita utilizan la física de movimiento orbital, la transmisión de señales y la recepción de datos para proporcionar servicios de comunicación a nivel global.

Seguridad Informática: La criptografía, que se basa en principios matemáticos y de física, es fundamental en la seguridad de las comunicaciones digitales. La física cuántica también ha impulsado el desarrollo de sistemas de comunicación cuántica segura.

Redes Inalámbricas: La propagación de señales en redes inalámbricas, como Wi-Fi y 4G/5G, se rige por la física de las ondas electromagnéticas y el comportamiento de las señales en el espacio.

Procesamiento de Señales: El procesamiento de señales, como la compresión de audio y video, se basa en principios físicos para representar y manipular señales de manera eficiente.

La física subyace en todas las tecnologías de la información y comunicación, desde la transmisión de datos hasta la electrónica y la seguridad de la información. La comprensión de los principios físicos es esencial para el desarrollo y la mejora continua de la tecnología de la información y las comunicaciones en la era digital. Proporciona el conocimiento fundamental que impulsa el desarrollo de tecnologías en una amplia variedad de campos. Los avances tecnológicos dependen de una comprensión profunda de los principios físicos y de la aplicación creativa de ese conocimiento para resolver problemas y mejorar nuestras vidas.

27.Preguntas sin respuesta en la física: Los misterios del universo.

La física es una disciplina que ha logrado explicar y comprender una amplia gama de fenómenos en el universo, pero aún existen numerosos misterios y preguntas sin respuesta. Algunos de los principales misterios en la física incluyen:

¿Qué es la materia oscura? Se estima que aproximadamente el 27% del universo está compuesto de materia oscura, una sustancia invisible que no emite ni interactúa con la luz. A pesar de su influencia gravitacional, todavía no sabemos de qué está hecha.

La materia oscura es una forma de materia que no emite, absorbe ni interactúa significativamente con la luz electromagnética, como lo hacen los átomos en la materia ordinaria. A pesar de su falta de interacción con la luz, la materia oscura ejerce una influencia gravitacional observable en el universo, lo que significa que su presencia se manifiesta a través de la gravedad.

La existencia de la materia oscura se infiere principalmente a través de observaciones astronómicas. Por ejemplo, se ha observado que las galaxias rotan a velocidades mucho mayores de lo que se esperaría si solo tuvieran en cuenta la gravedad de la materia visible (estrellas, gas, polvo, etc.). Para que estas galaxias mantengan sus velocidades de rotación, debe existir una cantidad significativa de materia invisible, que es la materia oscura.

Se cree que la materia oscura es fundamental para la formación de estructuras a gran escala en el universo, como cúmulos de galaxias y supercúmulos. Sin embargo, a pesar de su importancia en el cosmos, la verdadera naturaleza de la materia oscura sigue siendo un enigma. Aunque se han propuesto varias teorías, aún no se ha detectado directamente, y no sabemos de qué está compuesta. Algunas de las hipótesis sobre su naturaleza incluyen partículas subatómicas no detectadas aún, como el neutralino en el marco de la teoría de supersimetría, pero no se ha confirmado ninguna de estas teorías de manera concluyente. La búsqueda de la materia oscura sigue siendo uno de los desafíos más importantes en la física y la cosmología.

¿Qué es la energía oscura? La energía oscura es una misteriosa fuerza que está acelerando la expansión del universo. Aproximadamente el 68% del universo está compuesto de energía oscura, pero su naturaleza es desconocida.

La energía oscura es una forma misteriosa de energía que constituye aproximadamente el 68% del contenido energético del universo. Fue postulada para explicar una observación sorprendente: la expansión del universo se está acelerando en lugar de desacelerarse, como se pensaba anteriormente. Esta aceleración en la expansión es un descubrimiento importante que se basa en observaciones astronómicas, como las supernovas tipo Ia y el estudio de la radiación cósmica de fondo.

La naturaleza exacta de la energía oscura sigue siendo desconocida y uno de los grandes misterios de la física y la cosmología. Se la describe como una "constante cosmológica" o "energía del vacío" y está relacionada con la energía asociada al espacio vacío en el universo. La energía oscura ejerce una presión negativa, lo que contribuye a la expansión acelerada, y su efecto es opuesto al de la gravedad, que normalmente actuaría para frenar la expansión del universo.

A pesar de la falta de una comprensión completa de la energía oscura, su existencia es ampliamente aceptada debido a la evidencia observacional. Se ha propuesto que la energía oscura podría ser el resultado de una constante cosmológica, una forma de energía asociada con el espacio vacío, o incluso una modificación de la teoría de la gravedad de Einstein, conocida como la gravedad modificada. Sin embargo, ninguna teoría ha sido confirmada de manera definitiva, y la naturaleza precisa de la energía oscura sigue siendo un área activa de investigación en la física y la cosmología.

¿Por qué existen más partículas de materia que de antimateria en el universo? La física sugiere que durante el Big Bang se crearon cantidades iguales de materia y antimateria, pero hoy en día predomina la materia. El motivo de esta asimetría es un enigma.

La asimetría entre la cantidad de materia y antimateria en el universo es un enigma importante en la física y se conoce como la "asimetría materia-antimateria". Según la teoría del Big Bang, se espera que se hayan creado cantidades iguales de materia y antimateria en las primeras etapas del universo. Sin embargo, si esa hubiera sido la realidad, estas cantidades iguales de materia y antimateria se habrían aniquilado mutuamente, dejando solo radiación y no habría surgido la materia que conocemos hoy.

El motivo exacto de esta asimetría sigue siendo un área activa de investigación y no se ha resuelto por completo. Varios procesos y mecanismos se han propuesto para explicar esta asimetría, pero ninguno ha sido confirmado de manera definitiva. Algunas de las hipótesis y procesos que se han estudiado incluyen:

Violación de la simetría CP: La violación de la simetría CP (carga-paridad) en las interacciones de partículas es uno de los mecanismos propuestos. La simetría CP implica que las leyes de la física deberían comportarse de la misma manera si reemplazamos partículas por antipartículas y reflejamos el espacio. Sin embargo, se ha observado una pequeña violación de esta simetría en las interacciones de partículas, lo que podría haber permitido la asimetría materia-antimateria.

Procesos de decaimiento asimétrico: Se han propuesto procesos de decaimiento asimétrico en las primeras etapas del universo que podrían haber favorecido la producción de materia sobre antimateria. Sin embargo, los detalles precisos de estos procesos aún no se han determinado.

Física más allá del Modelo Estándar: Algunas teorías que van más allá del Modelo Estándar de la física de partículas, como la supersimetría y la teoría de cuerdas, han postulado mecanismos que podrían explicar la asimetría materia-antimateria.

La comprensión de la asimetría materia-antimateria es esencial para comprender la evolución del universo y su estructura actual. A medida que avanzan las investigaciones en física de partículas y cosmología, se espera que se obtengan más pistas sobre la causa de esta asimetría y se resuelva este enigma.

¿Cómo funciona la gravedad a nivel cuántico? Aunque la gravedad es una de las fuerzas fundamentales de la naturaleza, aún no se ha logrado una teoría completa que combine la gravedad con la mecánica cuántica.

La unificación de la gravedad con la mecánica cuántica es uno de los desafíos más importantes en la física teórica y ha dado lugar a lo que se conoce como la búsqueda de una "teoría cuántica de la gravedad". Aunque la gravedad es una de las cuatro fuerzas fundamentales de la naturaleza, junto con la fuerza electromagnética, la fuerza nuclear fuerte y la fuerza nuclear débil, no ha sido posible incorporarla con éxito en el marco de la mecánica cuántica, que describe las otras tres fuerzas.

El principal obstáculo para combinar la gravedad con la mecánica cuántica radica en la diferencia fundamental entre las teorías existentes. La teoría de la gravedad más aceptada es la relatividad general de Albert Einstein, que describe la gravedad como la curvatura del espacio-tiempo debido a la presencia de materia y energía. Por otro lado, la mecánica cuántica se basa en la teoría cuántica de campos, que describe las partículas y sus interacciones en términos de campos y partículas cuánticas.

Varios enfoques teóricos se han desarrollado en un intento de unificar la gravedad y la mecánica cuántica. Algunos de los enfoques más notables incluyen:

Teoría de la relatividad cuántica: Este enfoque busca cuantizar la gravedad al aplicar los principios de la mecánica cuántica a la relatividad general. Uno de los marcos más conocidos para esto es la gravedad cuántica de bucles y la teoría de cuerdas.

Supersimetría: La supersimetría es una simetría que relaciona partículas bosónicas y fermiónicas y se ha propuesto como una posible manera de unificar la gravedad con otras fuerzas fundamentales en el marco de teorías de gran unificación y teoría de cuerdas.

Gravedad emergente: Algunos físicos han propuesto que la gravedad es una propiedad emergente de sistemas más fundamentales, como la teoría cuántica de campos en un espacio-tiempo curvado.

Hasta la fecha, no se ha logrado una teoría cuántica de la gravedad completamente aceptada y demostrada experimentalmente. La unificación de la gravedad con la mecánica cuántica es un objetivo fundamental en la física teórica y continúa siendo un área activa de investigación y debate en la comunidad científica. Resolver este problema es esencial para una comprensión más profunda de la naturaleza a escalas cosmológicas y subatómicas.

¿Cuál es la estructura del espacio-tiempo en escalas muy pequeñas? La física a nivel cuántico y la relatividad general a nivel cosmológico funcionan bien, pero no se ha encontrado una teoría unificada que explique el comportamiento del espacio-tiempo en todas las escalas.

La pregunta sobre la estructura del espacio-tiempo a escalas muy pequeñas es uno de los enigmas fundamentales en la física teórica y se relaciona con la búsqueda de una teoría unificada que combine la mecánica cuántica y la relatividad general. A continuación, se describen las dificultades y algunos de los enfoques que se han propuesto para abordar esta cuestión:

Mecánica Cuántica y Relatividad General: La mecánica cuántica y la relatividad general son dos de las teorías más exitosas de la física moderna, pero son conceptualmente muy diferentes. La relatividad general de Einstein describe la gravedad como la curvatura del espacio-tiempo debido a la presencia de materia y energía, mientras que la mecánica cuántica describe las partículas y sus interacciones en términos de campos cuánticos. Estas teorías funcionan bien en sus respectivos dominios de aplicación (cosmológico para la relatividad general y subatómico para la mecánica cuántica), pero chocan cuando se intenta combinarlas en escalas muy pequeñas, como en los entornos de los agujeros negros o durante el Big Bang.

Teoría Cuántica de la Gravedad: Se ha buscado una teoría cuántica de la gravedad que unifique la mecánica cuántica y la relatividad general. Ejemplos notables incluyen la gravedad cuántica de bucles, la teoría de cuerdas y enfoques basados en la supersimetría. Sin embargo, hasta la fecha, ninguna de estas teorías ha sido confirmada de manera concluyente ni ha proporcionado una descripción completa y unificada del espacio-tiempo en todas las escalas.

Teoría de la Gravedad Emergente: Algunos físicos han propuesto que la gravedad puede ser una propiedad emergente de sistemas más fundamentales a nivel cuántico, y no una fuerza fundamental como se la describe en la relatividad general. Según esta perspectiva, la geometría espacio-temporal que conocemos podría surgir de interacciones entre partículas más fundamentales en un estado cuántico subyacente.

Experimentos y Observaciones: Se realizan experimentos y observaciones a escalas muy pequeñas en entornos de alta energía, como los aceleradores de partículas, para investigar la posible estructura del espacio-tiempo a niveles cuánticos. Sin embargo, estos experimentos son extremadamente desafiantes y aún no han proporcionado evidencia concluyente sobre la naturaleza precisa del espacio-tiempo en esas escalas.

La búsqueda de una teoría unificada de la gravedad y la mecánica cuántica sigue siendo un objetivo fundamental en la física teórica y es un campo de investigación activo. Resolver esta cuestión podría llevarnos a una comprensión más completa de la naturaleza en escalas extremadamente pequeñas y grandes, y podría tener implicaciones significativas en la cosmología y la física fundamental.

¿Existen dimensiones adicionales en el espacio-tiempo? Algunas teorías, como la teoría de cuerdas, postulan la existencia de dimensiones extras más allá de las tres dimensiones espaciales y la dimensión temporal, pero aún no se han detectado experimentalmente.

Algunas teorías en la física teórica, como la teoría de cuerdas, postulan la existencia de dimensiones adicionales más allá de las tres dimensiones espaciales y la dimensión temporal que experimentamos en nuestra vida cotidiana. Estas dimensiones adicionales se proponen para abordar ciertos problemas y desafíos en la física teórica y pueden ser compactificadas o "enrolladas" en escalas subatómicas, lo que hace que no sean directamente perceptibles en nuestras observaciones cotidianas.

La teoría de cuerdas, en particular, es una de las teorías más conocidas que postula la existencia de dimensiones extras. Según esta teoría, las partículas fundamentales no son puntos, como en la física de partículas convencional, sino cuerdas unidimensionales vibrantes. Para que las matemáticas de la teoría de cuerdas funcionen de manera coherente, se requieren más dimensiones de espacio-tiempo de las que normalmente experimentamos.

La teoría de cuerdas sugiere que hay un total de 10 o 11 dimensiones en el espacio-tiempo, dependiendo de la formulación específica de la teoría. Las tres dimensiones espaciales familiares se combinan con las dimensiones temporales, y las dimensiones extras están compactificadas a escalas subatómicas, lo que significa que no las percibimos directamente en nuestro mundo macroscópico.

Hasta la fecha, no se ha encontrado evidencia experimental directa de la existencia de dimensiones extras. Sin embargo, la teoría de cuerdas y otras teorías que involucran dimensiones adicionales continúan siendo áreas activas de investigación en la física teórica. Los científicos realizan experimentos en busca de posibles efectos indirectos de estas dimensiones, como la búsqueda de partículas supersimétricas en aceleradores de partículas, que podrían arrojar luz sobre la existencia de dimensiones extras y proporcionar un marco unificado para comprender todas las fuerzas fundamentales de la naturaleza.

¿Qué ocurrió antes del Big Bang? La teoría del Big Bang describe el universo tal como lo conocemos, pero no ofrece una explicación sobre lo que sucedió antes del inicio del universo.

La pregunta sobre lo que ocurrió antes del Big Bang es un tema complejo y enigmático en la cosmología y la física teórica. La teoría del Big Bang es el marco más ampliamente aceptado para describir el origen y la evolución del universo observable, y se basa en una serie de observaciones y pruebas. Sin embargo, la teoría del Big Bang en sí misma no ofrece una explicación sobre lo que sucedió antes del inicio del universo tal como lo conocemos.

Hay varias perspectivas y enfoques que se han propuesto para abordar esta cuestión:

Límite del Conocimiento: Hasta la fecha, no se dispone de evidencia empírica o experimental directa que permita comprender lo que ocurrió antes del Big Bang. De hecho, el Big Bang mismo marca el límite de lo que los científicos pueden investigar con las herramientas y las teorías actuales.

Teorías del Tiempo: Algunos físicos y cosmólogos han propuesto que el tiempo tal como lo conocemos puede haber comenzado con el Big Bang. En este sentido, hablar de "antes" del Big Bang podría no tener sentido, ya que el tiempo mismo puede haber surgido en ese momento. Esta idea se relaciona con la noción de "singularidad" en la que las leyes de la física tradicionales pueden dejar de ser aplicables.

Teoría de Multiversos: Algunas teorías de la cosmología, como la hipótesis de multiversos, sugieren que nuestro universo observable es solo uno de muchos universos que pueden existir en un "paisaje cósmico". En este contexto, lo que consideramos como el Big Bang podría ser el resultado de una transición de un estado a otro en un multiverso más amplio, pero aún no hay evidencia definitiva que respalde esta idea.

Nuevas Teorías Físicas: La búsqueda de una teoría cuántica de la gravedad o una teoría unificada que combine la mecánica cuántica y la relatividad general podría proporcionar una mejor comprensión de los eventos en el momento del Big Bang y, posiblemente, abrir una ventana a eventos previos. Sin embargo, estas teorías aún están en desarrollo y no han llegado a una resolución definitiva.

La cuestión de lo que ocurrió antes del Big Bang sigue siendo un misterio sin una respuesta concluyente en la actualidad. La naturaleza del tiempo y los eventos antes del Big Bang, si es que hubo algo, son temas de investigación activa y debate en la física y la cosmología.

¿Por qué las constantes fundamentales de la física tienen los valores que tienen? Las constantes, como la constante de Planck o la constante gravitacional, son números puros que determinan el comportamiento de las leyes físicas, pero no sabemos por qué tienen los valores específicos que observamos.

La pregunta sobre por qué las constantes fundamentales de la física tienen los valores que tienen es uno de los enigmas más profundos en la física y la cosmología. Estas constantes son números puros que aparecen en las ecuaciones fundamentales que describen el comportamiento de las leyes de la física. Algunas de las constantes fundamentales más conocidas incluyen la constante de Planck, la constante gravitacional, la velocidad de la luz, la carga elemental, y muchas otras.

Hasta la fecha, no se ha encontrado una explicación definitiva para por qué estas constantes tienen los valores específicos que observamos. Sin embargo, existen diferentes perspectivas y teorías que abordan esta cuestión:

Principio Antrópico: Una de las explicaciones que se ha propuesto es el "principio antrópico". Según esta idea, las constantes fundamentales tienen los valores que permiten la existencia de vida y observadores conscientes, ya que si no fuera así, no estaríamos aquí para hacer las observaciones. En otras palabras, las constantes son como son debido a la necesidad de que existan observadores para observarlas.

Teorías de Multiversos: Algunas teorías cosmológicas sugieren que nuestro universo es parte de un "multiverso", donde diferentes regiones pueden tener valores de constantes diferentes. En este contexto, la variabilidad de las constantes podría deberse a la existencia de múltiples "burbujas" o regiones en el multiverso, cada una con sus propios valores de constantes.

Teorías de Gran Unificación: En la búsqueda de una teoría unificada que combine todas las fuerzas fundamentales, como la teoría de cuerdas o la teoría del todo, se espera que se encuentren explicaciones más profundas para los valores de las constantes fundamentales. Sin embargo, estas teorías aún están en desarrollo y no se ha llegado a una resolución definitiva.

Ajuste Fino: Algunos argumentan que los valores de las constantes fundamentales podrían estar relacionados entre sí de tal manera que si se altera una de ellas, el universo tal como lo conocemos no sería viable. Esto ha llevado a la idea de que las constantes pueden estar "ajustadas finamente" para permitir la existencia de estructuras complejas y, en última instancia, la vida.

Aunque no se ha encontrado una respuesta definitiva, la cuestión de por qué las constantes fundamentales de la física tienen los valores que tienen es un tema de investigación activa y debate en la física y la cosmología. La búsqueda de una teoría unificada que explique la elección de estas constantes sigue siendo un objetivo importante en la física teórica.

¿Cuál es la naturaleza de la materia a densidades extremas, como en el interior de agujeros negros o estrellas de neutrones? Las condiciones extremas dentro de estos objetos cósmicos desafían nuestras teorías actuales de la física.

La naturaleza de la materia en condiciones extremas de densidad, como en el interior de agujeros negros o estrellas de neutrones, es un área activa de investigación en la física y la astrofísica. Estas condiciones extremas desafían nuestras teorías físicas actuales y plantean importantes preguntas sobre la física de la materia y la gravedad en contextos extremos. Aquí se describen algunas de las cuestiones clave relacionadas con la naturaleza de la materia en estos entornos:

Agujeros Negros: En el interior de un agujero negro, la densidad es tan extrema que las leyes actuales de la física, incluyendo la relatividad general de Einstein, parecen romperse. En el centro del agujero negro, se postula la existencia de una singularidad, un punto de densidad infinita, donde las ecuaciones físicas tradicionales dejan de tener sentido. Resolver esta "singularidad" es uno de los desafíos fundamentales en la física teórica. Se requiere una teoría cuántica de la gravedad para abordar estos problemas y comprender mejor la naturaleza de la materia en condiciones tan extremas.

Estrellas de Neutrones: Las estrellas de neutrones son remanentes densos y compactos de estrellas masivas que han colapsado bajo la influencia de la gravedad. En su interior, la materia se encuentra en un estado extremo de densidad, donde los protones y electrones se combinan para formar neutrones. Sin embargo, las propiedades de la materia a estas densidades extremas no se comprenden completamente. Los físicos nucleares y astrofísicos investigan la ecuación de estado de la materia en el interior de las estrellas de neutrones para comprender mejor cómo se comporta la materia a densidades tan altas.

Materia de Quarks y Gluones: Algunas teorías postulan que en condiciones aún más extremas, como en el interior de estrellas de neutrones altamente masivas o en el centro de colisiones de núcleos pesados en aceleradores de partículas, la materia podría convertirse en una forma exótica conocida como materia de quarks y gluones. En este estado, los quarks y gluones que componen los protones y neutrones convencionales estarían libres y no confinados en hadrones. La detección y comprensión de la materia de quarks y gluones es un área activa de investigación en física nuclear y de partículas.

La naturaleza de la materia en condiciones extremas, como las que se encuentran en agujeros negros y estrellas de neutrones, sigue siendo un tema de investigación activa y desafía nuestras teorías actuales de la física. Resolver estos enigmas es esencial para una comprensión más completa de la física en los extremos del universo.

Estas son solo algunas de las preguntas sin respuesta en la física, y los científicos continúan investigando y desarrollando teorías para abordar estos misterios y ampliar nuestro entendimiento del universo.